August Roland von Spiess

GURGHIU
GÖRGÉNY-SZT.-IMRE

S. M. König Ferdinand I. beim Präzisionsschießen nächst Jagdhaus Sebeş – September 1925

GURGHIU
GÖRGÉNY-SZT.-IMRE

DAS KÖNIGLICHE LEIBJAGDGEHEGE EINST UND JETZT

VON

HOFJAGDDIREKTOR OBERST

AUGUST R. VON SPIESS

2. erweiterte Auflage

mit einem Beitrag von

RADU V. MIJA

Neubearbeitet und herausgegeben von

HELGA STEIN

NEUMANN-NEUDAMM

2. erweiterte Auflage

ISBN 978-3-7888-1999-6

Hrsg.: Julius-Neumann-Stiftung / Deutsche Jagdbibliothek
Schwalbenweg 1, 34212 Melsungen
Tel. 05661-9262-0, Fax 05661-9262-20
www.neumann-neudamm.de
info@neumann-neudamm.de

Printed in the European Community
Satz und Layout: J. Neumann-Neudamm
Titelgestaltung: J. Neumann-Neudamm, Das Titelbild stammt aus Privatbesitz, es zeigt König Ferdinand mit seinen berühmten Mannlicher-Stutzen und gestreckten Kapitalen.
Bildnachweis: Alle Fotos, soweit nicht extra angegeben, stammen aus dem Archiv des Verfassers.
Druck & Verarbeitung: mediaprint solutions GmbH

Inhaltsverzeichnis

Gurghiu. Görgény-Szt.-Imre, das königliche Leibjagdgehege einst und jetzt

Die Jagden in Gurghiu zwischen 1922–1937

ANHANG

Die Festung Gurghiu aus „Mappa della Transilvania“ von Giovanni Morandi Visconti, 1699 (Brukenthalmuseum, Hermannstadt)

Von den bizarren und malerischen Trachytformationen des Görgényer Gebirges (rum.: Gurghiu-Gebirges) einerseits und dem herrlichen wildromantischen Kelemengebirge (rum.: Căliman-Gebirges) anderseits begrenzt, tritt in ihrer hastigen Eile, nach Süden durch Erweiterung des Talbeckens beruhigt, die Maros (Mureș) sozusagen zum zweiten Male in freies, ebenes Gelände. Ruhigeren Laufes strömt sie dann von hier, mit ihren graubraunen Wässern nach Südwest, um bei Maros-Vécs (Brâncovenești) an den mächtigen Felsentalsporn anzuprallen, der ihr den Weg verlegend, von der alten, mit zwei mächtigen Warttürmen flankierten Feste der Barone Kemény gekrönt ist. Ein herrlicher Rundblick bietet sich hier von dieser alten Fürstenburg dem Beschauer. Weithin das angrenzende Land überragend, liegt das Kelemengebirge mit seinen pitoresken Formen zum Greifen nahe vor uns, indes der Istenszék, zu deutsch Gottesstuhl (Scaunul Domnului) genannt, schon durch seinen Namen verrät, welche Rolle der Szekler und Magyare ihm unter seinen kleineren Nachbarn zugedacht hat.

Dort aber, wo der Lăpușnafluss brausend und schäumend aus dem engen Felsentale seine klaren Wässer mit den grauen Fluten der Maros

(Mureş) mengt, liegt auf den rechten Uferhöhen Sächsisch-Reen, jetzt mit dem amtlichen Namen, Reghin genannt. Von einer überaus fleißigen gewerbetreibenden Bevölkerung bewohnt, ist es eines der wenigen Orte gewesen, wo man in der Zeit des Umsturzes keinen nationalen Hader kannte. Hier lebten und leben unentwegt Sachsen, Rumänen, Magyaren und Szekler friedlich vereint, denn sie haben hinreichend mit schwunghaftem Holzhandel, Leder- und Textilindustrie, Möbel- und Wagenbau zu tun, als sich, um politischer Machenschaften wegen, in ihren friedlichen Sinn und gut nachbarlichen Beziehungen stören zu lassen.

Von Sächsisch-Reen (Reghinul Săsesc) aus übersieht man ein Meer von Klötzen und Brettertürmen, die rings um die großen Sägewerke der Foresta und Ierbuş aufgestapelt sind. Letzteres ist staatlicher Besitz und unterstand seinerzeit der Forstdirektion Görgény-Szent-Imre, jetzt Gurghiu genannt, welcher ein mächtiges Waldgebiet von an 44.929 Hektaren unterstellt ist.

Görgény-Szent-Imre! Welchem Angehörigen der alten österreichisch-ungarischen Generation ist dieser Name nicht bekannt, welcher Weidmann hat nicht schon von den prächtigen Jagdgründen und den dort erzielten herrlichen Rotwild- und Bärenstrecken so manches vernommen.

Ein blühender Marktflecken, die Residenz alter siebenbürgischer Fürstenherrlichkeit, hat es derzeit viel von seinem alten Werte und Bedeutung verloren. Die Industrie ist dort erlahmt und an ihrer Stelle hat sich die Bevölkerung um so intensiver dem Holzhandel, der Vieh- und Schafzucht und insbesondere dem Zwiebelanbau gewidmet, welch letzterer allerdings sich eines ganz bedeutenden Aufschwunges und Rufes erfreut und tatsächlich ganz köstliche Produkte liefert, die waggonweise selbst ins Ausland ausgeführt werden.

Ich glaube, die Vorgeschichte Görgény-Szent-Imres (Gurghiu) am besten zu charakterisieren, wenn ich hier Autoren sprechen lasse, und zwar vorerst die Beschreibung Görgénys von einem mit C. H. bezeichneten Autor aus dem Jahre 1882, welcher den Einzug des E. H. Kronprinzen Rudolf mit seiner erlauchten Gemahlin im dortigen Schlosse als Anlass dieser Zeilen nimmt. Die zweite Quelle entnahm ich dem Werke „Erdély építészeti emlékei“[1], und zwar speziell Kővári Lászlós[2], die ich hier ebenfalls in Übersetzung folgen lasse.

Über Görgény schreibt C. H. folgendes:

„Görgény-Szent-Imre.“

„Der Kronprinz von Österreich-Ungarn, Seine k. k. Hoheit Erzherzog Rudolf, hat am 21. September 1882 in Begleitung seiner jugendlichen Gemahlin, Erzherzogin Stephanie, und eines größeren Gefolges wieder seinen Einzug in Görgény-Szent-Imre gehalten, um in den ausgedehnten Waldrevieren dieser Gegend auf Bären und anderes Raubwild zu jagen, – denn die Stände des Königreichs Ungarn hatten vor einigen Jahren dem Kronprinzen die Herrschaft Görgény zum Geschenke gemacht und Hochderselbe sich das dortige Kastell zu einem Jagdschlosse einrichten lassen. Dadurch ist Görgény-Szent-Imre, welches in der letzten Zeit viel von seiner früheren Bedeutsamkeit verloren hatte, wieder zu einigem Ansehen gelangt und veranlasste auch uns, demselben hier eine ausführliche Besprechung zu widmen.

Görgény-Szent-Imre (Gurghiu) liegt fast anderthalb Stunden oder 11 Kilometer östlich von der Stadt Sächsisch-Reen (Reghinul Săsesc) entfernt, in dem anmutigen Gebirgstale des Görgényer Baches, am nördlichen Fuße des ausgedehnten Waldberges Mocsár und des ihm gegenüberliegenden Bergkegels der Rakócziburg (des Schlossberges, Cetatea castelului), unter welchem das herrschaftliche Kastell mit seinen ausgedehnten Gartenanlagen und Nebengebäuden sich ausbreitet. Der Ort selbst, ein ungarischer Marktflecken von 1600 Einwohnern, bietet außer einigen herrschaftlichen Gebäuden und Fabriken wenig Bemerkenswertes dar.

1 Kőváry, L.: Erdély építészeti emlékei. 2., bőv. kiad. Verlag Stein, Kolozsvár 1866, p. 176–178.
2 Kövary, Laszlo (1819–1917), Historiker und Statistiker.

Das Jagdschloss Gurghiu / Görgény-Szt-Imre, ursprünglich Schloss Bornemisza in seiner Glanzzeit. (aus: Die österreichisch-ungarische Monarchie in Wort und Bild. Ungarn. Bd. 6. Wien 1902, p. 303

Unter diesen ist besonders das neue Schloss hervorgehoben, welches von der freiherrlichen Familie Bornemissa erbaut wurde, der die Herrschaft Görgény bis vor kurzem auf 99 Jahre inskribiert war.

Dieses Kastell, welches im Jahre 1881 für den Aufenthalt des Kronprinzen hergerichtet wurde, stellt sich, vom großen Schlosshofe aus gesehen, als ein ansehnliches Gebäude im Barockstile dar, welches aus einem höheren und von einem Turme überragten Mittelbau, – dann aus zwei Seitenflügeln besteht. Im Mittelgebäude, das an der Außenfront mit einem Bilde der Diana geziert ist, liegt der Haupteingang und das Stiegenhaus mit zweiseitigem Treppenaufgange, oberhalb desselben aber der große Speisesaal, – während in den Seitenflügeln eine Doppelreihe von Zimmern und an der Ecke die Hauskapelle sich befindet. Der Hauptfront des

Schloss Gurghiu unterhalb der alten Rakóczi-Festung. Zeichnung von V. Melka. (aus: Vasásarnapi Ujság, 11.12.1881, p. 790)

Schlossgebäudes gegenüber liegen die ausgedehnten Stallungen und durch einen Gang im Mittelbau des Schlosses gelangt man in den Garten, dessen eine Hälfte nach rechts zum Anbau von Mais und Küchengewächsen dient, während zur Linken ein kleiner Waldpark sich ausbreitet und die Mitte ein runder Grasplatz einnimmt, der von wohlgepflegten Kieswegen umgeben und mit einzelnen Ziersträuchern und Bäumen besetzt ist. Im Wäldchen, welches meist aus kräftigen Eschen besteht, befindet sich auch ein Teich, der zur Erhöhung der Bodenfeuchtigkeit und der landschaftlichen Reize des Parkes wesentlich beiträgt. An das Schloss grenzt einerseits die Papiermühle, anderseits die Branntweinbrennerei, welche mit der weiter talaufwärts liegenden Steingutfabrik diesem Marktflecken früher den Charakter eines Industrieortes verlieh. Während aber die beiden ersteren schon seit mehreren Jahren nicht mehr im Betriebe stehen und in einen etwas verwahrlosten Zustand geraten waren, wird in der Steingutfabrik, welche der Sächsisch-Reener Bürger Wachner gepachtet hat, auch heute noch eifrig fortgearbeitet.

Das Fabriksgebäude, in welchem täglich gegen zwanzig Arbeiter beschäftigt werden, enthält zuerst eine Anrichtstube, wo die Porzellanerde geschlämmt, gemischt und gepresst wird, um dann als plastischer Teig in die Dachstube zu kommen. Hier wird der Ton auf zehn Drehscheiben zu allerlei Geschirr und Gefäßen geformt, die man dann auf luftigen Gestellen trocknet und nach einer leichten Glättung im ersten Ofen glüht. Nach vierundzwanzig Stunden ist hier die Steingutmasse der Gefäße genügend erhärtet; dann werden diese herausgenommen und in der Glasurstube, nachdem man früher die etwaige Malerei darauf angebracht hatte, mit einem Anstrich von feinem Kieselmehl (der Glasur) versehen. Diese Glasur schmilzt bei der zweiten Glühung, die eben so lange wie die erste dauert, zu dem glänzenden, glasartigen Überzuge, wodurch diese Steingutgeschirre das Aussehen des Porzellans erhalten. Am nahen Görgényflusse (Râul Gurghiu) liegt die zu dieser Fabrik gehörige Mühle, wo der Kies und die Porzellanerde zuvor unter acht Fallhämmern zerkleinert und dieses grobe Steingut dann unter einem Mühlsteine fein gemahlen wird, wobei man es schon mit Wasser befeuchtet. Der Kiesel wird aus dem Samostale(Valea Someşului), die Erde aus der Gyergyó (Georgheni) und von Torda (rum.: Turda, magh.: Szind) bezogen; hierdurch werden wohl die Erzeugungskosten etwas gesteigert, was aber durch die billigen Arbeitskräfte und das wohlfeile Brennmaterial dieser Gegend reichlich ersetzt wird. Die Arbeiter werden meist nach hundert Stücken der erzeugten Ware bezahlt und können sich bei einigem Fleiße täglich mehr als einen Gulden verdienen; sie sind, bis auf einen deutschen Modellierer, fast ausschließlich Einheimische, da die früheren Arbeiter aus Böhmen ihrer all zu großen Ansprüche wegen entlassen werden mussten. Doch haben sich von der vorigen Arbeiterbevölkerung noch viele deutsche Namen im

Orte erhalten, deren Träger aber ihre Muttersprache gänzlich vergaßen und in der heimischen (magyarischen, zum Teil auch rumänischen) Einwohnerschaft aufgegangen sind.

Wie die früher erwähnte Papiermühle und Branntweinbrennerei, so ist auch die Glasfabrik im nahen Kasvatale (Valea Caşvei), bei der Ansiedlung Görgény-Üvegcsür, schon seit mehreren Jahren im Stillstande, – dagegen erfreut sich das Soolbad bei dem etwas weiter nordwestlich gelegenen Zsabenitza (Görgény-Sóakna) (Jabeniţa), alljährlich einer größeren Aufnahme und wäre nur die Herstellung besserer Badeeinrichtungen und einer guten Zufahrtsstraße zu wünschen.

Während wir daher die Besichtigung dieses Salzbades für eine spätere Gelegenheit aufsparen wollen, können wir einen Gang zu den Ruinen der Rakócziburg (Cetatea Rakóczi), welche sich einst stolz auf dem Bergkegel erhob, der inmitten des Görgénytales (Valea Gurghiului) dicht am Marktflecken und in der Nähe des jetzigen Jagdschlosses unseres Kronprinzen bis zu 200 Meter aufsteigt, jedem Besucher von Görgény-Szent-Imre (Gurghiu) auf das Wärmste empfehlen. Ein geschlängelter Weg führt bequem aufwärts, anfangs zwischen Wiesen, dann durch jungen Eschenwald, an zerfallenem Gemäuer entlang bis auf die Platte des Hügels. Auf einer kleinen Anschwellung des Bodens erheben sich hier die Überreste eines runden Turmes, welcher für eine Kapelle gehalten wird, weshalb auch bisweilen Prozessionen der katholischen Einwohner dahin statthaben, – während unweit in einer Vertiefung ein dunkles Loch den Einblick in die weiten Hohlräume eines gewölbten Kellers der alten Burg gewährt.

Von diesem Schlossberge genießt man eine herrliche Aussicht, einerseits (gegen Westen) über mehrere Dörfer des Görgénytales (Valea Gurghiului) auf Sächsisch-Reen (Reghinul Săsesc), das sich an der fernen Berglehne jenseits des Maros (Mureş) mit seinen schönen Häuserreihen und blinkenden Kirchtürmen gar stattlich ausnimmt, – andererseits talaufwärts über zahlreiche Waldschluchten und Bergwiesen bis zu dem Kamme des

Der Schlossberg. Zeichnung von V. Melka. (aus: Vasásarnapi Ujság, 11.12.1881, p. 790)

Görgényer Gebirges (Gurghiu-Gebirges), welches nach Osten in schön geschwungenen Linien den Horizont abschließt.

Dieser Schlossberg mit den Ruinen der Rakócziburg erweckt aber auch recht lebhaft in uns die Erinnerung an die früheren Schicksale von Görgény-Szent-Imre (Gurghiu).

Zur Zeit der ungarischen Könige wird Görgény (Gurghiu) als königliche Burg genannt; später ging dieselbe in den Besitz der Szekler Grafen über und im 15. Jahrhundert war sie – nach Heltais Chronik – der Sitz der Woiwoden von Siebenbürgen. Im Jahre 1551, Johann Geréb de Vingárd war damals Schlosshauptmann zu Görgény (Gurghiu), begann König Ferdinand I. einen Brunnen in der Burg graben zu lassen, welcher aber erst unter dem Fürsten Sigismund Báthory vollendet und bis auf eine Tiefe von 67 Klaftern (120 m) ausgeführt wurde; während mittlerweile der Fürst

Johann Sigismund beim Aufstande der Szekler 1561 die Befestigungen der Burg neu hergestellt und bedeutend verstärkt hatte. Georg Rakóczi I. nahm vielfache Reparaturen an dem Schlosse vor, welches bis dahin etwas in Verfall geraten war. Im Jahre 1453 hatte König Ladislaus V. die Görgényer und Devaer Burg (Cetatea Gurghiului und Cetatea Devei) an Johannes Hunyadi zur Belohnung seiner Verdienste um Staat und Land verliehen. Nach Hunyadi wechselte das Dominium Görgény (Gurghiu) häufig den Herrn und war in rascher Reihenfolge im Besitze zahlreicher ungarischer und siebenbürgischer Adelsgeschlechter verliehen und gelangte gegen die Mitte des jetzigen Jahrhunderts wieder an das Staatsärar."

Auf Seite 176 seiner Beschreibung der siebenbürgischen Baudenkmäler sagt Kővári László 1866 über die Burg Görgény (Cetatea Gurghiului) in der Übersetzung folgendes:

„Die Burg Görgény (rum.: Gurghiu), eine der bedeutendsten Adlernester der Siebenbürger Bannerherren, lag eine Stunde von Sächsisch-Reen (Reghinul Săsesc) entfernt gegen Görgény-Szent-Imre (Gurghiu) auf dem pyramidenförmigen Berg, der das Tal, das von Reen in die Gyergyó (Gheorgheni) und in den inneren Teil des Landes der Szekler führt. Der Serpentinenweg windet sich auch heute zur Berghöhe hinauf, aber die Burg steht nicht mehr, sie ist verfallen.

Wann sie erbaut wurde, bleibt uns, wie bei vielen anderen Burgen, auch hier die Geschichte die Antwort schuldig. Doch das Fehlen von Ziegeln in den Steinmauern, die großen, runden Steine (Hausblöcke) in der Burgmauer, der auf den Pfeilern ruhende Keller und die aus runden Blöcken zusammengesetzten Wölbungen weisen darauf hin, dass sie in alten Zeiten erbaut wurde, ehe es noch Ziegel dort gab. Schon zu Beginn war sie königliche Burg, und eine bemerkenswerte Feste. In alten Zeiten umgab sie ein Graben, welcher aus einem Bach mit Wasser gefüllt wurde. In den ersten Jahrhunderten war sie der Wohnsitz der Szekler Grafen oder Ispane und bannerherrliches Lehn. Nachdem aber die Woiwoden das Szekler

Grafentum im 15. Jahrhundert an sich rissen, ist sie häufig Residenz der Woiwoden, welche als Stützpunkt für die Niederhaltung der Szekler am Marosstuhle (Scaunul Mureșului) diente. Burghauptmann war im Jahre 1451 Johann Geréb de Vingárd, der in diesem Jahre mit den Szeklern in Marosvásárhely (rum.: Târgu Mureș, dt.: Neumarkt) einen Provinzialtag abhielt und mit ihnen Erbgesetze schuf. Ferdinand I. begann in der Burg einen Brunnen graben zu lassen, den Sigismund Báthory vollenden ließ. Georg Rakóczi traf sie in ziemlich vernachlässigtem Zustande vor und begann 1640 sie wieder herzustellen. Er ließ den 67 Klafter tiefen Brunnen reinigen, begann von Seite der Weinberge, woher es möglich war in die Burg einzudringen, eine starke Bastei mit Kasematten aufzuführen, ließ vom Burghof die hervorstehenden Felsstücke abtragen und ließ innerhalb der Burgmauern, welche bis dahin leer standen, Gebäude aufführen. Später wurde auch noch eine Kapelle dort erbaut.

Nachdem die Szekler Grafen in der Woiwodschaft aufgegangen waren, bringt uns die Geschichte die erste Kunde über die Besitzverhältnisse, und zwar zum ersten Male im Jahre 1458, als Johann Geréb de Vingárd als Burghauptmann von Görgény (Gurghiu) erscheint. Dass sie dazumal königliche Burg war, beweist, dass im Jahre 1453 König Ladislaus V., den Johann Hunyady, nachdem dieser von der Statthalterschaft zurückgetreten war, mit der Burg Görgény (Gurghiu) belehnt. Wie lange die Hunyadys die Burg besaßen und auf wen sie nachher kam, können wir nicht sagen. Sicher ist es aber, dass sie von diesen Zeiten an in die Hand von Privatpersonen kam.

Unter dem nationalen Fürsten Stefan Báthory erscheint im Jahre 1585 Christof Hagymásy als Eigentümer, der den Marosstuhl (Scaunul Mureșului) brandschatzte, weshalb der Stuhl gegen Stefan Báthory für Gaspar Békes Partei nahm. Bald darauf, im Jahre 1594, sehen wir die Burg im Besitze des Kanzlers Farkas Kovácsoczi, den aber Sigismund Báthory in diesem Jahre mit mehreren anderen hinrichten ließ. Nach dem Sturze Kovácsoczis belehnte Sigismund Báthory am 10. Oktober mit dieser Burg seinen Onkel Stefan Bocskay. Nach dessen Tode beschlossen die Stände im Jahre 1607, die Burg in die Reihe der Fiskalitäten aufzunehmen. Da aber Stefan Bocskai die Burg testamentarisch dem Nikolaus Bocskai vermacht hatte, erhob dieser unausgesetzt Anspruch auf dieselbe, bis sie von den Bocskais, als österreichische Parteigänger, auf dem Mediascher Landtag vom Jahre 1610 endgültig weggenommen wurde. Zu Beginn der Regierungszeit des Gabriel Bethlen, am 27. September 1610, erscheint die Burg auf den in Kolozsvár (rum.: Cluj, dt. Klausenburg) abgehaltenen Landtag schon als Fiskalität, doch trotzdem sehen wir sie auch weiterhin im Besitze von Privatpersonen. Kanzler Kovácsoczi de Körtvefa, Sohn des oben erwähnten Kovácsoczi, der die Hälfte der Burg von der Frau des Peter Haller erhielt, bekam diese am 15. Oktober 1630 vom Fürsten Stefan Bethlen zum Geschenke. Nachdem Kovácsoczi im Jahre 1633 dort gestorben war, gab Georg Rakóczi I. am 27. April 1637 seine Zustimmung, dass die Burg an des ersteren Frau Sofia Telegdy und an dessen Tochter Kata, Frau des Stefan Petky, falle. Zur Burg gehörten damals Görgény (Gurghiu), Petele (Petelea), Kásova (Caşva), Libánfalva (Ibăneşti), Hodák (Hodac), Szent-Mihály-Telke (rum.: Sînmihaiul de câmpie), Kincses (Chinciuş), Nagyoroszfalva (Solovăstru), Koroszfalva, Sóakna (Jabeniţa), als ganze Dörfer und mehrere Dorfteile.

Die andere Hälfte mag um diese Zeit Sigismund Barcsai im Besitz gehabt haben, denn den anderen Teil gab Georg Rakóczi I. am 5. Jänner 1638 dem Samuel Allia und dessen Frau Katharina Lorántfi für 29.000 Fl. so zwar, dass sie für Görgény (Gurghiu) dem Barcsai 12.000 Fl. zahlen sollten. Später scheinen aber die getrennten Teile bald wieder vereinigt worden zu sein, denn Georg Rakóczi I. sprach sie am 25. September 1642 für den Fall des Ablebens der Katharina Lorántfi seinem eigenen jungen Sohn, Sigismund Rakóczi, für 40.000 Fl. zu, was Georg Rakóczi II. am 20. Juli 1619 bestätigte.

Nach Rakóczis Sturz vergab sie Fürst Johann Kemény dem zu seinen Gunsten zurückgetretenen Achilius Barcsai; aber nach der Ermordung

Barcsais ist die Burg, allem Anschein nach, wieder in den Besitz des Landes zurückgekommen. Unter der Regierung des österreichischen Hauses wurde sie 1734 der Familie Baron Bornemissa auf 99 Jahre inskribiert und obgleich dieser Termin im Jahre 1836 abgelaufen war, ist die Familie bis in die jüngste Zeit im Besitze derselben geblieben. Um die Bedeutung der Burg hervorzuheben, führe ich aus der Vergangenheit einige Ereignisse an.

Im Herbst 1660 bringt Johann Kemény gegen Fürst Achilius Barcsai ein deutsches Heer. Der verfolgte Barcsai wirft sich in die Burg Görgény (Gurghiu) und ist bereit, sich dort belagern zu lassen. Kemény entsendet aber von Reen (Reghin) Dénes Bánfi zu ihm und ließ ihn auffordern, in den unter der Burg gelegenen Hof zu kommen, um ihre Angelegenheit dort auszutragen. Barcsai nahm das Anerbieten an. Die beiden Männer kamen am 11. Dezember zusammen und die Unterhandlung endete damit, dass Barcsai vom Fürstensitz abdankte. Am 6. Jänner 1661 entband er das Land vom Treuschwur. Infolge der Abdankung gelangte Görgény (Gurghiu) in den Besitz Barcsais, indem es ihm mit den dazugehörigen elf Dörfern zur Bestreitung seines Hofes zugesprochen wurde. Trotzdem aber unterhielt Kemény auf der Burg eine Besatzung. Inzwischen schickt Barcsai um türkische Hilfe und sinnt auf den Sturz des Johann Kemény. Nachdem Kemény dies erfahren hatte, kam er unter dem Vorwand einer Jagd hierher, berief auch die Geschwister Barcsais und setzte sie alle gefangen. Aber der Türke kam tatsächlich in das Land. Als er beim Eisernen Tor einbrach, ließ Kemény den Barcsai unter Bedeckung nach Kővár (Cetatea Chioarului) abführen. Die Bedeckung ermordete ihn aber unterwegs, wahrscheinlich auf Befehl des Fürsten Kemény.

1664 fiel Johann Kemény bei Nagyszőlős (Seleușul Mare) gegen die Türken, worauf seine Anhänger in zwei Parteien zerfielen, und zwar in die österreichische und die türkische Partei. Die deutsche Partei versammelte sich in der Bethlenburg (Beclean) und nahm zugunsten Peter Keménys Stellung, während die türkische Partei in Görgény (Gurghiu) zusammenkam und für den schon gewählten Apafi I. sich aussprach.“

Inwieweit die Burg auf die Rakóczische Revolution Einfluss nahm und wie sie in den Staub sank, sagt Kővári, das wollen wir uns von Cserei[3] erzählen lassen. Ich glaube aber der Sache am besten zu dienen, wenn ich hier anstatt die Übersetzung weiter zu verfolgen, die überaus übersichtliche und frische Schilderung der engeren Geschichte Görgénys und dessen Belagerung, durch Pfarrer Hans Plattner beschreiben lasse, der sich ebenfalls, wie Kővári, auf die Aufzeichnungen Csereis beruft.

Pfarrer Hans Plattner, Hermannstadt, schreibt im „Siebenbürgisch-Deutschen Tageblatt" unter dem Titel „Bilder aus der Kurutzenzeit"[4] über Gurghiu folgendes:

„Die alten Benennungen lauten: Castrum Gewergen 1455, Gergyn 1491, Gorgyn 1497, schließlich amtlich Görgény-Szent-Imre, zu deutsch: Georgen des H. Emmerich, rumänisch Gurgiu-A.-Szint Imbrului (Lenk v. Treuenfeld), heute amtlich Gurghiu. Zählt etwa 2000 Einwohner, Rumänen, Ungarn und einige Deutsche, meist Nachkommen der um die Mitte des vorigen Jahrhunderts als Holzflößer berufenen ‚Badenser'. Am oberen Miresch (rum.: Mureș, magh. Maros), 14 Kilometer östlich von Sächsisch-Reen (Reghin), in herrlicher Lage. Am Fuße des Görgényer Gebirges (Munții Gurghiului), unweit dessen vorspringenden Bergspitzen der Sattelburg und Spitzburg, einst dakische, römische oder gepidische Burgen, und dem massiven Adelsschlosse von Vécs (Ieciu, heute: Brâncovenești, dt. Wetschen). Das Gesamtbild der Gegend: Liebliche Naturromantik, mit dem dicht neben dem Orte sich erhebenden Rakócziberg (Dealul Rakóczi), auf dem sich früher das feste Schloss Görgény (Castelul Gurghiului) erhob. Dort saßen sie und sitzen zum großen Teil heute noch, die alten Adelsgeschlechter, die in der siebenbürgischen und in der Geschichte Görgénys (Gurghiu) eine Rolle

3 Cserei, Mihaily (1667–1736) Historiograph. Wichtige Arbeiten: „Erdely historiaja" (Geschichte Siebenbürgens), 1661–1711, 2. kiad. Pest 1852; „Metamorphosis Transilvaniae", ed. Apor, P., Budapest 1927.

4 Plattner, H.: „Bilder aus der Kurutzenzeit" in: Siebenbürgischg-deutsches Tageblatt, Hermannstadt 1927, Nr. 16298, p. 3 ff.

spielen: Die Bánffy, Kemény, Teleki, Huszár, Toldalaghy, Macskási, Bethlen, Bornemissa, Kornis u. a.; dort liegen noch die 9–12 Untertanendörfer von Görgény (Gurghiu), darunter auch das sächsische „Petelye város“ (Petelea). Dort die wohlhabenden sächsischen Orte, die den Kaiserlichen zur Kurutzenzeit als Garnison und Wachposten zugewiesen wurden; Tekendorf (Teaca), Botsch (Batoş). In ihnen standen die Reiterregimenter Kronzfeld und Darmstadt und das Infanterieregiment Virmond. Unter den Obersten Grafen Orsetti (Tekendorf), Graf Czernyn (Botsch). In deren Hauptquartieren öfters adlige Gesellschaften stattfanden, mit westlich geselligem Schliff und Feinheit, auch mit echt siebenbürgischen Trinkgelagen, wobei die beiden Grafen den vollendeten Grandseigneur spielten.

Doch geschichtlich sympathischer als die stolzen Adelsschlösser und die schmucken Orte Sächsisch-Reen (Reghin), Botsch (rum.: Batoş) und Tekendorf (Teaca) ist der einstige Schlossberg von Görgény (Dealul castelului

Burg Wetschen (rum.: Ieciu, Delavrancea, heute Brâncoveneşti, ung.: Vecz) (Die österreichisch-ungarische Monarchie in Wort und Bild. Ungarn. Bd. 6. Wien 1902, p. 299)

Gurghiu), der sogenannte ‚Rakócziberg' (rum.: Dealul Rakóczi). So benannt nach dem Fürsten G. Rakóczi I., der gerne hier Aufenthalt nahm, in den wildreichen Jagdgründen gerne jagte und eben bei einer Jagdtafel im nahen Mocsárwald (Pădurea de la Mociar) sich plötzlich todkrank fühlte, bald darauf auch starb. Als erster Besitzer von Görgény (Gurghiu) und der dazu gehörigen 9–12 Jobagenorte oder Pertinenzien wird der Reichsverweser unter dem minderjährigen Ladislaus Posthumus, Johann von Hunyad, genannt. 1445. Die diesbezügliche Urkunde ist datiert von ‚Zékelvásárhely' (dt. Stuhlweißenburg) und in dieser bedroht er die Sachsen der Sieben Stühle mit einer Exekution durch verschiedene ungarische Adlige, darunter seinen Kastellan von Görgény (Gurghiu), Johann von Vingárd, wenn sie nicht die eine Hälfte von Rakowitza dem früheren Besitzer zurückgäben. In der Folge wird Görgény (Gurghiu) Staats- oder Fiskalgut, das die seit 1537 selbständigen siebenbürgischen Fürsten an ihre Würdenträger und Günstlinge gegen beträchtliche Geldsummen verliehen: 32–36.000 Gulden. Johann Siegmund Zapolya ließ das Schloss festungsartig ausbauen. Gabriel Bethlen und sein Nachfolger Georg Rakóczi I. vollendeten den Aufbau zu einer Festung ersten Ranges, mit zwei hohen und massiven Ringmauern, mit Schießlöchern, Pechscharten und Geschützständen. Die Belehnungen und die erforderlichen Summen dazu konnten sich nur mächtige und begüterte Adelsfamilien leisten. So die der Kendi, Békes, Hagymási, Gyula de Abafái, Kovácsoczi, Bogáthi, Bocskai, Tököly, Barcsai Ákos, Teleki Miháli d. Ä. Der letztere bog sich aus dem konfiszierten fürstlichen Vermögen seines auf sein Anstiften zu Bethlen (Beclean) grausam ermordeten Schwagers Bánffy Dénes von Gyalu (Gilău) auch das schöne Gernyeszeg (rum.: Gornești) bei. Die letzte Besitzerin von Görgény (Gurghiu), und zwar auf 99 Jahre, war die Familie derer von Kaszoni-Bornemissa, sie hat auch das geräumige Herrenhaus am Fuße des Rakócziberges gebaut. Um 1880 kaufte es der ungarische Staat um eine halbe Million Gulden ab und schenkte es dem Kronprinzen Rudolf als Jagdschloss. Dort nahm dieser fast alljährlich zu großen Bärenjagden Aufenthalt.

Kurutzenzeit.

„Im Sommer 1703 hat die Sache Franz Rakóczis in Oberungarn große Fortschritte gemacht. Er lenkt seinen Blick nun auch gegen Siebenbürgen und belagert zunächst die Grenzfesten Somlyó (Cetatea Șimleul Silvaniei) und Kővár (Cetatea Chioarului). Das erstere fällt bald. Kővár (Cetatea Chioarului) steht vor dem Fall. Da erscheint der tapfere Kommandierende Rabutin von Hermannstadt (Sibiu) mit 2000 Reitern plötzlich vor der Festung, zersprengt die Kurutzen, verproviantiert die Festung und gibt sie dem jungen Michael Teleki zur Verteidigung. Diesem aber misstrauend, nimmt er seine Mutter, seine Gattin und den reichen Telekischen Schatz und bringt sie nach Görgény (Gurghiu). Bald darauf tritt Michael Teleki Kővár (rum.: (Cetatea Chioarului) den Kurutzen ab und geht selbst zu ihnen über. Darauf schickt Rabutin von Hermannstadt (Sibiu) fünf Kompagnien unter dem Oberstwachtmeister Merode nach Görgény (Gurghiu) und lässt die beiden Frauen samt dem ganzen Schatz auf Wagen nach Hermannstadt (Sibiu) bringen. Die Kurutzen überschwemmen bald unter dem Trinker Gutti István u. a. den Nordosten Siebenbürgens, indes Szekler, die durch einige unzufriedene Adlige aufgestachelt, für die Kurutzen gewonnen wurden. In kurzem lodert der Brand in ganz Siebenbürgen auf. ‚Rettenetes bodulás válá erdélyben minden felöl' – ungeheure Bestürzung in Siebenbürgen überall – schreibt Cserei. Alles flüchtet mit Habe und Familie in feste Orte, Burgen, sächsische Städte. Die nicht widerstandsfähig sind, werden von den Kurutzen genommen, samt den darin geborgenen Vorräten und Familienschätzen. So die Kastelle von Ders (Dîrjiu), Meschen (Moșna), Katzendorf (Cața), Kaisd (Saschiz). Herden von Rindern, Schafen, Pferdegestüte werden geraubt, besonders von den Kővárer Rumänen-Kurutzen nach Ungarn geschafft.

Der erwähnte Teleki Mihály, der Schwager des Fürsten Apaffy I. und allmächtiger Rat hatte sich durch List, Gewalt und Mordstiftung an den reichsten Magnaten ein fürstliches Vermögen erworben. Von Huszt (Chust, obl. Transkarpatija, Ukraine) in der Maramuresch (Maramureș) bis nach Fogarasch (Făgăraș) konnte er so reisen, dass er jede Nacht auf eigenem Gut einkehrte. Auch Gernyeszeg bei Reen (Gornești lângă Reghin) hatte er sich von dem Vermögen seines in Bethlen (Beclean) grausam ermordeten Schwagers Bánffy Dénes angeeignet. Cserei nennt ihn einen erzschlechten Menschen, Haupturheber des Unterganges der goldenen Freiheit und des Glanzes Siebenbürgens. Und sein Großvater sei mit nur zwei Pferden aus Ungarn hergekommen. Und sei ein ‚oláhfajta' = Rumäne gewesen. Cserei kannte sich wohl gut aus. War er doch einige Jahre dessen Edelknabe, litt bei dem reichen Mann oft Hunger und musste auch allerlei niedere Dienste verrichten: vor seiner Tür schlafen, Heumachen und das Nachtgeschirr des Skorbutkranken in der Maros (rum.: Mureș) waschen.

Auch nach Görgény (Gurghiu) hatte sich eine große Anzahl Hoch- und Mitteladel und Pfarrer geflüchtet. Cserei zählt etwa 30 hochadlige Familien auf, wozu noch eine Menge niederer Adel kommt. Sie wohnen dort in den vielen Räumen und Kasematten. Ihre Viehherden weiden außerhalb der Festung. Kommandant ist der adlige Bánffy László, Csereis Schwager. Er verpflichtet die Geflüchteten zur Treue gegen den Kaiser durch Schrift und Siegel. Nur 50 kaiserliche Musketiere und einige ungarische Trabanten oder Labantzen bilden faktisch die Besatzung. Die Geflüchteten müssen sich aber an der Verteidigung auch beteiligen. Bánffy unternimmt einen Streifzug gegen die in der Nähe plündernden Kurutzen über Botsch (Batoș) und Passbusch (Posmuș) hinaus. Schlägt die in der Überzahl dort hausenden drei Fähnlein, haut viele nieder und kehrt mit schöner Beute nach Görgény (Gurghiu) zurück: Drei Fahnen, 85 Pferde, eine Menge Ochsen und Schafe. Aber nun umschwärmen die Kurutzen die Festung in großer Menge, dringen bis an den Fuß der Festung vor und brennen den Ort nieder. Bald erscheint Michael Teleki als Kommandant der Kurutzen und bedroht die Festung von vier Seiten. Das

Hauptlager ist im nahen Mocsárwald, die Artillerie, zwei alte, kleine Mörser, hat er in die Weingärten postiert. Damals hatte Görgény (Gurghiu) noch Weingärten, 400 Arbeiter konnten sie an einem Tage hacken. Aber weder die Mörser, noch die vielen Plänklerangriffe vermochten die Feste wanken zu machen. Fast täglich rückten die Kurutzen aus, die Kaisertreuen aus der Festung, oft von 10–15 Musketieren begleitet, ihnen entgegen. 42 mal war Cserei mit dabei, ohne einen Schaden zu nehmen. Die adligen Frauen sahen von der Burgmauer zu. Die Kurutzen waren stets in großer Überzahl, aber wenn die Adligen ihre ‚Flinta' ansetzten, liefen die Kurutzen davon. Michael Teleki greift zur List. Briefe fliegen in der Nacht über die Burgmauer, deutsch und ungarisch geschrieben. In den deutschen fordert er die Deutschen auf, die Ungarn zu töten und die Burg zu übergeben. Den Ungarn rät er, die Deutschen niederzumachen und unter Belohnung mit deren Habe Kurutzen zu werden. Auch das hilft nicht. Da wendet er sich mit seinen Praktiken an den Kommandanten. 1.000 Dukaten und den Oberstenrang verspricht er ihm. Jetzt hat der nur die Charge eines ‚lejtinan'. Und Bánffy wird wankend. Denn auf Entsatz ist nicht zu hoffen. In der Burg herrscht Mangel. Die Kurutzen haben das Vieh von der Weide weggeraubt, Fleisch kennt man nicht mehr. Das Wasser des einzigen Brunnens ist arg verunreinigt. Seine Frau, eine „Fray" vom Hofe Bercsényis, dringt fort in ihn, Kurutz zu werden. Weil Bánffy keinen Sold auszahlt, verschwinden die Musketiere und Trabanten in der Nacht allmählich fast alle. Nur fünf Musketiere sind geblieben. Aus Rache haben einige Deserteure verreckte junge Hunde in den Brunnen geworfen und so ziehen sie beim Schöpfen im Eimer Stücke von verwesten Hunden, Eingeweideteile usw. herauf. Und so müssen sie es trinken, mit dem Wasser müssen die adligen Herrschaftsfrauen kochen. Die Männer behelfen sich mit Weintrinken. Denn solcher war von den Adligen im Überfluss hereingebracht worden. Und der Gesundheitszustand war doch kein schlechter, obwohl nur der einigermaßen gut lebte, der noch über Speck und Käse verfügte. Nur Csereis Kinder erkrankten und er auch sehr schwer an dem damals häufigen Hagymás (Fieber). 40 Tage und Nächte nimmt er keinen Bissen zu sich. Delirium, Phantasien. Seine Frau schenkt dem Kommandanten eine schöne Bärenhaut und einen silbernen Säbel, damit er erlaube, zum Kurutzenkommandanten zu schicken, dem übergelaufenen Redey Adam, damit er ihm gestatte, aus dem nahen Sächsisch-Reen (Reghin) einen Borbély (Bader) und eine Flasche Bier zu bringen, nach der er so große Lust habe. Redey behält aber die Flasche für sich und lässt ihm sagen, es sei gegen die Kriegsregel, einem Belagerten etwas zu gewähren. – ‚Obzwar er', sagt Cserei, ‚er von der Kriegsregel soviel verstand und noch heute versteht, wie mein Vorstehhund von der Philosophie'. Mit den fünf Musketieren und den ausgehungerten Adligen war die Festung nicht zu halten, die schönen Dukaten und der Oberstenrang mochten auch locken. Bánffy László übergab Görgény (Gurghiu) dem Teleki Michael samt Ausrüstung, samt Adligen und ihrem Vermögen. Alle mussten den Kurutzen zuschwören. Cserei ließ sich von sechs Männern auf einer wollenen Decke zu einem Ochsenwagen tragen und fuhr nach dem Gut seiner Schwiegereltern in Kál. Auch er musste den Kurutzen zuschwören, da sie ihn, trotz seiner schweren Krankheit, ebenfalls mit dem Tode bedrohten. So fiel Görgény, diese wichtige Festung, in den Besitz der Kurutzen und blieb bis zum Jahre 1708 einer ihrer festesten Plätze. Wie und unter welch beiderseitigem Heldentum die Feste Görgény (Gurghiu) 1708 gänzlich verschwand und der Rakócziberg sein dunkelgrünes Trauertuch über sein Haupt zog, sehen wir im folgenden Kapitel.

Görgény wird kaiserlich und geschleift.

Von 1703 bis 1708 war in Siebenbürgen ein furchtbares Wirrwarr. Rabutin war auf bloß 6000 Mann Kaiserlicher angewiesen, hielt aber mit Hilfe der eigenen Umsicht und Tapferkeit sowie der seiner Unterführer: Baron Tiege, Graven, Klöckelsberg, Lichtenstein, Falkenhein, Wallenstein, und der uneinnehmbaren festen Plätze: Hermannstadt (Sibiu), Kronstadt (Braov) und Fogarasch (Făgăraş), den Feind doch in Respekt. Die Kurutzen wieder wuchsen an Zahl weiter und wüteten unter ihren Führern Guti István, Thoroczkai, Pekri Lörincz, Orosz Pál, Teleki Michael, Vaj László, Kászás Pál, Gyárfas Nyúzó, Mikes, Sándor János, Horváth im ganzen Lande in erschrecklicher Art. Die Besitzungen der Gegenpartei wurden ausgeraubt, die vergrabenen Schätze und Wertsachen meisterlich ausgeforscht. In Czerey leerten sie zwei solcher Gruben. Mancher Kurutz schuf sich in solcher Art Wohlstand und Vermögen. Im Jahre 1705 schickte Rakóczi den ungarländischen Grafen Simon Forgács mit ansehnlichen Truppen nach Siebenbürgen und stellte diese unter sein Kommando. 35.000 standen nun gegen 6000. Forgács, ein stolzer und hochmütiger Ungarländer, behandelte die Siebenbürger, Kurutzen wie Bürger und Bauern, brüsk und grausam. Er war dabei habsüchtig, ein großer Trinker und Schlemmer. Überall erschienen seine raubenden Scharen. Selbst den Roten Turm (Turnu Roşu)[5] bekam er in seine Gewalt, so dass den Kaiserlichen die einzige offene Kommunikation über die Walachei nach Wien versperrt war. Und vom Roten Turm aus schickte der galante frühere kaiserliche Offizier der alten Bekannten von den Wiener Elitebällen, der Kommandeuse Rabutin, Prinzessin von Holstein und verwitweten Gräfin Sinzendorff, allerhand Gaben und Geschenke. Was ihm von Seiten der Rakóczischen sehr verübelt wurde. Da schickte der neue Kaiser Josef I. ein tüchtiges Heer nach Siebenbürgen unter dem alten, kriegsgewohnten Grafen Herbeville und den Haudegen Grafen Virmont, Schlick u. a. Rakóczi kam nun selbst auf Siebenbürgen zu

5 Pass südlich von Hermannstadt zur Walachei hin.

und berief Forgács an die Westgrenze gegen Herbeville. Nach dessen Verdrängung wollte er sich am Martinstag in Weißenburg (rum.: Alba Iulia) zum Fürsten krönen lassen und hatte dazu umfassende Vorbereitungen getroffen und selbst auf mehrere Fässer Tokayer nicht vergessen, was alles den Kaiserlichen nach dem Sieg bei Sibo (rum.: Jibou) wohl bekommen sollte. Denn dort wurde Forgács durch die gute Wegleitung eines alten rumänischen Bauern, die fahrige Führung des Forgács, des Nichteintreffens Károlys, sowie die taktische Überlegenheit der kaiserlichen Feldherren und ihre persönliche Bravour eben am Martinstag vollständig geschlagen. 40.000 Kurutzen fielen, die Artillerie größtenteils verloren, während Rakóczi im nahen Schlosse Szurdok beim Grafen Csáki unbesorgt tafelte. Er ließ Forgács einsperren und zog nun nicht nach Weißenburg (rum.: Alba Iulia), sondern über Gyerla (Gherla) und Bethlen (Beclean)nach Ungarn zurück. Die Kurutzen waren durch Sibo (Jibou) außer Rand und Band. Ihre Führer und ihre Adligen flüchteten in die Moldau und Walachei und nur Horden durchstreiften das Land. Weil aber nachher die Sache der Kaiserlichen in Ungarn misslich stand, musste Rabutin samt einem bedeutenden Teil seiner Truppen dorthin Starhemberg zu Hilfe ziehen. Lorenz Pekri führte nun in Siebenbürgen das Oberkommando und hatte sich das entscheidende Übergewicht verschafft. Unter räuberischen Hauptleuten – ‚Tolvai kapitányok' – wieder Njusó, Tragul, der Rumäne Balika, Rácz, Szent Pály István und János aus Salzburg (Ocna Sibiului) u. a. … szidtak, csufotak, vertek, öltek, práedáltak, kinóztak, huztak, vontak – fluchten, spotteten, schlugen, mordeten, plünderten, peinigten, verschleppten sie – Pékri uram pedik ett, ivott, vendégeskedett, tánczolt vagy bolondoskodott. – Pekri aber aß, trank, traktierte, tanzte und hofierte. So ging es bis zu der mit großer Aufmachung bei Vásárhely (Târgu Mureş) durchgeführten Krönung Rakóczis zum Fürsten von Siebenbürgen am 5. April 1707. Unbeschreibliches Elend hatten in diesen Jahren Siebenbürgen, besonders die Sachsen um Hermannstadt auszustehen gehabt. Da kam Rabutin mit starken Truppen und geübten Führern nach Hermannstadt (rum.: Sibiu) zurück und in kurzer Zeit fielen alle festen Plätze in die Hände der Kaiserlichen. So auch Görgény (Gurghiu).

Hierher hatte Rakóczi den tapferen Kapitän Ratoni mit 100 auserlesenen Palast-Hajduken gestellt. Und dieser hatte die Feste gut verproviantiert und ausgezeichnet fortifiziert, die gefährlichen Schindeln der Gebäude entfernt und nasse Tierhäute darauf gelegt, hatte eine Unmenge Eicheln aus dem Mocsár (Mociar-Wald) herbeigeschafft, diese durch Überbrühen und Trocknen auf Wolldecken so gehärtet, dass sie den Geschützen und Mörsern eine treffliche Ladung abgaben, die nachher den stürmenden Kaiserlichen große Verluste beibrachten, kurz, er hatte wie der beste kaiserliche Genieoffizier Vorsorge getroffen. Die Kaiserlichen kommandierte ebenfalls ein tapferer Kommandant, einer der tapfersten und erfahrensten in Siebenbürgen: der Oberst vom Regiment Neiperg, Kaltemplat. Vom Herrenhaus her und von den Weingärten ließ er Görgény (Gurghiu) heftig beschießen. Mehr als 350 Bomben warf er hinein, alle Dächer und Gebäude wurden herruntergerissen und nur die kahlen Ringmauern standen noch. Aber Ratoni hielt sich weiter. Rabutin schickte seinen Sohn und Generaladjutanten Amadeus – der einzige Sohn, nachher Gesandter in Berlin und Petersburg, sehr beliebt bei Katharina der Großen – zu den Belagerern. Als dieser Ratoni zur Übergabe aufforderte und zur Einstellung des aussichtslosen Widerstandes, erschien Ratoni auf der Mauer, hob ein Glas Wein empor und trank es – ‚zur Gesundheit des alten Rabutin und auf das Wohl des jungen Sohnes'. Und ließ diesem sagen: So lange nicht Rakóczi, sein Herr, die Übergabe anbefehle, standzuhalten, sonst aber wolle er dem alten und würdigen Herrn General mit besten Herzen zu Diensten sein in allem, was seiner Pflicht nicht entgegenstehe. Der junge Rabutin forderte nun Kaltemplat auf, er solle nicht mehr vor Görgény (Gurghiu) so herumliegen, sondern die Feste stürmen. Dieser, ein stolzer, hochfahrender Herr, unterschätzte die Hajduken und unternahm einen Sturm am hellen Mittag, nachdem er vorher gut gegessen und getrunken hatte. Obwohl noch gar keine Bresche geschossen und die beiden Ringmauern, bis auf eine geschädigte Stelle, hoch waren. Seine Musketiere machten ihn auf die Schwierigkeit des Sturmes aufmerksam. Aber ‚der unter den Deutschen üblichen strammen Disziplin' musste nachgegeben werden. 300 Musketiere eröffneten den Angriff und Kaltemplat selbst folgte mit der Hauptkolonne. ‚Obwohl er nach der Kriegsregel als Kommandant nicht hätte mitgehen müssen'. Ratoni stand eben bei einem in Brand geschossenen Gebäude. Da erblickte ihn Kaltemplats Jäger (jagere), schoss und traf ihn tödlich in die Seite. Aber vom Krankenlager noch ermunterte er seine Hajduken zum Widerstand, ließ Baumstämme, Felsstücke, eine alte, mit vielen Nägeln beschlagene Egge und ebensolche Holzkränze an die gefährdete Stelle schaffen, auf den Tisch vor seinem Bett ein Paar Stutzen und eine Flinte legen und für die Hajduken vor der geschädigten Mauer für jeden mehrere geladene Musketen stellen. Mit ihnen sollten sie die stürmenden Deutschen niederstrecken. So kam es auch (Ugy is jön). Zugleich warf die kaiserliche Artillerie Bombe auf Bombe in die Festung. Die Hajduken hielten heldenhaft stand. Ihre Geschütze schleuderten ihre Ladungen mit Eicheln und Felsstücken auf die Stürmenden, warfen die gezahnte Egge und die großen Räder auf sie und hielten sie so, trotzdem dass drei Musketiere bereits auf der Mauer standen, ferne. Die Hajduken hatten auch ein Mittel, die einfallenden Bomben am Platze zu vernichten. Sie deckten sie schnell mit nassen Tierhäuten zu. Die Deutschen merkten es und schossen nun mit jedem Bombenschuss zugleich einen anderen und aus einem anderen Geschütz eine Ladung mit vielen Felsstücken, so dass die Hajduken beim Zudecken der Bomben getroffen und so fern gehalten wurden. Desto ingrimmiger kämpften sie nun auf der Mauer. Im mörderischen Kampfe fiel der tapfere Kaltemplat nebst zwei Hauptleuten und mehreren Offizieren. Der Sturm musste eingestellt werden. Da schickte Rabutin den Hermannstädter Platzkommandanten, Oberst Hennis, mit neuer Artillerie nach Görgény (Gurghiu). Dieser durch Kaltemplats Fall gewitzigt, bewarf nun die Festung von drei Seiten mit verheerenden Geschossen und mit den Bomben zugleich immer auch Schüsse mit Felsstücken. Mittlerweile erlag der Held Ratoni seiner Wunde. Viele Hajduken waren gefallen oder kampfunfähig, etliche auch entwichen. Der kleine Rest gab die Verteidigung auf. Sie selbst beschlossen aber, sich in der Nacht aus der Festung zu schleichen, wurden aber durch das von Hennis um die Mauer aufgestellte Reiterregiment zurückgetrieben oder gefangen genommen. 15 fielen kämpfend. 30 schlugen sich durch die deutsche Linie durch und gingen nach Ungarn, der Rest floh in die nahen Bergwälder. Hennis sollte sich nicht lange seines Sieges freuen. Er starb nach drei Tagen am Schlagfluss. ‚Ein düsterer, mürrischer Mann und stets verschlossen, die Ungarn hassend, auch bei den Deutschen unbeliebt'. Er bestimmte sterbend, das Kloster Mikház bei Neumarkt (rum.: Târgu Mureș) als seinen Begräbnisort und testierte ihm hierfür 3000 Fl. So war er auch im Tode mit seinen langjährigen Kriegskameraden vereinigt, die kurz vorher dort eingekehrt waren: Kaltemplat und seine Offiziere. Am 10. Oktober 1707 hatte die Belagerung begonnen; am 11. März 1708 übergab der Rest der Tapfern die Festung. 800 Kaiserliche waren dort gefallen. Die siebenbürgischen Trabanten ließ man laufen, die ungarischen Hajduken, 20 Mann, führten sie gefangen nach Hermannstadt (Sibiu). Görgény (Gurghiu) wurde auf Befehl Rabutins bis auf Grund demoliert ‚… ist das Schloss Gyorgen (Gurghiu) völlig veruginiert worden', schreibt Irthell[6]. Wehmütig murmeln die Wellen am Fuße des schönen Rakócziberges, flüstert es in den Wäldern rings um von einstiger Fürsten- und Herrenpracht, von Menschenglück und Menschenleid und manch schönem Heldentum auf Görgény Vára."

Dieser lebhaften und ausführlichen Schilderung Johann Plattners möchte ich noch als geschichtlich interessante Tatsache hinzufügen, dass die am 30. September 1600 von Michael dem Tapferen (Mihai Viteazul) in das Lager des kaiserlichen Generals Basta bei Porumbach (Porumbac)

6 Irthell, Johann, Vater und Sohn. Zwei Hermannstädter Chronisten beschreiben die Ereignisse in Siebenbürgen zwischen 1638–1710. Ihre Aufzeichnungen werden 1846 publiziert.

entsendeten Friedensunterhändler für Michael die Überlassung der Burgen Fogarasch (Făgăraş), Vécz (Brâncoveneşti) und Görgény (Gurghiu) verlangten, Bedingungen, welche aber von Basta abgewiesen wurden. (Siehe Seite 207 aus Szadeczkys[7] historischem Werke.)

Geologie, Vegetation und Wild im Gebiet Gurghiu

Was die geologische Zusammensetzung des Görgényer Gebirges (Gurghiu-er Gebirge) anbelangt, so ist in den Hochlagen hauptsächlich der Andesit vertreten, indes die westlichen Abhänge aus Trachyten, Breccien in verschiedenen Arten bestehen, die daher auch dem dortigen Gesteine die verschiedensten Farben verleihen.

Vereinzelt kommen auch Basalte in Form von Basaltdecken vor, alles vulkanischen Ursprunges der Jungtertiärzeit mit häufiger Höhlenbildung.

Die höchste Erhebung des ganzen Gebietes ist der 1777 Meter hohe Mezőhavas, rumänisch Seaca genannt.

Das Gebirge selbst ist eine Fortsetzung der südlich davon gelegenen waldreichen Hargita, die im Vereine mit dem Görgényer (Gurghiu-er) und Gyergyóer (Gheorghener) Gebirge einen Teil der Waldkarpathen bildet.

Die unübersehbaren Waldkomplexe bestehen meist aus Nadelwald, und zwar Rot- und Weißtannen in den Hochlagen, dann Rotbuche in den Mittellagen, indes die Eiche an den Bergfüßen vorherrscht.

Eingestreut finden sich Ahorne, Ulmen und Eschen, in den ausgedehnten Schlägen alle Arten der verschiedensten Weichhölzer vor.

Die Flora und das Insektenleben weist keine besonderen Abweichungen von dem umgebenen übrigen Waldkarpathen-Gebiete auf. Als interessant will ich hier nur erwähnen, dass ich im Görgényer (Gheorgheni-er) Gebirge niemals den Apollofalter begegnete, indes er nicht gar so

7 Szadeczky, Lajos, Historiker

weit davon entfernt bereits in den Borgoprunder (Prundu Bârgăului) Bergen zu finden ist.

Was das Tierleben daselbst anbelangt, so birgt der ausgedehnte Staatsforst von der winzigen Zwergspitzmaus, dem kleinsten Säugetier des Kontinents, bis zum mächtigsten, gewaltigsten und wehrhaftigsten Vertreter des europäischen Raubwildes, dem ungeschlachten Bären (Ursus arctos), alle Nutz- und Raubwildarten unseres Weltteiles, indes vom kleinen, niedlichen Zaunkönig bis zum König der Lüfte, dem kühnen Steinadler und dem gewaltigen Kuttengeier (Vultur monahus), alle in den Wäldern und Hochlagen lebenden Vertreter der Avifauna vorkommen. Eine Ausnahme bilden nur der kampf- und sangesfrohe Schildhahn, der trotzdem, dass alle Lebensbedingungen hier für ihn reichlich geschaffen sind und er unweit von dort im Kelemengebirge (Căliman-) vorkommt, in diesen Bergen nirgends anzutreffen ist, und der edelste Vertreter der Raubvögel, der Geieradler (Gypaetus barbatus) oder Lämmergeier ebenfalls niemals dort von mir gesichtet werden konnte. Was das Niederwild anbelangt, so fällt dies keinesfalls in Betracht und wäre hier nur das Rehwild zu erwähnen, welches aber seinerzeit durch die Jagd mit Laufhunden und durch Wölfe aus den Hochlagen gehetzt und später durch die rasche Zunahme des Rotwildes dortselbst verdrängt, sich hauptsächlich in den Vorbergen und dem Flachlande eines quantitativ wie qualitativ recht guten Standes erfreut.

Der Hase in geringer Zahl, Iltis, Nörz, Fischotter, Wildkatze, Dachs, Fuchs und die beiden Marderarten ergänzen noch die dort vorkommende Tierwelt.

An Waldhühner wäre nebst dem derzeit ganz ausgezeichneten Auerwildbestande noch das Haselhuhn zu verzeichnen, welches überall in großer Zahl, sowohl in Mittellagen, als auch an den Bergfüßen angetroffen und fast niemals gejagt wird.

Die Waldschnepfe ist, ebenso wie anderwärts, in den Karpathen ständiger Brutvogel und erfreut sich in diesem Gelände fast gänzlicher Schonung.

Auch das ritterliche Schwarzwild ist, wie alle anderen Wildarten, reichlich vertreten. Ebenso freizügig wie der Bär, lebt es entweder zerstreut oder vereinzelt über das ganze unermessliche Waldgebiet verteilt, wie dies im Frühjahr und Sommer hauptsächlich der Fall ist, oder konzentriert sich in starken Rotten in dichten Feldgehölzen oder ausgedehnten Dickungen an den Bergfüßen, um sich in den nahen Feldern gelegentlich der Frucht- und insbesondere der Maisreife dort gütlich zu tun. Gemeinsam mit dem Bären stellt sich aber das Schwarzwild sehr häufig und zahlreich dann ein, wenn die Feldfrüchte bereits eingesammelt, dafür aber einzelne Gebirgsteile reichlich mit Waldobst von der Natur bedacht sind. Wie der Bär streift es im allgemeinen unstet durch das ganze Gelände, um nach Wurzeln, Schwämmen, Kerfen, Waldobst und Feldfrüchten zu suchen und weh dem armen Bäuerlein, wenn eine Rotte Schwarzkittel seine Hafer-, Kartoffel- oder kolbenreifen Maisfelder brandschatzt. Dann ist's wohl aus mit dem Wintervorrat für seinen Hausstand, dann war aller Schweiß vergeblich vergossen und alle Mühe umsonst, denn was nicht gerissen, gebrochen und verzehrt ist, wird zu Boden gestampft, so dass der braven Bauersfrau die Tränen über die Wangen rollen, wenn sie hoffnungsfreudig am Morgen auszieht, um zu ernten und statt dessen die Verwüstung sieht, welche die schwarze Brut angerichtet hat.

Auch mit der Heumahd ist es vorüber, wenn eine Bache mit ihren hoffnungsvollen Sprösslingen oder gar ein ganzes Rudel vereint auf einer Alpwiese zu brechen beginnt.

Was das Rotwild anbelangt, so war dies bis zum Jahre 1872 in den Görgényer (rum.: Gurghiuer) Bergen noch gar nicht vertreten, somit gänzlich unbekannt, wie es bis dahin überhaupt mit der ganzen Jagd dortselbst ziemlich schwach bestellt war. Soweit ich mich über die Pacht- und Jagdverhältnisse, durch Befragen der letzten, hochbetagten Vertreter alten Weidwerks dort orientieren konnte, so bestand und besteht zwischen den damaligen und heutigen Jagdverhältnissen ein gewaltiger Unterschied, der nicht nur in der Jagdart, sondern auch im Wildstande ganz enorme Veränderungen aufweist. Damals gab es in den noch gänzlich wildverworrenen und geschlossenen Urwaldkomplexen sehr wenig Nutzwild und als hauptsächliche Jagdart darauf, die Hatz mit ganzen Hundemeuten. Heute ist dort ein reicher quantitativ und qualitativ erstklassiger Wildstand. Die Jagdart hingegen auf Rotwild, Sau und Bär bis nach der Hirschbrunft lediglich nur die Pirsche und nur im Spätherbst oder noch vor dem allgemeinen Blätterfall, auf wehrhaftes Wild wenige, aber auserlesene Triebe.

Kein Hund kläfft mehr ungestraft durch den Forst und nur dort, wo es heißt, angeschweißtes Wild zur Strecke zu bringen, da führt der Schweißhund am Riemen den Schützen auf der Fährte, oder im Spätherbst, wenn die Sauen und Bären an den Bergfüßen in undurchdringlichen Dickungen stecken, dann müssen spursichere Finder mithelfen dieses ebenso vorsichtige als wehrhafte Wild vor die illustren Schützen zu bringen.

Der Wisent – ein Wild aus vergangenen Zeiten Siebenbürgens

Ehe ich aber die Schilderung des Wildbestandes Görgénys in dieser Monographie schließe, kann ich es nicht unterlassen, der Vollständigkeit wegen, hier eines Wildes zu gedenken, welches auch einst die wildzerklüfteten Berge und die undurchdringlichen Urwaldbestände der Berge von Görgény (Gurghiu) und Gyergyó (Gheorgheni) bewohnt hatte.

Es war dies der Wisent, „Bison europeus“, fälschlich auch Auerochs genannt.

In einigen der mir bekannten Schriften über dieses Gebiet wird auf das einstige Vorkommen des Wisents in Siebenbürgen, insbesondere in den ausgedehnten Wäldern des Rodnaer, Gyergyóer und Görgényer Gebirges erwähnt. Ein Problem, das unter den vielen diesbezüglichen Hypothesen und Nachlässen wohl durch den bekannten Schriftsteller und Forscher Dr.

Adalbert Szalay, Hermannstadt (Sibiu), am besten in seiner Broschüre „Der letzte Wisent Siebenbürgens“[8] gelöst worden zu sein scheint. Er schreibt am Schlusse seines Werkchens als Resümee aller seiner Forschungen und Quellenstudien folgendes:

„Der letzte wildlebende Wisent wurde in Siebenbürgen gegen 1790 am Südhange des Kelemengebirges im Nordosten des Landes durch die Kugel eines Widdiebes vernichtet.

In Siebenbürgen fand man in 10 Komitaten Reste des Diluvialwisents (Bison priscus), nur in folgenden 5 Komitaten: Kronstadt (Braşov), Fogarasch (Făgăraş), Kleinkokeln (Târnava mică), Bistritz (Bistriţa) und Szolnok-Doboka (Solnoc Dăbăca), sind solche noch unbekannt, doch bin ich dessen sicher, dass sich solche Reste gewiss auch dort später finden werden.

Der große Jäger und Forscher Alexander Ujfalvi, der den nordöstlichen Teil Siebenbürgens oft bereiste, teilt, sich auf ‚Petrus Apor‘ berufend, unter anderem mit, dass die ungarischen Magnaten vor 2–300 Jahren ihre Feldbetten, Zelte und Sofa mit Wisentfellen bedeckt hatten.

Viele leugneten die frühere Existenz des Wisents in Nordsiebenbürgen, in historischen Zeiten. Als Beweise, dass er wirklich hier und in Ungarn lebte, kann ich kurz folgendes anführen:

1. Die vielen von ihm benannten Ortsnamen, wie Belényes, Belyen-Bérce (ungarisch); Peatra Zimbrului, Zimbroaia, Zimbra mică etc. (rumänisch)[9].
2. Die Urkundendaten aus dem 11. bis 13. Jahrhundert, nach welchen eine ganze Garde königlich-ungarischer Wisentjäger mit ihrem Komes und mit ihren Offizieren verschiedener Rangklassen existierte.
3. Die Zeugenschaft alter Schriftsteller, wie:

8 Szalay, A.: Der letzte Wisent in Siebenbürgen. In: Verhandlungen und Mitteilungen des Siebenbürger Vereins für Naturwissenschaften zu Hermannstadt, Jg. 66, H. 1–3, Hermannstadt 1916.

9 S. auch Szalay, A.: Der Wisent in Ortsnamen. Ein Beitrag zur Kenntnis der Verbreitung dieses Tieres sowie des Ures im Mittelalter. In: Zoologische Studien, vol. 7, Würzburg 1915, p. 1–80.

Albert Magnus [10](13. Jahrhundert);
Bonfini[11] (15. Jahrhundert);
Ortelius[12] (1570).

4. Die authentische Kunde vom Wisentgehege des Graner Kardinals Thomas Bakocs, von wo im Jahre 1518 ein italienischer Gast, Frederico Gonzaga, die Zeichnung eines Wisents mit seiner Beschreibung nach Mantua abschickte.
5. Sensationell ist die Geschichte eines entflohenen Wisents aus dem Graner Wisentgarten, den König Ferdinand I. im Dezember 1527 bis zu Mitternacht im Dickicht verfolgte.
6. Auch Graf Andreas Báthory, 1551, und Baron Zay, 1568, hatten in Oberungarn Wisente in Tiergärten, die sie nur aus Nordsiebenbürgen erhalten konnten.
7. Die vom Grafen Königsegg, 1729, aus Siebenbürgen nach Wien exportierten Wisente wurden dort abgebildet[13].
8. Die in meiner Arbeit (‚Der letzte Wisent in Siebenbürgen') geschilderten Daten des Wisentexportes aus Siebenbürgen.
9. Ich erwähne schließlich, dass wir auch einen aus dem Banat stammenden mittelalterlichen Skelettfund des Wisents im Budapester Museum besitzen."

Soweit die Urkundenbeweise Dr. A. Szalays, der sich speziell ein Viertel Menschenalter mit dieser Frage befasst hat.

Merkwürdig erscheint mir ad personam der Umstand, dass ich auf all meinen vielen Reisen und Wanderungen kreuz und quer durch Siebenbürgen,

---

10 Albertus Magnus (um 1200–1280), Universalgelehrter und Theologe, beschäftigt sich auch mit den Naturwissenschaften.

11 Bonfini, Antonio (1427–1503), italienischer Humanist, Histioriograph am Hofe von Mathias Corvinus.

12 Ortelius, Abraham (1527–1598), flämischer Geograph und Kartograph. Gibt seine Quellen sehr genau an.

13 S. Szalay, A.: Wisente im Zwinger. In: Zoologischer Beobachter, Frankfurt a. M. Jg. 57/1916, p. 185 ff., Jg. 58/1917, p. 17 ff, Jg. 59/1918, p. 5 ff, Jg. 60/1919, p. 95 ff.; ders.: „Hundert irrige Wisentbelege", Neumann-Neudamm 1938; ders.: „Bourul străvechi din Ardeal", (Der uralte Wisent in Siebenbürgen) in: „Carpații – vânătoare, pescuit, chinologhie", Cluj 1937, Nr. 12.

die Moldau und Bukowina nirgends das Glück hatte, auf Reste oder Verkieselungen des Wisents (Bison europaeus) zu stoßen. Alle Museen, die ich diesbezüglich durchstöberte, konnten mir keinen fasslichen Beweis für sein Vorkommen erbringen. Riesenhirsch, Urhirsch, Löwe, Höhlenbär, Diluvialwisent (Bison priscus), Auerochs (Bos primigenius), Mammut, ja selbst das Nashorn etc. sind durch zahllose Restfunde bestätigt. Vom historischen Wisent (Bison europaeus) sah ich nichts: nicht einen Knochen, nicht ein Horn. Wenn der Wisent wohl im Lande in historischer Zeit gelebt hat, dann müsste denn doch etwas von ihm, außer der Berg-, Wald- und Ortsnamen, zu finden gewesen sein. Man hätte doch gewiss die Hörner von ihm entweder zu Köchern für Bolzen und Pfeile, zu Jagd- und Pulverhörnern, Salzbehältern und Trinkbechern verarbeitet, wie dies ja in zahllosen Arbeiten bis in die Pfahlbauzeit vom Hirschhorn reichlich der Fall ist.

Jenes Wisenthorn aber, von welchem Ujfalvi erzählt und welches angeblich in den Borgoer Gebirgen gefunden wurde, hat sich später als Antilopenhorn entpuppt.

Dass aber in Siebenbürgen der Wisent doch bekannt gewesen sein muss, beweist uns, abgesehen von allen hier weiter noch angeführten authentisch-historischen Daten, noch unter anderem ein siebenbürgisch-sächsisches Lied, welches dem Sammelwerke des Professors am evangelischen Gymnasium Johann Schuller entstammt, der im Jahre 1840 ein Büchlein mit dem Titel „Gedichte in siebenbürgisch-sächsischer Mundart“ herausgegeben hatte. Die hier angeführte Strophe entstammt dem Gedichte „Die sächsische Bürgermiliz in Paris“ und ist einem Fragmente des im Jahre 1809 erschienenen satirischen Gedichte entnommen.

Die Strophe lautet wie folgt:

„Hoor ze Barooken, Laisemihl
Zem Kampest, Aerbes, Würste, Kihl
Schnappmadden än dem Kees,
Auriussefliesch ä Soos mät Krien
Platschinta wä de Millestien,

Halöppe wä de Kobern."

Wir entnehmen aus diesem Gedichtchen, dass, abgesehen von den hier angeführten sächsisch-nationalen Gerichten, das Auerochsenfleisch mit einer Krensauce jedenfalls auch zu den lukullischen Genüssen jener Zeit gehört haben musste.

Über den Wisent des Gyergyóer und Görgényer, sowie Csiker Gebirges schreibt, auch ohne Angabe der Quellen, im Satellit des „Siebenbürgischen Wochenblattes", Kronstadt 1841, Nummer 91, am 12. November auf Seite 369 noch Graf Kemény unter anderem folgendes:

„Am 12. November 1572 langen in Wien aus Siebenbürgen fünf herrlich schöne Auerochsen (Wisente), neun prachtvolle Pferde und zwei Elentiere an, welche der damalige Woiwode von Siebenbürgen, Stefan Báthory, dem neugekrönten König von Ungarn, Rudolf II., verehrt hatte.

Noch lange nach dieser Zeit wurden von den Woiwoden von Siebenbürgen in der Gyergyó öffentliche Jagden auf Auerochsen angestellt, und bis zum Schlusse des vorigen Jahrhunderts will man diese wilden Tiere in den Csiker Wäldern gesehen haben."

So viel nun über den Wisent Siebenbürgens im allgemeinen und speziell jenes der Gyergyó und des damit im engen Zusammenhange stehenden Görgényer Gebirges.

Was die beiden angeführten Elentiere aber anbelangt, so können diese schon ihrer Körperbeschaffenheit wegen keinesfalls diesen Bergen, und überhaupt Siebenbürgen, angehört haben, da der Elch hauptsächlich ein Bewohner der Hochmoore und versumpften Wälder ist; keinesfalls aber enggeschlossener, dichter Waldgebiete im zerklüfteten Berglande.

Es scheint sich daher hier um in Russland, Litauen, Polen oder in den angrenzenden Gebieten gefangene Elentiere zu handeln, da Stefan Báthory auch König von Polen war.

Weil ich aber schon beim Zitieren alter Schriften bin, so kann ich es an dieser Stelle nicht unterlassen, eines Befehls zu gedenken, der am 17. Juni 1724 seitens des damaligen kommandierenden Generals von

Siebenbürgen, Graf Königsegg, bezüglich der Jagd an die ihm unterstellten Offiziere erlassen wurde. Der Befehl lautet wie folgt:

„Das Jagen wurde den gemeinen Leuten, wie schon früher, neuerdings verboten. Den Herrn Offizieren wurde es hingegen zu ihrer Erlustigung und nicht, dass man sich ganz darauf verläge, gestattet. Falls daher ein Offizier sich zu ergötzen, Jagen gehet oder seine Leut hiezu hinaussendet, so hat er von den Bewohnern weder für sich, seine Leut, Pferd und Hund etwas zu beanspruchen. Wenn der Offizier einen Wagen benötigt, so ist der Bauer zu entlohnen. Dafür wurde dem ‚Herrenlosen Gesindel' das Jagen verboten, wenn die selben hiebei betreten und angehalten, sei das Gewehr abgenommen."

Einer weiteren Urkunde, und zwar dem „Siebenbürger Bothe", Nummer 24, ex 1858, entnehme ich nachfolgende Abschussdaten für Bär und Wolf, die zwar nicht zum Kapitel Görgény-Szent-Imre gehören, aber immerhin so interessant sind, dass ihrer hier erwähnt werden kann, um damit den damaligen Reichtum an Raubwild, speziell der Bären und Wölfe, zu dokumentieren.

Es wurden darnach erlegt im Jahre 1857:

in Hermannstadt (Sibiu)	9 Bären,	129 Wölfe
Kronstadt (Braşov)	39	103
Maros Vásárhely (Târgu Mureş)	1	47
Udvarhely (Odorhei)	61	66
Bistritz (Bistriţa)	39	86
Dees (Dej)	9	79
Silágy-Somlyó (Şimnleu Silvaniei)	–	74
Klausenburg (Cluj)	–	86
Karlsburg (Alba Iulia)	1	58
Broos (Orăştie)	31	214
In Summa	190 Bären,	982 Wölfe

Im vorhergehenden Jahre 1856 wurden ebenfalls im ganzen 101 Bären und 990 Wölfe zur Strecke gebracht; Zahlen, die uns heutzutage als ganz unglaublich erscheinen.

Dass aber der Wisent denn doch in Siebenbürgen vorkam und trotz fehlender historischer Reste auch in unserem Waldlande, daher auch in dem Görgényer und Gyergyóer Gebirge, vorgekommen sein muss, beweist uns ein in den Revieren der Steg., der Staatseisenbahngesellschaft Reschitza-Anina, gemachter Fund, über welchen Dr. Carl Jickeli, Hermannstadt, im Jahrbuch der „Gesellschaft zur Erhaltung des Wisents“ unter dem Titel „Die prähistorischen und historischen Wisentvorkommen in Siebenbürgen“ ausführlich und sehr interessant berichtet.[14]

Dr. Carl Jickeli schreibt darüber wie folgt:

„Der Boden Siebenbürgens ist relativ reich an fossilen Wisentfunden. Es würden ihrer wohl noch viel mehr sein, wenn nicht durch Unkenntnis der Finder vieles falsch behandelt und zerstört oder ganz unbeachtet bliebe. Diesem gegenüber sind die Reste aus prähistorischer und historischer Zeit so spärlich, dass man an dem siebenbürgischen rezenten Wisent fast zweifeln könnte, wäre er uns historisch nicht so vielfach und einwandfrei bezeugt. Dass er im Diluvium so häufig war, im Gegensatz zum Bosprimigenius, darf uns bei dem Charakter des Landes nicht wundern, welches ein ausgesprochenes Waldland war und auch heute noch ist, in der Mitte hügelig, und an seinen Rändern von einem Kranze hoher Gebirge eingeschlossen, aber ohne größere Tiefebenen und ohne Steppe. Wir besitzen aus diesem Lande einen einzigen sicheren, wissenschaftlich bearbeiteten Fund des rezenten Wisentes, was auf den ersten Blick sehr verwunderlich erscheinen könnte, aber sich vielleicht, wie ich später zu zeigen versuchen werde, aus der Natur des Landes und seiner Geschichte zwanglos ergibt.

14 S.a. Jickeli, C.: Fossile Wisentreste des Museums des siebenbürgischen Vereines für Naturwissenschaften. In: Berichte der internationalen Gesellschaft zur Erhaltung des Wisents, Berlin 1927, Bd. 2, Nr. ½, p. 170–173.

Zunächst möchte ich unseren sicheren Fund kurz beschreiben, um den nicht wenigen Zweiflern an der Existenz des Wisents in unserer Heimat ihre Bedenken zu nehmen. Der Fund wurde im Jahre 1912, also kurz vor dem Kriege gemacht und in ungarischer Sprache beschrieben, so dass er wahrscheinlich den meisten unbekannt geblieben ist. Er befindet sich vermutlich in Budapest. Die näheren Umstände sind folgende: Südlich von Anina bei Reschitza am westlichen Rande Siebenbürgens, in einer Höhle im Walde Pauleaska, stießen schatzsuchende Zigeuner auf eine Höhle, in die sie hineinstiegen und wo sie nebst vielen anderen Knochenresten auch ein mächtiges Hirschgeweih fanden, das sie herausbrachten und der Verwaltung der Domänen Reschitza-Anina ablieferten. Diese veranlasste die wissenschaftliche Erforschung, die Herr Dr. Kormos durchführte, der dabei folgendes feststellte: Die genannte Höhle, deren 2,5 Meter breiter und 5 Meter hoher Eingang zum Teil von Birkengestrüpp verdeckt war, führte zunächst unter einem Winkel von 50–60° ungefähr 30 Meter in die Tiefe, um sich dann hier zu einer Halle von zirka 25–100 Metern bei einer Höhe von 20 Metern zu erweitern. Diese Halle hatte mehrere kleinere stumpfe Ausläufer. Den tiefsten Punkt der Halle bedeckte ein kleiner See, in dem sich das von der Decke herabtropfende Wasser ansammelt, welches im übrigen zahllose Tropfsteinformationen bildet und die vielen, den Boden bedeckenden Knochenreste mit Kalksinter überzieht. Während menschliche Reste überhaupt fehlten, fanden sich zunächst massenhaft verkalkte Reste von Fröschen (Rana fusca), von verschiedenen, die Höhle auch jetzt bewohnenden Fledermausarten, ferner das schon erwähnte, übrigens ziemlich neue Hirschgeweih, dann aber der Schädel und das vollständige Skelett eines jungen Bären. Dieses, von einer 3–5 Millimeter hohen Tropfsteinschicht überzogen, war besonders interessant, weil es eine Fraktur des einen Oberschenkels aufwies und ferner, indem sich unter den Brustwirbeln eine schön erhaltene, auf einer Seite ebenfalls mit Sinter überzogene eiserne Pfeilspitze vorfand, die auf Grund von Vergleichen im Budapester Nationalmuseum in das 12.–13. Jahrhundert zurückdatiert werden kann.

Der Autor nimmt an, dass der durch den Pfeil verwundete Bär auf der Flucht in die steile Höhle fiel, vielleicht bei dieser Gelegenheit das Bein brach, und nun nicht mehr im Stande war, sich aus seiner Lage zu befreien.

Ferner fand sich in derselben Höhle ein vollständig erhaltenes Skelett von *Bison bonasus* L., welches von einer ungefähr doppelt so dicken Tropfsteinschicht überzogen war wie das Bärenskelett, und dessen Alter also ungefähr auf das doppelte geschätzt werden kann. Dieses Skelett wies die Eigentümlichkeit auf, dass am Schädel beide Hornzapfen dicht an ihrer Basis abgetrennt worden waren. Offenbar hatte also der Jäger oder der Finder des in der Höhle verendeten Wisentes, der möglicherweise durch Zufall in diese Höhle geriet und sich nicht mehr befreien konnte, nur die Hörner als Trophäe mitgenommen, vielleicht weil das Wildbret in ungenießbarem Zustande oder schon ganz verwest war. Ist das Alter des Bärenskelettes auf Grund der Pfeilspitze mit 600 Jahren annähernd richtig bestimmt, so können wir das Alter des Wisentes ungefähr mit 1200 Jahren annehmen, so dass unser Tier also ungefähr um das Jahr 700 n. Chr. gelebt haben dürfte, für welche Zeit die Existenz des Siebenbürgischen Wisentes somit bewiesen erscheint. Dass die Art des Hineingelangens des Tieres in die Höhle und sein Verenden dort auf einer richtigen Annahme beruhen dürfte, beweist per analogiam ein weiterer Fund, nämlich das ziemlich frische Skelett eines Rehes, welches noch in der Höhle gefunden wurde, und dessen Hungertod in der Höhle daraus geschlossen werden kann, dass sich am Boden der Höhle kreuz und quer die gut erhaltenen Fährteabdrücke des in der Höhle herumirrenden Tieres fanden, aus der es vergeblich eine Rettung suchte. Dreimal im Laufe der letzten Zeitepoche ist also diese Höhle eine natürliche Falle für größere Tiere geworden. Infolge ihrer versteckten Lage im Urwald blieb sie den Menschen wohl meist unbekannt, und brachte so die Reste ihrer Opfer in tadellosem Zustande bis auf unsere Tage. Was schließlich das darin gefundene Hirschgeweih anbelangt, so war dieses künstlich vom Schädel getrennt worden; man kann annehmen, dass Wilderer es hier verborgen haben, um ihre Beute ohne Aufsehen in Sicherheit bringen zu können, und dass es dann irgendwie in Vergessenheit geriet. Sein Alter wird auf 50–60 Jahre geschätzt.

Damit sind die greifbaren Reste des rezenten Wisentes in Siebenbürgen erschöpft, und wo die Steine schweigen, müssen die Menschen sprechen, wir sind auf die Zeugnisse der Zeitgenossen und auf die Tradition angewiesen. Diese hat bekanntlich Dr. Szalay in Hermannstadt in einer ein halbes Leben erfordernden gründlichen wissenschaftlichen Arbeit gesammelt und kritisch aufgearbeitet, wobei alle Quellen geschichtlicher, sprachenvergleichender, Ortsnamen erklärender Forschung herangezogen wurden. Ein Teil dieser Forschungen hat in verschiedenen Abhandlungen seinen Niederschlag gefunden, der weitaus größere Teil harrt noch seiner Veröffentlichung. Darnach hat es in den Jahren 1772 bis 1777 einen frischen Wisentfund gegeben, nämlich einen Wisentschädel, welchen Fichtel[15], der seinerzeit berühmte österreichische Mineraloge und Palaeontologe, zu dieser Zeit auf einer seiner Reisen durch Siebenbürgen in der Gegend des Kelemengebirges von Bauern erhielt, der ganz frisch war und den er in einem Werke (Mineralogische Bemerkungen, 1791, S. 157) beschreibt. Was aus dem Schädel geworden ist, wissen wir nicht. Andere Angaben über Wisentreste aus Siebenbürgen sind falsch (z. B. Dombrowski, der eine Wisentdecke und Schädel auf der Millenniumsausstellung in Budapest 1896 als siebenbürgische Beutestücke der Familie Teleki beschrieb, während sie in Wirklichkeit ein Geschenk des Zaren waren).

Es gibt aber noch einen zweiten Weg, um vielleicht auch heute noch zu einem Skelett des rezenten Siebenbürger Wisentes zu gelangen, des letzten unserer Wisente, und dieser Weg führt nach Wien. Dr. Szalay hat nachgewiesen, dass, nachdem der letzte Wisent in freier Wildbahn in Siebenbürgen um das Jahr 1790 am Fuße des Kelemengebirges gewildert

15 Fichtel, Johann Ehrenreich von (1732–1795): Paläontologe und Mineraloge. Mineralogische Bemerkungen, 1791, p. 157.

worden war, ein letztes Stück ihn im Tierpark in Schönbrunn überlebte, welches jung eingefangen, vermutlich mit einem Wisenttransport der Grafen Teleki nach Wien kam. Hier stand es im Wiener Hetztheater in der Zeit von 1785 bis 1796 in Tierkämpfen in Verwendung, die verschiedentlich von Reisenden beschrieben worden sind. Im Jahre 1796 brannte dieses Hetztheater ab, und nur ein siebenbürgischer Wildstier, mit Namen Miska, rettete sich, indem er sein Gewahrsam zertrümmerte und ins Freie gelangte. Er ließ sich ohne Widerstand einfangen und kam in die Schönbrunner Menagerie, wo er im Jahre 1809 verendete. Zu dieser Zeit stand infolge der Eroberung durch Napoleon Wien und auch Schönbrunn vorübergehend unter französischer Kontrolle. Napoleon beauftragte damit den Chef der französischen Invasionskommission,

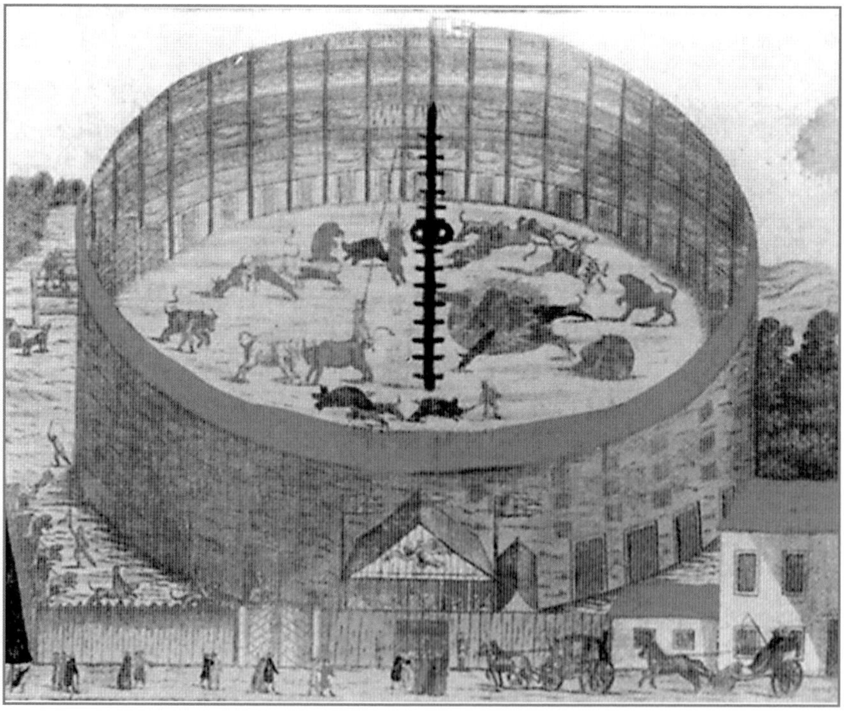

Das Wiener Hetztheater, erbaut 1755.
(Czeike, E.: Historisches Lexikon Wien, 1992/1993, Bd. 3, p. 175)

Das Wiener Hetztheater, am 1. September 1796 abgebrannt.
(Czeike, E.: Historisches Lexikon Wien, 1992/1993, Bd. 3, p. 175)

Marcel de Serres. Dieser beschreibt in seinen Werken genau den Stier (‚nous ne citerons que le boeuf sauvagne de Transylvanie'). Als dieser verendete, und er erst nach dessen Begräbnis Kenntnis von dem Vorfall erhielt, ordnete er die Exhumierung an, und ließ die Reste nach Paris schaffen, wo sie nach der Ankunft aufgestellt wurden. (‚Les dépouilles du même individu, que nous avons vu vivant, se trouvent déposées dans les collections du Musée de Paris'). Diese aus Schönbrunn stammenden Reste erwähnt Cuvier in seinen im Jahre 1831 und 1836 erschienenen Arbeiten, so dass die Möglichkeit bestünde, sie auch heute noch ausfindig zu machen. Das hätte besonderes Interesse, da dann vielleicht festgestellt werden könnte, ob der Siebenbürger Wisent dem Bialowieser oder dem Kaukasuswisent näher gestanden hat. Die in der Angelegenheit begonnene Korrespondenz mit dem Direktor des Pariser Museums, Professor

Trouessart, fand durch den Krieg eine Unterbrechung, könnte aber vielleicht mit Hilfe unserer Gesellschaft neu begonnen werden.

Zum Schlusse nun eine Antwort auf die Frage, wie es denn kommt, dass in unserer Heimat, die laut zahlreichen Urkunden eine Wisentheimat und eine letzte Zuflucht des frei lebenden Wisentes in Europa war, keine Reliquien dieses imposanten Wildes zu finden sind. Die Antwort weist auf die Art und Weise hin, wie größere Tiere in freier Natur zugrunde gehen, und sie weist auf die geschichtlichen Verhältnisse unseres Landes.

Jedes in freier Natur verendete Wild wurde und wird auch heute in unserem bergigen Waldlande in kurzer Zeit eine Beute der aasfressenden Tiere (Bär, Wolf, Fuchs, Aasgeier usw.). Die Skeletteile werden nach allen Richtungen verschleppt, die knöchernen Reste fallen der Verwitterung in sehr kurzer Zeit zum Opfer. Daher kommt es, dass auch von den heute noch in größerer Menge frei lebenden Tieren äußerst selten einzelne Knochenreste und auch diese stets in vollem Zerfall gefunden werden. Und so wird es eben auch mit dem Wisent gewesen sein, der in prähistorischer und historischer Zeit durch den die Ebene bewohnenden Menschen seiner ergiebigen Wildbretmenge wegen sicher besonders der Verfolgung ausgesetzt war, und daher sich schon sehr früh in die bergigen Wälder zurückziehen musste. Hier fehlten die Vorbedingungen für die Erhaltung des Skeletts eben vollständig und es musste eine Verkettung besonders günstiger und eigentümlicher Umstände dazu gehören, um wie in dem Funde von Anina einen Wisent in eine Höhle fallen zu lassen, und ihn dort durch Verkalkung zu erhalten.

Was geschah aber mit den von Jägern erbeuteten Stücken? Erinnern wir uns daran, dass die Jagd in ihrer primitiven ursprünglichen Form ‚Fleischerwerb' war. Somit ging das Beutetier den Weg allen Fleisches. Wir wissen aus der Geschichte, dass nach dem Mongoleneinfall und der anschließenden Hungersnot die Jagd auf Wisente mit besonders großer Leidenschaft betrieben wurde. Die Bedeutung der ‚Trophäe' trat bei den allermeisten Jägern, besonders der früheren Jahrhunderte, in den Hintergrund. Wo aber die Hörner aufbewahrt wurden, um als Trinkgefäße oder ähnliches verwendet zu werden, da wurden sie Gebrauchsgegenstände des täglichen Lebens, wie solche benützt und verworfen, und meist wurde zu diesem Zweck das oft schönere und größere Horn des zahmen Rindes genommen. Als aber der Begriff des weidmännischen Jagens in seinen ersten Anfängen in unser fernes Waldland zu dringen begann, wo ja die Bauernjägerei die Form der Jagdausübung war, da hatte der Wisent auch bei uns schon zu leben aufgehört.

Der Mangel an Reliquien findet eine weitere Erläuterung durch die Geschichte unseres Landes. Mit dem Rückzug der römischen Kohorten und dem Beginn der Völkerwanderung setzt ein Jahrtausend siebenbürgischer Geschichte ein, wo ein Erobervolk das andere ablöste und verdrängte, ein Hinfluten von Völkern, von denen so gut wie nichts auf unsere Tage gekommen ist, von denen wir zum Teil kaum Namen und Abstammung wissen, ein Jahrtausend, über das nur spärliche Chroniken aus Byzanz und Rom einige Nachricht geben. Und auch nach der Gründung des ungarischen Reiches und der Einbeziehung Siebenbürgens in dasselbe kamen Jahrhunderte voll Krieg und Not, kam der Mongolensturm, der das Land als Wüste zurückließ, kamen die Jahrhunderte der Türkenkriege, der Kurutzenkriege, wo immer der Bewohner Haus und Hof verlassen musste, um das nackte Leben zu retten, wo andere Sorgen das Denken erfüllen, als vielleicht ein an der Wand hängendes altes Wisenthorn, eine Wisentdecke zu retten, und vor dem Aufgehen in Flammen zu bewahren. Vielleicht hat uns ein gütiger Zufall noch irgendwo einen Rest des Siebenbürger Wisentes bewahrt und ein weiterer Zufall führt zu seiner Entdeckung. Zu erwarten ist es aber nicht dort, wo die Zeugen menschlichen Wirkens aus vergangenen Jahrhunderten so spärlich sind.“

Jagd- und Pachtverhältnisse, Unfälle Ende des 19. Jahrhunderts in Gurghiu

Über die damaligen Jagd- und Pachtverhältnisse konnte ich folgendes erfahren:

Bis zum 1. Jänner 1871 war, wie aus dem geschichtlichen Teile dieses Aufsatzes ersichtlich, die ganze Domäne Gurghiu an Baron Leopold Bornemissa verpfändet, der, selbst kein passionierter Jäger, das ganze Jagdgebiet an Franz Macskásy, einem Edelmanne und Grundbesitzer der dortigen Gegend, verpachtete, der sich auch der Jagd wegen im alten Bornemissaischen Schlosse niederließ. Als mit Ende des Jahres 1870 der Pachttermin des Dominiums zu Ende ging, erschien Ende Oktober der ungarische Minister Graf Szapáry daselbst, der nun durch seine Beamten die ganze Inventur des Gutes aufnehmen ließ, so dass dieses, wie erwähnt, mit 1. Jänner 1871 wieder in den Besitz des ungarischen Staates überging. Herr von Macskásy, der bis dahin die Jagd innegehabt hatte, war vornehmlich Brackenjäger. Er unterhielt unter Aufsicht des damaligen Forstwarts und gleichzeitig Jagdleiters von ihm, dem jetzt 79 jährigen greisen Dumitru Veţian, eine 14-köpfige, ungemein scharfe Hatzmeute, die ihrer Bissigkeit und Rauflust wegen in getrennten Box einzeln oder paarweise untergebracht werden musste. Wie mir der alte Dumitru erzählte, gab es damals im Reviere nur Rehe, sehr wenige Schweine, gar keine Hirsche, dafür aber sehr viele Wölfe, einige Luchse und mehrere Bären.

Den ersten Hirsch spürte Veţian im Spätherbste des Jahres 1871 gelegentlich der ersten Neue. Da man bis dahin keine Hirschfährte kannte, wurde diese anfänglich für jene einer Wildsau gehalten und erst als er, dieser folgend, feststellte, dass das verfolgte vermeintliche Wildschwein von einem übermannshohen Buchenaste die Knospen abgeäst hatte, da war seine Weisheit zu Ende. Lange noch betrachtete er Fährte und Äsungsplatz bis ihm endlich einfiel, dass das wohl nichts anderes als die Spur eines ihm bisher nur vom Hörensagen bekannten Tieres, jene eines

Hirsches, sein müsse. Er eilte sofort zu Tale und berichtete dies beim Forstamte, welches sich diese Rarität nicht entgehen lassen wollte und für den nächsten Tag eine Jagd mit den Hatzhunden anordnete.

Tatsächlich kam auch der erstgespürte Hirsch vor die Schützen, doch wurde er bei dem ungewohnten Anblick und der Aufregung gefehlt, so dass die durch den Schuss animierten Hunde den Hirsch so lange hetzten, bis er gänzlich aus dem Reviere herausgejagt war. Von da an tauchte aber immerhin vereinzeltes Rotwild im Dominium auf, welches in den dichten Schlägen sommerüber vor Verfolgung geschützt blieb.

Als nun nach Ablauf der Pfandperiode mit 1871 Graf Samuel Teleky die Jagd des nunmehr staatlichen Gebietes Görgény (Gurghiu) pachtete, begann der Aufschwung desselben. Als er vom Vorhandensein einzelner Rotwildstücke im Reviere vernahm, so ordnete er sofort die Anlage von Salzlecken an und, um dieses zu binden, stellte er sofort die Jagd mit Brackierhunden in den Hochlagen ein und verbot jeglichen Abschuss dieses neuen, sich nach und nach durch Zuzug, vermutlich aus der Mármaros (Maramureș) und dem Kelemengebirge (Căliman-) zugewanderten Wildes.

Er selbst ging mit gutem Beispiele voran, indem er durch fast 20 Jahre kein Stück Rotwild abschoss und auch auf legalem Wege niemandem, auch seinen intimsten Freunden nicht, den Abschuss eines Hirsches bewilligte.

Erst als sich der Rotwildstand ziemlich gehoben hatte, kam er alljährlich zur Hirschbrunft, wo er einen besonderen Genuss daran fand, den Brunftreigen und insbesondere das Kämpfen der Hirsche zu beobachten. Nur ungern störte er dieses Schauspiel mit der Kugel und ist daher die Strecke der von ihm in Görgény erlegten Hirsche eine verhältnismäßig sehr geringe. Wie man mir erzählte, belief sich sein Gesamtabschuss dortselbst im ganzen auf höchstens 5 bis 6 Stück Brunfthirsche.

Es ist daher Telekys ausschließliches Verdienst, dort den Rotwildstand durch Ruhe, Schonung und sonst praktische Maßnahmen, insbesondere durch Einstellung der Brackierjagd, eingebürgert und gehoben zu haben.

Die allgemein verbreitete Ansicht, dass der Graf dort Hirsche ausgesetzt habe, beruht auf ganz falscher Basis und gehört, wie ich mich reichlich über diese Angelegenheit orientieren konnte, in den Bereich der Fabel.

Graf Teleky legte, außer auf Hirsche, nur noch auf Bären einen besonderen Wert. Er gab daher auch seinem unterstellten Wildschutzpersonal den Abschuss auf Sauen vollkommen frei, und ließ auch als Weihnachts- und sonstigen Festbraten für das Forstamt, Rehwild abschießen.

Auch das Auerwild erfreute sich seiner besonderen Gunst. Er selbst schoss nur einige Hähne von dem damals allerdings nur geringen Stand ab und bewilligte ab und zu seiner Jagdleitung auf anderen Balzplätzen seines Gebietes vereinzelte Abschüsse. Dieser Fürsorge ist es daher auch zu verdanken, dass der Auerwildstand rasch in die Höhe ging und den Grundstock zu dem dermalen so außerordentlich reichen Hahnenstand abgab.

Zu den interessantesten Tieren dieses herrlichen Jagdgebietes zählen wohl hauptsächlich Luchs und Bär, Naturdenkmäler im wahrsten Sinne des Wortes, deren Erhaltung für künftige Geschlechter unbedingt und unentwegt angestrebt werden muss.

Der Luchs, diese prächtige, buntgefleckte Katze, sie spürt sich in diesen ungeheuren Waldkomplexen überall und nirgends. Einmal erkennt man seine krallenlose Fährte hoch oben an der Grenze der Alpenweiden und des Krummholzes, ein andermal tief unten nächst der Maisfelder und Heuwiesen. Hoch oben erjagt er mit sicherem Griff den stattlichen Urhahn, indes er in den Vorbergen meist Lampe oder dem flinken Rehwild zu Leibe geht. Er ist das ewige Gespenst des Waldes, das man wohl allseits ahnt, doch nirgends findet.

Wie seine Fährte, so unterscheidet sich auch seine Jagdart wesentlich von jener des Wolfes. Während „Linx vulgaris" lautlos und auf unhörbaren Sohlen durch den Urwald pirscht und dann mit wenigen Sprüngen sein Opfer fasst, trollt Isegrim, die tückische Waldhyäne, meist zu Rotten vereint von Aussichtspunkt zu Aussichtspunkt, um dann in wilder, unermüdlicher Hatz sein Beutetier so lange zu verfolgen, bis es ermattet und erschöpft sich von selbst ergibt, um bald darauf in heißer Gier, allseits angefallen und in Fetzen zerrissen zu werden.

Der Luchs ist der Kavalier unter den Karnivoren. Was er nicht mit dem ersten oder zweiten Sprunge erfasst, das lässt er laufen, um sich ein anderes Beutestück zu erwählen. Der Wolf lässt, solange er selbst noch hetzen kann, nicht locker. Was er nicht würgt, geht, wenige Ausnahmen ausgeschlossen, an Erschöpfung oder Lungenschlag ein.

Der Luchs ist daher kein absoluter Schädling des Wildstandes, wie der Wolf. Der Luchs soll nicht überhandnehmen. Der Wolf aber muss mit allen Mitteln und in jeder Art vermindert werden. Ihn gänzlich hier zu vertilgen, wird es bei seiner Vorsicht und Verschlagenheit und durch die unermesslichen Karpathenwälder geschützt, wohl niemals gelingen.

Der Luchs hingegen mit seiner schlechten Nase stolpert blind in jedes Eisen hinein und ist daher viel mehr der Gefahr ausgesetzt, ausgerottet zu werden, wie sein Vetter Isegrim.

Wo ein Luchs ins Eisen geht, folgt fast blind der zweite nach. Es mussten daher unter anderem im Winter 1922 alle Eisen vom Personale eingehoben werden, da sich bereits drei Luchse hintereinander darin gefangen hatten, und ich die gänzliche Säuberung dieses Revieres von diesem herrlichen und vornehmen Wilde hintanhalten wollte.

Zu Schusse kommt diese schöne Katze wohl selten, und gelingt es einmal, sie mit dem Feuerrohr zur Strecke zu bringen, dann ist es entweder ein glücklicher Zufall oder ein unverdientes Weidmannsheil gewesen.

So weit ich der Sache nachgehen konnte, wurden in Görgény nur drei Luchse mit der Feuerwaffe erlegt. Einer fiel einem auf Wölfe ausgelegten Brocken zum Opfer, indes alle anderen hier erbeuteten Luchse in den auf natürliche oder künstlich gelegten Zwangswechseln aufgestellten Eisen erbeutet wurden. Ich selbst hatte die Freude in dem von mir persönlich angelegten Zwangswechsel und mit einem eigenen Eisen auf dem sogenannten Rudolfswege (Calea Rudolf) nächst Lăpuşna einen Jungluchs so glücklich zu fangen, dass er mit den Zehen in der Falle hing, den aber leider ein Jagdschutzorgan in meiner Abwesenheit totschoss.

Ganz anders steht es mit dem edelsten und ungeschlachtesten, daher gefährlichsten, deshalb aber auch von jedem echten Weidmanne begehrtesten Raubwilde, dem Bären.

Ein Wild, welches wohl nirgends mehr in Europa so häufig vorkommt, wie in den urwaldbedeckten Karpathen und insbesondere im Gyergyóer (Gheorgheni-er-) und Kelemengebirge (Căliman-), insonderheit aber im mächtigen Staatswaldkomplexe der Görgényer (Gurghiu-er-) Berge. Mit einem sich ständig mehrenden, sicher an 80–100 Stück Standwild, auf etwa 44.929 Hektare vertreten, hängt hier, wie überall, sein schütteres oder dichteres Auftreten vom jeweiligen Vorkommen, das heißt, besser gesagt, vom jeweiligen Gedeihen des Waldobstes ab. In Jahren, wo nur die Preisel- und Heidelbeere gediehen ist, trifft man ihn hoch oben auf den freien Lehnen und Halden an. Strömen aber die Him- und Brombeeren ihr balsamisches Aroma aus, dann begegnet man ihm auf den Schlägen der Mittellagen, indes die Buchelmast ihn in der ganzen Region des Laubwaldes zerstreut. Hat aber der Nachwinter in den Hoch- und Mittellagen durch plötzlich einsetzende Fröste die Waldblüte vernichtet, indes in geschützten Tälern der Bergfüße die Eichelmast gedieh, dann begegnen wir jenen so charakteristischen Massenansammlungen des Bär- und Schwarzwildes in jenen Geländen, die selbst die an schöne Bärenstrecken gewöhnte siebenbürgische Jägerwelt und natürlich die gesamte Weidmannschaft des Kontinents in helles Erstaunen setzen.

Dann knallt es und kracht es bei derlei Treiben wie auf westeuropäischen Hasenschlachten, dann ist es bei solchen Bärentreiben möglich, dass in einem kurzen Triebe 10 bis 20 Bären vor die Schützen kommen, wovon einmal 7, ein andermal 13 Stück erlegt wurden, und in einem jenseits der Maros (rum.: Mureş) an den Bergfüßen des Kelemengebirges gelegenen Gebiete in zwei Trieben 48 Bären vor den Schützen erschienen oder ausbrachen, von denen dann 15 Bären zur Strecke kamen. Zahlen, die man in dem heutzutage wohlkultivierten Mitteleuropa kaum für möglich halten würde. Dieser, nach dem Kriege sich besonders vermehrende Stand an Bärwild, war schon von lange her in den Görgényer Bergen berühmt und deshalb war auch dieser Staatsforst das Hauptattraktionsmittel der mit Gütern reichbedachten ungarischen Magnaten und deren illustren Gästen und Potentaten aller Herren Länder. Das Grenzer Kompossesorat der Nasod-Bistritzer (Năsăud-Bistrița) und die Herrschaftswälder des Kelemengebirges (Căliman-), die Gyergyó (Gheorgheni) und der Görgényer (Gurghiu) Staatsforst waren stets das Hauptreservoir des Bärenkontingentes, aus welchen jederzeit auch Gemeinde und Privatwaldungen ihren Nutzen daraus zogen.

Bei dem starken Wandertrieb von Sau und Bär fielen dann, je nach den Wildobstverhältnissen, auch für andere Gebiete stets einige Bären ab, die natürlich nicht immer auf rühmliche Art in die anderen Jagdgründe befördert wurden. Insbesondere dort, wo es an Wildschutz mangelte oder in solchen Revieren, die in Bauernhänden lagen, wurde mit aller Grausamkeit und Rücksichtslosigkeit der Ausrottungskrieg gegen Meister Braun geführt. So konnte es in einem benachbarten Gebirgsteile der angrenzenden Moldau vorkommen, dass die den Bär und Wolf, als Viehräuber, hassenden Bauern eine aus fünf Mitgliedern bestehende Bärenfamilie, die sich in einer Felshöhle eingelagert hatte, ausräucherten und einzeln abschlachteten.

Oder wo eine in einer Höhle wintersüber verklüftete Bärin von den erbosten Bauern durch Vorlegen von Stämmen und Felsstücken veritabel durch Rauch erstickt und noch bei lebendigem Leibe gebraten wurde.

Lauter abscheuliche Dinge, von denen sich der weidgerechte Jägersmann nur mit Ekel abwenden muss. Wenn es auch unter den Bären manchen raublustigen Karnivoren gibt, so ist dies keinesfalls die Regel. Meister Braun ist Insektenfresser und Vegetarianer. Nur nach der Bärzeit, das sind die Monate Juli und August, wo speziell der männliche Bär, insbesondere dort, wo seinesgleichen schütter gesät sind und er viele Kilometer wandern muss, um eine Bärin zu finden, stark herabgekommen ist, da allerdings reißt der ausgehungerte Recke manches Stück Rind oder Schaf und zieht sich dann so den Hass der geschädigten Bauernschaft zu.

Wenn aber das Waldobst, die Buchel- und Eichelmast reichlich gefallen sind, dann schwelgt Petz in all diesen vegetabilischen Genüssen und lässt die zu seiner Erbeutung für ihn um diese Zeit, von, mit diesen Verhältnissen unerfahrenen Jägern, ausgelegten Pferdekadaver vollkommen unberührt.

Der Bauer, der, trotzdem dass er in den gebirgigen Gegenden, in und aus dem Walde lebt, kennt merkwürdigerweise am allerwenigsten die Gewohnheiten und Eigenarten dieses zottigen Gesellen oder will sie aus Spekulation nicht kennen. Schon aus prinzipiellen Gründen und aus Gegensatz zum Jagdherrn eines Bärenreviers will er nichts verstehen. Alles, was an Schlangenbiss, Seuche, Krankheit, Baumschlag nach Sturm oder durch Wölfe umkommt, wird von ihm auf Konto des Bären gesetzt.

Er vergisst dabei ganz oder will es vielmehr nicht wissen, dass Meister Braun bei seinen nächtlichen Streifzügen den Kadaver in die Nase bekommt und in Ermangelung reifer Waldfrüchte, dann den wahrscheinlich bereits von Hunden, Füchsen, Mardern und Wölfen angeschnittenen Kadaver gänzlich auffrisst. Natürlich ist dies ein gefundener Anlass für den schlauen Bauersmann, gleich ins Gemeindeamt zu laufen und dort eine Beschwerde nebst Petition um Ersatz seines seit Wochen unbeaufsichtigt und sorglos dem Walde überlassenen Viehstückes zu erpressen oder, wenn möglich, eine amtliche Treibjagd zu propagieren.

Wie viele Fälle kenne ich, wo Weidgenossen von mir einen Rothirsch bei der Abendpirsche erlegten, dann unverwittert liegen ließen, um am folgenden Morgen mit dem Zerwirken zu beginnen. Wie erstaunt waren sie aber, dort angekommen, nur mehr Läufe, Knochen und Hautfetzen von ihrem Hirsche vorzufinden, weil Meister Braun sich nachtsüber entweder allein oder mit seinen Sprösslingen daran gütlich getan hatte.

Aus dieser Tatsache nun schließen zu wollen, dass Bären prinzipiell Rotwild schlagen, wäre doch ein krasser Irrtum und eine Verleumdung unseres im allgemeinen doch sehr harmlosen Waldesrecken.

Ich wiederhole absichtlich nochmals den Ausdruck „harmlos“, da ungereizt und unverwundet, bei halbwegs einiger Vorsicht des Jägers, der Bär meist scheu und eilig dem Menschen aus dem Wege geht. Nur dort, wo man ihm den Weg verlegt, oder er nach Verwundung, des Jägers ansichtig wird, oder im Wundbette durch Mensch und Hund gestört wird, da allerdings versteht Meister Braun keinen Spaß. Dann schlägt er natürlich alles krumm und gerade, was ihm unter die Pranken kommt.

Ich will hier eines Falles speziell aus den Görgényer (Gurghiu-er) Bergen Erwähnung tun, wo ein Bauernjäger, der zufällig einem durch Schafhunde gereizten Bären begegnete, dabei angenommen und jämmerlich zerfleischt wurde.

Diese Attacke war folgendermaßen verlaufen:

Vasile Gliga Drăgan aus Ibăneşti, nächst Gurghiu, hatte vom damaligen Forstrat und Jagdleiter des Grafen Samuel Teleky, Karl von Pausinger, den Auftrag erhalten, Bären abzuspüren, da der Graf die Absicht hatte, in den nächsten Tagen auf sicher bestätigte Bären zu jagen. Gliga ging daher, es war am 15. November 1893, in den Gebirgsteil Blidireasa der gräflichen Pachtjagd Ibăneşti, wo er im Aufstiege eine Schafherde antraf. Im Vorbeischreiten fragt er den die Schafe hütenden Cioban, ob er nicht eine frische Bärenfährte gesehen habe. Dieser meinte, Bären nicht, aber Saufährten gäbe es eine Menge. Auf dies hin schritt Gliga weiter bergan. Er mochte so 400 Schritte aufgestiegen sein, als er die Hunde der Schafherde plötzlich Laut geben hörte, wobei sich das Gekläff ihm unentwegt näherte. Gliga befand sich eben auf einer von Felsen eingeschlossenen Einsattlung, gegen welche ein starkes Buchendickicht auslief. Durch dieses kam eben das von den zwei Hunden gehetzte Wild. In der Annahme, es sei eine Sau, blieb er am Wechsel stehen, als plötzlich pustend ein von den Schafhunden gehetzter, mittelgroßer Bär daher kam. Da die

Einsattlung ziemlich enge war, so wollte er den Bären zur Umkehr bringen und schrie ihn deshalb mit einem lauten „Ho!“ an.

Doch anstatt den graufärbigen Bären damit zu erschrecken, nahm ihn dieser direkt an, warf ihn zu Boden und zerfleischte ihm zuerst den rechten Fuß, fasste ihn dann mit der Tatze am Hinterkopfe und als er seine Hände behufs Abwehr gegen das Haupt des Bären erhob, durchbiss ihm dieser beide Handgelenke. Durch den Tatzenhieb auf den Kopf hatte Vasilie für den Augenblick die Besinnung verloren und als er wieder zu sich kam, sah er den Bären, sich öfter nach ihm umsehend, ziemlich gemächlich von dannen schreiten. Mit Mühe schleppte sich nun Gliga blutüberströmt talab bis der Schafhirte mit den herbeigerufenen Holzfällern herbeikam, die sich dann seiner annahmen.

Die Verwundungen waren durchaus schwere. Vom Hinterhaupt über die rechte Gesichtsseite hatten ihm die Krallen der wilden Bestie fünf schwere Risswunden beigebracht, wobei diese Gesichtshälfte bis an die Nase und den Mund heruntergerissen war. Die rechte Hand wurde gänzlich vom Unterarmknochen getrennt, indes die linke einfach nur durchbissen war. Der linke Fuß bis zum Oberschenkel hinauf wies 17 Biss- und Krallenwunden auf.

Nur der vorzüglichen Behandlung eines vom Grafen Teleky eiligst entsendeten Arztes verdankte Gliga sein Aufkommen. Immerhin ist er durch diesen Angriff gänzlich arbeits- und erwerbsunfähig geworden, was den stets warmfühlenden Grafen veranlasste, bis zu seinem im Jahre 1916 erfolgten Tode, für den alten Jägersmann zu sorgen. Vasilie Gliga Drăgan hatte aber dennoch die große Genugtuung auf seinem Schmerzenlager zu erfahren, dass der Graf Samu zwei Tage nach seiner Verwundung im gleichen Revierteile, wo sich dieser Überfall ereignet hatte, den Bären schoss. Zum Schlusse sei noch erwähnt, dass dieses hier beigefügte Bild bei der Wiener Jagdausstellung im ungarischen Pavillon ausgestellt war.

Dass natürlich angeschossene und unvorsichtig, ohne gute Hunde verfolgte Bären manchen Treiber und Jäger zerfleischt oder getötet haben,

Gliga Vasilie Drăgan aus Ibăneşti bei Gurghiu, der von einem Bären verstümmelte Wildhüter des Grafen Samuel Teleky. (AN Sibiu, Fond. pers., Spiess, Cota 182, Nr. 101)

ist ja nichts Neues und ließen sich da wohl Hunderte solcher Fälle erzählen, die sich in unseren wildzerklüfteten Karpathenwäldern und speziell in den Görgényer, Gyergyóer und Kelemenhavaser Bergen zugetragen haben, die aber weniger auf das Schuldkonto Meister Brauns, als vielmehr auf den Leichtsinn und die Ungeschicklichkeit der Verfolger und Schützen zu setzen sind.

Ich lasse hier drei in Görgény allbekannte Fälle folgen, die ich mir von den drei bereits hochbetagten Geschädigten persönlich erzählen ließ.

Der mehrfach erwähnte alte Oberjäger Vețian hatte im Jahre 1892 am 2. November ein ganz originelles Erlebnis. Vom Baron Andreas Bornemissa war im letzten Triebe ein sehr starker Bär angeschossen worden, der sich in ein mit Felsblöcken durchsetztes Dickicht eingeschoben hatte. Da Graf Teleky mit großer Rigorosität darauf sah, dass angeschweißtes Wild nicht verludere, so erhielt der Oberjäger den Auftrag, die Nachsuche einzuleiten, was dieser auch um so lieber tat, als es dabei gleichzeitig heimwärts ging.

Der geringen Schweißfährte wegen war die Folge in dem mit vielem Laub bedeckten Boden ungemein schwierig, und so entschloss sich Vețian, drei seiner Hatzrüden auf die Bärenfährte zu schnallen.

Tatsächlich gaben auch die Hunde bald Standlaut, was Vețian veranlasste, mit zwei anderen Bauernjägern blind darauf loszustürmen, wobei einer dem andern zuvorkommen wollte, um den Ruhm des Fangschusses und des dafür unausbleiblichen Douceurs für sich zu gewinnen. In der Hast des Zulaufens glaubten sie, der Bär sei mitten oder jenseits der Hunde, als sich dieser plötzlich hinter einem Felsblock, den eben Vețian laufend passierte, erhob und sich auf letzteren stürzte. Im Nu lag dieser mit einem Prankenhiebe am Boden, worauf das verwundete Raubtier mit dem Rachen seinen Kopf fassend, diesen zu zerfleischen begann. In diesem kritischen Augenblicke schoss einer der zugelaufenen beiden Bauernschützen auf den Bären, der daraufhin sofort Vețian freiließ und sich auf diesen warf. Letzterer hielt mit beiden Armen sein Gewehr dem angreifenden Raubtier abwehrend entgegen, was diesem Anlass gab, dem Bauern beide Arme mit Tatzenhieben zu zerschmettern. Jetzt schoss, am Boden sitzend, mit letzter Geistesgegenwart der Oberjäger seine Flinte nach dem Bären ab, der dadurch schwer getroffen den Bauern ausließ und nun erneuert Veţian annahm, der mit einigen Löchern am Kopfe und mit freigelegten Arm- und Fußknochen tödlich verletzt am Platze blieb. Die Heimkehr von der Jagd glich einem Leichenzuge, indem beide bewusstlos auf Tragbahren heimgetragen werden mussten. Nur einer langen und sehr fürsorglichen Pflege gelang es, beide, insbesondere aber den Oberjäger, trotz seiner Löcher an der Schädeldecke, wieder hochzubringen. Stolz erzählte mir der Alte, dass damals alle Magnaten, die an jener Jagd teilnahmen, jeder 250 Gulden für ihm erlegten und alle Kosten für Arzt und Pflege beglichen. Ganz besonders glücklich war er aber darüber, dass sogar Kaiser Franz Josef ihm eine Gabe zu seinem Unfalle gespendet hatte.

Ein zweiter, ebenso interessanter Fall ereignete sich mit dem Vater des jetzigen Oberjägers und Kastellans, dem damaligen gräflichen Wildheger und gleichzeitig Obertreiber Aron Jakob. Es war im Revierteile Chiher, wo wieder ein Treiben für Graf Teleky zwei Jahre nach dem vorerwähnten Falle abgehalten wurde. Aron war wieder, wie gewöhnlich, als Stützpunkt in der Mitte des Triebes und war schon ziemlich nahe an die Schützenkette herangekommen, als plötzlich ein Bär, der von den Herrenjägern Wind bekommen hatte, bei ihm durchbrechen wollte. Aron schrie ihn daher aus Leibeskräften an, um ihn zur Umkehr zu bewegen, doch anstatt dessen, stürzte sich der Bär so überraschend auf ihn, dass er nur knappe Zeit fand hinter eine Buche zu springen. Dreimal umkreiste er laufend dieselbe, doch der Bär war pfiffiger als er, indem er wendete und sich auf die Hinterpranken stellend Aron, der ihm blind entgegengestürzt war, derart umfasste, dass er wie gefesselt mit dem gespannten Gewehr fest an den Leib des Bären gepresst wurde. In dieser hilflosen Situation trug ihn der Bär wie ein Kind einige Meter zur Seite, wobei er stets mit dem

Rachen nach seinem Kopfe beißen wollte, doch trotz seiner Länge überragte ihn der aufrechtstehende Bär um ein Bedeutendes, so dass der Kopf des Obertreibers unter das Kinn des Raubtieres zu stehen kam, wodurch er den tödlichen Bissen der Bestie glücklich entging. Vor Schreck waren natürlich die umstehenden Treiber entsetzt geflohen, worauf die Bestie Aron zu Boden schleuderte und ihn mit Rachen und Pranken zu bearbeiten begann. Durch das wilde Geschrei der Leute verdutzt, ließ nun der Bär für einen Augenblick von ihm ab, um sich mit erneuter Wut auf den nächsten Treiber zu stürzen, dem er auch gleich den zur Abwehr vorgehaltenen Arm durch einen Prankenhieb in Trümmer schlug. Nun ergriff mit dem Aufgebote seiner letzten Kraft Aron sein neben ihm liegendes Gewehr und traf dabei den Bären derart glücklich, dass dieser neben dem Treiber tot zusammenbrach.

Aron hatte 17 Verletzungen, der Treiber nur drei, aber sehr schwere, da ihm auch die Schenkelmuskulatur vom Knochen herabgerissen war.

Sechs Wochen dauerte es, bis der Obertreiber das Bett verlassen konnte, indes der andere noch viel länger das Schmerzenslager hüten musste.

Eine besonders praktische Maßnahme des Grafen Teleky rettete dabei den Verwundeten das Leben, dass er stets bei solchen Jagden seinen Leibarzt bei sich hatte, so dass die Verunglückten gleich septisch verbunden werden konnten und so allerdings, nach langem Leiden, wieder genasen.

Bei seinem Scheiden aus dem Reviere übergab der stets fürsorgliche Graf die Kranken dem dortigen Bezirksarzte, der die Behandlung und Pflege auf Kosten des Jagdherrn zu versehen hatte. Dass dabei ein reiches Schmerzensgeld die Verwundeten nebstdem noch trösten musste, war ja bei der Freigebigkeit des Grafen eine selbstverständliche Sache.

Kronprinz Rudolf in Gurghiu

Der enorme Reichtum an diesem interessanten und wehrhaften Wilde war daher die Ursache, dass alles, was seinerzeit in Österreich und Ungarn im reichen Hochadel Weidmann war, dahin strebte, Reviere im karpathischen Waldgebirge, in der Marmaros (rum.: Maramureş), insbesondere aber in der Gyergyó (Gheorgheni) in Borgo-Bistritz (Bârgău – Bistriţa) und speziell in den Görgényer (Gurghiu) Staatsforsten zu erwerben.

Der erste der Magnaten, dem es gelang speziell Görgény- Szent-Imre (Gurghiu) auf lange Zeit zu pachten, war der in allen Jägerkreisen als berühmter Weidmann und Schütze bekannte Graf Samuel Teleky, der nicht weit davon, auf eine Stunde Wegfahrt entfernt, nordöstlich von Marosvásárhely (Târgu-Mureş), fast die Mitte zwischen dieser Stadt und Sächsisch-Reen bildend, sein Stammschloss Sáromberke (Tinoasa) besaß. Von hier aus war es ihm ein Leichtes zu welcher Zeit immer, meist mit seinem Vierspänner, nebst Gefolge, zu Fischfang oder Jagd Görgény zu erreichen, um entweder im alten Schloss oder in einem der Jagd- oder Forsthäuser des so unendlich ausgedehnten Revieres sich so ganz dem Genusse der Natur, der Fischweid oder dem Weidwerk hinzugeben.

Eine mächtige, imposante Erscheinung, mit ausgedehnten Latifundien gesegnet, verstand er es durch sein freundliches, joviales Wesen und als Kenner aller Landessprachen, sich bald die Liebe und Verehrung aller, die ihn kannten, zu erwerben.

Stets heiteren Sinnes hatte er für jeden seiner Untergebenen oder seiner Umgebung ein freundliches Wort und freigebig wie ein Potentat, liebte er es, zu helfen und zu geben, wo es Not tat.

Speziell an sein Jagdschutzpersonal gedachte er stets in warmer Sorgfalt und Zuneigung, das ihm dafür auch mit treuer Anhänglichkeit und Liebe ergeben war. Wie einem Halbgott küsste dem méltóságos Gróf-úr das Landvolk die Hände, wusste es doch, dass es dafür gewöhnlich ein Goldstück absetzte. Dass dabei nicht immer die Liebe zu dem alten Herrn die Ursache war, ist ja selbstverständlich, so dass mitunter der damalige Forstrat, Herr von Pausinger, gleichzeitig Jagdleiter des Grafen, der seine Leute kannte, vor allzu großer Freigebigkeit warnen musste. Graf Teleky gab aber trotzdem, so lange seine Tasche noch ein Goldstück enthielt, ja lieh sich sogar manchen Obolus für ein armes Bäuerlein bei seinem Jagdleiter aus.

Die in seinen Revieren abgehaltenen Treibjagden bildeten wahre Volksfeste, die erst recht an Glanz und Frohsinn gewannen, als Kronprinz Rudolf von Österreich als anfänglicher Gast und dann selbst als Jagdherr, vereint mit Samu Teleky, das Revier Görgény bejagten.

Der alte Graf hielt ganz besonders an hergebrachtem mittelalterlichem Jagdbrauch, vereint mit gut magyarischen Weisen. Unter Hornruf erteilte er des Abends, bei in Fackelglanz beleuchteter Strecke den Ritterschlag und Tannenbruch für erst erlegtes Hochwild, um dann bei den schmelzend einschmeichelnden Weisen der besten Marosvásárhelyer Zigeuner den Tanzreigen zu eröffnen. Da wirbelte Magnat, Szekler Bauer, Rumäne und Sachse mit der festlich geschmückten weiblichen Jugend aller drei Nationen im Kreise durch den Schlosshof oder suchte, durch die süßen schmeichelnden Weisen des Csongrády Pista betört, ein dunkles, lauschiges Plätzchen im schönen Schlosspark auf.

Gar erst als Kronprinz Rudolf von Österreich seinen ersten Bären als Gast des alten Grafen schoss, da ward aus dem frohen Streckenfeste eine solenne Feier, die ganz Görgény und Umgebung auf die Beine brachte. Da briet mancher Hammel am Spieße und der Wein floss in Strömen. Éljen a Herceg! Éljen a Gróf-úr! Să trăiască! scholl es durcheinander und, wie Augenzeugen berichten, gab es dann des Morgens manch schweren Kopf nach diesem Freudenfeste.

Den Höhepunkt nach dieser Feier, zu der bei der Kunde vom Weidmannsheil des Kronprinzen die ganze Bevölkerung der umliegenden Ortschaften im Festtagsschmucke mit ihren Musikkapellen herbeigezogen waren, bildete am Abend des gleichen Tages die Bruchüberreichung durch Graf Samuel Teleky an den Kronprinzen Rudolf.

Kronprinz Rudolf, 1885.
Aus dem Nachlass des
Oberforstrathes von Pausinger

Graf Samuel Teleky de Szek, 1845–1916
(ÖNB Wien Pf 1187 C2)

Ich glaube daher die Feierlichkeit dieses Augenblickes am besten veranschaulichen zu können, wenn ich hier, in Ermangelung eines Klischees, das prächtige Crayonbild Meister Melkas beschreibe, welches diesen Festakt künstlerisch widergibt und dadurch verewigt.

Vor einer mächtigen, tiefgegabelten Wetterbuche inmitten einer Waldblöße sieht man im Hintergrunde des Bildes die schlanke, aufrechtstehende Gestalt des jugendlichen Kronprinzen Rudolf wie er gerade die Rechte ergreifend ausstreckt, um den ihm durch Graf Samuel Teleky in ehrfurchtsvoll gebeugter Stellung entgegengereichten Eichenbruch für den am 2. Oktober 1884 ersterlegten Bären entgegenzunehmen. Die Mitte und den Vordergrund des Bildes bildet eine Gruppe kräftiger rumänischer Bauerngestalten, die an ein Balkenkreuz gebunden, Rudolfs ersten Bären,

Szene aus der Bärenjagd des Kronprinzen Rudolf. Graf Teleky überreicht dem Kronprinzen den Bruch. Bleistiftzeichnung von V. Melka (Aus: Die österreichisch-ungarische Monarchie in Wort und Bild, Bd. 6, 1902, p. 307)

Sámuel Telekly führt Erzherzog Rudolf zum erlegten Bären, wo ihn sein Leibjäger Nechita Bloşu erwartet. Nach einer Bleistiftzeichnung von V. Melka (aus: Vasárnapi Újság, 14.10.1888, p. 681)

einen gewaltigen Urwaldrecken, herantragen. Neben dieser Gruppe stellt, mit entblößtem Haupte, den Hut zum Gruße erhoben, der eisgraue rumänische Leibjäger des Grafen, der alte Nichita Bloş, indes rechts von diesem eine Gruppe rumänischer Hornbläser, eben in ihrer Art tutend, den Fürstengruß oder das Halali dem ersten Bären blasen.

Links, mit anordnenden Gesten, sieht man in ungarischer Forstuniform den alten Forsttaxator „von Pausinger". Er erteilt eben Weisungen, wohin der Bär von den Trägern niederzulegen sei.

Ein anderes Bild des gleichen Malers zeigt uns Graf Teleky inmitten mächtiger Urwaldriesen, den Kronprinzen Rudolf auf der Schweißfährte zu seinem im Vordergrunde verendeten, zwischen Unterholz und Farnwedeln liegenden Bären führend, nächst welchem der alte Nichita mit entblößtem Haupte die Ankommenden ehrfurchtsvoll erwartend, die Totenwache hält.

Sehr ansprechend und anregend ist ein drittes Bild Melkas, welches die Streckenbegehung vor der Balustrade des Görgényer Schlosses auf der Parkseite desselben zeigt.

Im Vordergrunde des Gemäldes liegen fünf Hauptbären und ein toter Hatzhund, der für seine Schneid mit einem Tatzenhiebe in die anderen Jagdgründe befördert wurde. Fackelträger auf der linken Seite des Bildes beleuchten einen illustren Kreis von Weidmännern und die hübsche, schlanke Gestalt der Kronprinzessin Stefanie, die alle mit Interesse dem Ritterschlage zusehen, den Kronprinz Rudolf zum ersten Bären seinem vor ihm knienden Leibjäger Bodicska erteilt.

Rechter Hand des Bildes sieht man die kräftigen Gestalten der rumänischen Waldläufer, die auf mächtigen Ochsenhörnern dazu des Bären Tod verblasen.

Auch ein anderes, gutes photographisches Gruppenbild aus jener Zeit existiert noch im Besitze der Enkelin des Forsttaxators, und zwar wo Kronprinz Rudolf in steirischer Jägertracht, in kurzen Gamsleder-Kniehosen und dem kurzen Steirerjanker seitlich einer illustern Jägergruppe steht,

Streckenlegung vor der Balustrade des Schlosses Gurghiu. Kronprinz Rudolf erteilt seinem Leibjäger Bodicska den Ritterschlag für seinen ersten erlegten Bären, 1884. Bleistiftzeichnung von V. Melka. (aus: Muradin, J.: Melka Vince. 1834–1911. Arcus, Tinta 2017)

deren Mitte der nachmalige König von England, Eduard VII., damals Prinz von Wales, bildet.

Von links nach rechts gereiht, sieht man da Graf Stefan Károlyi, Erzherzog Kronprinz Rudolf, die Erzherzoge Otto und Friedrich, Fürst Ludwig Eszterházy, Prinz Eduard von Wales, Graf Bethlen Gábor, den Flügeladjutanten des Kronprinzen Graf Rosenberg, den Oberstleutnant Graf Wurmbrand-Stuppach, den Baron Koloman Kemény, die Barone Bornemissa, Samuel Józsika und Herrn von Macskásy.

Graf Teleky Samu fehlt darauf, da er zu jener Zeit weitab auf seiner Forschungsreise nach dem Innern Afrikas gereist war.

Es war im Herbst 1879 als der erlauchte Sprosse des Hauses Habsburg-Lothringen, Kronprinz Rudolf, zum ersten Male auf einer Jagd auf Bären teilnahm, um vorerst als Gast des Grafen und dann als Besitzer des Reviers selbst durch mehrere Jahre dort bis zu seinem Tode fast alljährlich zu erscheinen.

In dieser Zeit erlegte der Kronprinz 9 Bären.

Um nun für alle Zukunft auch die Orte, wo diese Bären von diesem hohen Schützen erbeutet wurden festzuhalten, so will ich einzeln deren Schussort erwähnen, und zwar fielen durch seine Hand:

2 Bären im Gemeindepachtrevier Chiher im Waldteile Piciorul cu plopi; 1 Bär im Gemeindepachtrevier Tireul im Waldteile Faţa Tireului, Zapodia Călugărului; 1 Bär im Gemeindepachtrevier Tireu im Waldteile Zapodia Priporului; 2 Bären im Gemeindepachtrevier Tireu im Waldteile Zavurca Buza Şandri; 1 Bär im Gemeindepachtrevier Adrian im Waldteile Faţa mare; 1 Bär im Gemeindepachtrevier Caşva im Waldteile la Cărbunaşa im Valea Caşvii; 1 Bär im Gemeindepachtrevier Caşva im Waldteile la Rechiţişoia.

Von diesem letzten Bären in der Rechiţişoia lässt sich eine ganz interessante Geschichte erzählen, die hier der Vollkommenheit wegen nicht verschwiegen werden soll.

Diesen Bären hatte nämlich vorerst im Triebe Graf Stefan Károlyi tief weidwund getroffen, so dass ein Stück Gescheide während der Flucht beim Ausschusse hervorhing. Graf Teleky, gefolgt von seinem Leibjäger Dumitru Veţian, gingen eine Strecke der Schweißfährte nach und stießen auch auf den kranken Bären, doch als dieser Miene machte beide anzunehmen, so wurde die Folge aufgegeben und nach Beendigung des Frühstückes erneuert in Aussicht genommen. Da nun Kronprinz Rudolf noch nie Gelegenheit gehabt hatte, einem angeschweißten Bären zu folgen, so forderte ihn Graf Teleky auf, mitzuhalten. Tatsächlich war der Kronprinz rasch dabei. Unterstützt durch 3 Hatzrüden gelang es auch bald den Bären zu stellen, der sich wütend gegen die attackierenden Hunde zur Wehr setzte und einmal auf diesen, und einmal auf den anderen losfuhr. Der Kronprinz, dem die Fangschüsse überlassen wurden, heizte bei dem aufregenden Schauspiele einige Male daneben, bis es ihm endlich gelang, den schwer kranken Waldesrecken durch einen Hauptschuss zu Falle zu bringen. Erwähnt sei, dass an diesem Tage 5 Bären und 2 Wölfe zur Strecke kamen, indes ein Hatzhund vom letzterwähnten, angeschweißten Bären mit einem Prankenhiebe erschlagen wurde.

Besuch des Prinzen von Wales zur Bärenjagd in Gurgiu 1888.
Fotografie von Gy. Kloesz, Budapest (ÖNB Wien Pf 1299 F1)

Über diese Jagd brachte das „Siebenbürgisch-Deutsche Tageblatt“ vom Jahre 1885 in seiner Nummer 3606 vom 22. Oktober wörtlich folgenden Tagesbericht:

„Kronprinz Rudolf und Erzherzog Friedrich begaben sich morgens 7 Uhr zur Messe in die Hofkapelle, wo für die beiden Erzherzoge vor dem Altare eigene Betschemel aufgestellt waren, während die Suite in der ersten Bankreihe Platz nahm. Nach der Messe begab sich die ganze Jagdgesellschaft auf Viererzügen durch das Kaswatal in den Rákóczy- und Ossoer Wald zur Jagd. Vor der Jagd stellte der Obergespan Graf Bethlen den önologischen Wanderlehrer Paul Fekete dem Kronprinzen vor, der aus Szőkefalva (Seuca, Mureş) mehrere Traubensorten und andere Obstgattungen überbrachte. Kronprinz Rudolf dankte für diese Aufmerksamkeit, während Gräfin Pálffy einige Sorten bestellte, welche wöchentlich zweimal nach Laxenburg geschickt werden sollen. Kronprinzessin Stefanie erschien um 8 ½ Uhr in Begleitung ihrer Hofdame zur Messe, nach welcher sich die hohe Frau in ihre Appartements zurückzog.

Kronprinz Rudolf und die ganze Jagdgesellschaft kehrte um 4 Uhr nachmittags mit reicher Beute von der Jagd heim. Nicht weniger als 5 Bären und 2 Wölfe wurden durch seine kaiserliche Hoheit dem Kronprinzen, durch den Grafen Károlyi, Baron Koloman Keményi, Baron Andreas Bornemissa und durch den Hofjäger Bodicska erlegt.

Am 19. d. M. haben die hohen Gäste Siebenbürgen verlassen.“

Zwei Jahre hindurch aber kam der Kronprinz trotz Zuweisung der erfahrungsgemäß besten Stände nicht zu Schuss, was ihm trotzdem seine stets gute Laune nicht verderben konnte.

Welch reges Interesse seine kaiserliche und königliche Hoheit für sein Lieblingsrevier Görgény-Szent-Imre (Gurghiu) jederzeit hatte, geht aus nachfolgenden, mir von der Enkelin des Forsttaxators und kronprinzlichen Jagdleiters Frau Prunca Popescu, geborene von Pausinger, überlassenen Briefe, die gleichzeitig bis an sein Lebensende reichen, hervor.

Ich lasse daher der Vollkommenheit wegen diese siebzehn Briefe ihrem vollen Inhalte nach folgen:

Wien, 16. Juni 1881.

Lieber Pausinger!

Ich schreibe Ihnen heute, um Sie zu bitten, mir vielleicht bekannt zu geben, wann Sie wünschen, dass ich zu den Bärenjagden nach Görgény komme, damit ich darnach meine Pläne einteile. Am leichtesten für mich wäre es in den letzten Tagen September oder in den ersten des Oktober. Wenn um diese Zeit eine gute Eichelmast wäre und Sie es vorziehen würden, dass ich in die Marmaros oder in irgend ein anderes Revier gehe, würde ich es auch tun; mir liegt nur viel daran, heuer einen Bären zu erlegen, alles eins wo? Sehr würde es mich freuen, wenn ich bei dieser Gelegenheit auch einen Bären in die Falle jagen könnte, denn diese Jagdart muss sehr interessant sein.

Natürlich kann ich in diesem Jahre nur einen Ausflug in diese entlegenen Jagdgebiete unternehmen, daher würde ich Sie bitten, gleich die beste Zeit, wo der sicherste Erfolg zu erhoffen ist, zu bestimmen.

Ich wäre Ihnen sehr dankbar, wenn Sie mir da einen Plan übersenden würden, denn die Einteilung dieser Reise, zwischen alle die Maneuvers und steyrischen Hochgebirgsjagden, ist nicht so leicht. Bis gegen den 10. September dauern die böhmischen Maneuver, dann bis 16. die Ungarischen, hierauf dürften die Hochgebirgsjagden in Steyermark folgen; also vor Ende September glaube ich nicht frei werden zu können. Ich bitte direkt an mich zu antworten.

Mit den herzlichsten Grüßen

Ihr

Rudolf

Prag, den 5. September 1881.

Lieber Pausinger!

Wie Ihnen Graf Bombelles schon mitgeteilt hat, bin ich heuer nicht in der Lage, nach Siebenbürgen kommen zu können. Am nächsten Samstag reise ich nach Nordungarn, wo ich mit viel Sehnsucht hinüber zu den Karpathen schauen werde.

Von dort muss ich nach Wien und Prag zurück. Ende September wäre ich so gerne mit meiner Frau nach Görgény gekommen, doch es ist unmöglich, da sie nicht mehr reisen soll und ich sie nicht lange allein lassen will; hoffentlich werden wir es im nächsten Jahre auf Bären wieder einbringen.

Wenn Sie aber im Laufe des Winters einen Bären irgendwo in den Karpathen ganz sicher bestätigt in der Gaura[16] *wissen, oder sich einer in den Fallen fängt auf eine Weise, die eine günstige Jagd noch nach dem Verlauf von einigen Tagen erwarten lässt, dann bitte ich Sie, es mir gleich zu telegraphieren, denn in diesem Falle würde ich kommen und einige Tage von hier wegbleiben. Für eine Antwort wäre ich Ihnen sehr dankbar.*

Mit besten Grüßen

Ihr

Rudolf

---

16 Höhle. Das Schießen auf Bären an der Höhle wurde erst 1922 durch das neue Jagdgesetz verboten.

Prag, 1-2. September 1881.

Lieber Pausinger!

Innigsten Dank für Ihren Brief.

Ich sehe es ganz gut ein, dass es nicht lohnend wäre, wegen eines im Eisen gefangenen Bären die weite Reise zu unternehmen, vielleicht würde es da am besten sein, wenn sie die Eisen wieder wegnehmen ließen, um dieses edle Wild nicht umsonst zu vertilgen.

Wenn ein Bär in der Gaura oder mehrere in einem kleinen Komplex auf dem Schnee ganz sicher abgespürt sind, würde ich auf eine telegraphische Aufforderung hin gewiss kommen.

Schießen Sie in Görgény so viele Schnepfen, als Sie wollen, hoffentlich hat Sie die schwierige Aufgabe in den Grenzforsten nicht allzusehr angestrengt.

Mit den herzlichsten Grüßen

Ihr

Rudolf

Wien, 30. Oktober 1881.

Lieber Pausinger!

Innigsten Dank für Ihre Berichte, die mir Bombelles übergab und die ich genau durchstudierte.

Es wird notwendig sein zur Beruhigung der Gemeinden etwas zu unternehmen.

Heute telegraphiert Bombelles an Sie, um zu fragen, ob man jetzt Jagden im Laufe des November unternehmen kann. Vor Mitte des Monats hätte ich keine Zeit.

Wenn auch der Erfolg kein günstiger wird, so kann es doch den Leuten zur Beruhigung dienen, und vielleicht gelingt es uns, trotz ungünstiger Epoche, einen Bären auf die Strecke zu bringen.

Bitte auch um eine schriftliche Antwort, was Sie über diesen Plan denken.

Mit vielen Grüßen

Ihr

Rudolf

Prag, 1. März 1882.

Lieber Pausinger!

Vor einigen Tagen war der Graf Ferdinand Wurmbrand, welcher mit uns in Siebenbürgen jagte, bei mir und erzählte mir, dass ein junger Graf Teleky, Vetter des Samu Teleky, plötzlich gestorben sei. Seine Jagd, die an Görgény grenzt und sehr gute Schnepfen tragen und auch einige vielversprechende Bärentriebe aufweist, ist nun sehr leicht zu pachten.

Zur Arrondierung der Görgényer Jagden und zur Sicherstellung vor schlechten Nachbarn wäre es vielleicht gut, diesen Distrikt, der sehr billig zu erlangen sein soll, nun zu pachten. Bitte mir über diese Angelegenheit eine Antwort zu senden.

Ihren Bruder habe ich Ende Januar bei uns hier gesehen. Mit seinen reizenden Skizzen aus dem Orient errang er in Wien große Erfolge.

Mit vielen Grüßen

Ihr

Rudolf

Prag, 27. April 1882.

Lieber Pausinger!

Innigsten Dank für Ihren Brief, der mich sehr freute.

Ich werde Heuer ganz bestimmt in die Liptau[17] *kommen; Doch den Monat Juni halte ich für dergleichen Expeditionen, meinen Hochgebirgserfahrungen gemäß, für zu früh, auch leidet, wenn man treibt oder pirscht, der Wildstand zu sehr, da die Kitze noch ganz klein sind und leicht von den Gaisen weggesprengt zu Grunde gehen. Daher werde ich erst im Laufe des Juli kommen.*

Ich bitte sie, ja nur nicht zu viele Vorbereitungen treffen zu lassen, sonst stört man das Wild; für die Hütte bitte ich die Rechnung dem Oberstleutnant Spindler zu übersenden, doch mit dem Bauen von Wegen sollte man sehr vorsichtig sein, denn das ist leicht gefährlich, auch bin ich nicht verwöhnt und verlange weder gute Steige, noch gute Unterkunft.

Bitte Sie, mir einmal mitzuteilen, ob es besser wäre in der Liptau auf Gemsen zu pirschen oder zu treiben. Triebe gelingen nur im Gebirge, wenn sehr gute Steige und Jäger da sind. Auch möchte ich gerne wissen, ob sich nichts mit den Luchsen machen ließe; vielleicht sind die Jäger im Stande einen Bau zu entdecken.

Mit den herzlichsten Grüßen

Ihr

Rudolf

---

17 Liptov, heute Gebiet in der Mittelslovakei,

Prag, 13. Mai 1882.

Lieber Pausinger!

Innigsten Dank für Ihren Brief mit dem Programm.

Die Liptauer Jagden betreffend, bin ich ganz einverstanden und freue mich schon sehr darauf.

Falls Sie nach Siebenbürgen transveriert werden, wäre das für mich sehr angenehm, da sie dann in Görgény selbst stationiert wären und selbstverständlich immer die Leitung meiner Jagden führen könnten.

Meinen Intentionen nach, würde ich Ende Juli in der Liptau eintreffen.

Mit vielen Grüßen

Ihr

Rudolf

Reichsstadt, 4. Juli 1882.

Lieber Pausinger!

Wie Sie telegraphisch schon erfahren haben werden, muss ich für dieses Jahr die Liptauer Gemsjagden schweren Herzens absagen. Doch es geht nicht anders. Wir wollten die Liptau mit einem Besuch bei Coburg in Pohorella verbinden, doch heuer müssen die Coburgs um diese Zeit abwesend sein und so können wir doch nicht eben einen Termin aussuchen, in dem sie nicht dort sind, um jene Gegend zu besuchen.

Ferner ist die Liptau von Prag nicht so enorm weit. Das lässt sich jedes Jahr machen, vielleicht auch einmal zum Pürschen nur im Herbste; der Retezat (Retezat) hingegen ist für mich sehr schwer zu erreichen. Heuer habe ich Zeit, doch nicht genügend für beide Expeditionen.

Graf Teleky sagte mir nun, dass heuer ein günstiges Jahr für die Retezat ist; und so muss ich diese Gelegenheit benützen, die vielleicht nie wieder kommt, während der Krivan[18] *als viel näher, und Staatsjagd, sowie auch jagdlich rascher erreichbar, in jedem anderen Sommer ebenso gut besucht werden kann.*

Für den Retezat braucht man viel mehr Zeit und die ganze Expedition ist schwerer einzuleiten, daher werde ich die diesjährige gute Gelegenheit benützen. Die Görgényer Jagden im September werden unter jedem Fall stattfinden.

Mit vielen Grüßen

Ihr

Rudolf

Wien, 9. August 1882.

Lieber Pausinger!

Innigsten Dank für Ihren interessanten Brief, der mich sehr freute.

Der Stand der Bären scheint ein günstiger zu sein und so hoffe ich sehr, heuer gute Jagden in Siebenbürgen abhalten zu können, auch bin ich mit dem Plan einverstanden, während der Triebe, auf die Hauptwechsel, Bäreneisen zu legen; es dürften sich höchstwahrscheinlich dann welche fangen, und diese Jagdart ist mir neu und interessiert mich daher noch mehr als die eigentlichen Triebe. Wegen einer Schweißhündin werde ich trachten, Ihnen eine gute,

18 Krivan, dt. Krummhorn – Gipfel in der Hohen Tatra.

schon eingeführte zu verschaffen. Vom Grafen Pista Károlyi erhielt ich im Laufe des Winters zwei Siebenbürgische Wildschweinhunde, welche auf Wildschweine in der Tat sehr gut jagen, doch ob sie Bären auch annehmen ist fraglich. Ich könnte aber immerhin zwei oder drei dieser Hunde nach Görgény mitnehmen.

Wegen der Anstellung der drei Teleky'schen Zigeuner, bin ich ganz mit Ihrem Plane einverstanden; hoffentlich werden diese Leute gute Dienste leisten.

Von Ihrem Bruder habe ich schon lange keine Nachricht mehr erhalten, er dürfte in große Arbeiten vertieft sein, und viel durch den langen Aufenthalt im Orient Versäumtes nachzuholen haben.

Mit den herzlichsten Grüßen

Ihr

Rudolf

P. S. Fast hätte ich vergessen Ihnen zu sagen, dass nach meinen bisher gepflogenen Erkundigungen, ich nicht vor den letzten Tagen Sept. dürfte abkommen und nach Siebenbürgen reisen können.

Ischl, 19. August 1882.

Lieber Pausinger!

Ich eile Ihnen eine traurige Kundschaft mitzuteilen, S. Majestät der Kaiser hat heuer keine Zeit nach Görgény zu kommen, bis zum letzten Moment hoffte Er diese Reise, auf welche Er sich sehr freute, zu ermöglichen, doch leider fallen ein Ausflug nach Triest und Ministerratssitzungen in Wien und Budapest um die selbe Zeit zusammen und so muss unser armes Görgény in den Brunnen fallen. Meine

Frau und ich kommen hingegen unter jedem Fall von Triest, also wahrscheinlich am 19. oder 20., um dann 14 Tage zu bleiben. Erzherzog Friedrich, den ich gestern hier sprach, hat leider keine Zeit, hingegen kommt mein Schwager Leopold, außerdem will ich noch einladen meinen Schwager Phillipp Coburg, Graf Wilcsek, Hoyos, Hofrat Wiederhofen, Graf Josef Waldstein, meine beiden Adjutanten.

Ihrem Bruder schreibe ich heute, um ihn zu fragen, ob er Zeit und Lust hat mit uns nach Siebenbürgen zu kommen. Hoffentlich werden wir heuer günstiges Wetter und gute Jagden haben.

Mit vielen Grüßen

Ihr

Rudolf

Prag, 1. November 1882.

Lieber Pausinger!

Innigsten Dank für Ihren Brief. Ich bin mit allem einverstanden, besonders, dass Sie mit Graf Teleky Samu, der die siebenbürgischen Jagden so gut kennt, Rücksprache halten wollen, betreffs der Verteilung und Anstellung der Heger und allen anderen Veränderungen.

Auf die Wölfe sollten sie mit Energie jagen, doch ohne dabei die Bären zu stören.

Für die Hündin Anni dürften 9 Hunde zu viel sein, daher bitte ich nur 5, 2 schwarze, 2 braune und einen gelben zu behalten, womöglich Hunde, keine oder nur eine Hündin; die übrigen 4 wäre es gut zu ersäufen; und wenn Sie Anni selbst nur 5 lassen, müsste dennoch mit Milch nachgeholfen werden. Vor allem bitte ich acht zu geben, dass die jungen Hunde immer an einem warmen Platze sind.

Ich bitte Sie auch über alles, was auf meinem Jagdgebiet erlegt wird, eine genaue Schussliste zu führen.

Morgen kommt Ihr Bruder zu uns, um hoffentlich lange zu bleiben.

Mit vielen Grüßen

Ihr

Rudolf

Prag, 14. April 1883.

Lieber Pausinger!

Mit vielem Interesse erfuhr ich über Ihre verschiedenen Jagderfolge, nun bitte ich Sie, einen Auerhahn im Fancsal abzuschießen und mir denselben gleich zu übersenden; da mich die kleine siebenbürgische Spielart des Auerwildes sehr interessiert. Zugleich bitte ich Sie, mir einen lebenden männlichen Wolfshund zu schicken. Es soll dies noch ein junges Tier, ein ganz gemeiner Bauernköter sein; womöglich ganz grau und so wolfsähnlich, als es nur immerhin zu finden ist. Ich brauche dieses Tier, womöglich bald, für einen Herrn in Deutschland, der Hunde-Studien und Kreuzungsversuche anstellt.

Sehr dankbar wäre ich Ihnen auch, wenn Sie mir über den Verlauf der Schnepfen Saison berichten würden; ich bitte die Schusslisten über alles, was erlegt wird, nur sehr genau zu führen, denn interessante Tiere dürften darin vorkommen.

Mit vielen Grüßen

Ihr

Rudolf

Wien, 5. April 1885.

Lieber Pausinger!

Besten Dank für Ihren Brief, der mich sehr freute; meine Frau und ich sprechen Ihnen zur Verleihung des Franz Josephs-Ordens unsere innigsten Glückwünsche aus.

Hoffentlich können wir auch heuer für längere Zeit nach Görgény kommen, worauf ich mich schon sehr freue. Im Februar erlegte ich in Nordungarn einen sehr starken Bären vor seiner Gaura.

Jetzt kehrten wir vor wenigen Tagen von einer sehr interessanten Reise im Orient zurück. Morgen müssen wir wieder, aber nur für einige Tage nach Brüssel.

Ihren Bruder habe ich im Laufe des Winters gesehen, er besuchte mich hier, da er mit mir wieder eine größere Arbeit in Angriff genommen hat.

Mit den herzlichsten Grüßen, bin ich

Ihr

Rudolf

Laxenburg, 1. September 1885.

Lieber Pausinger!

Besten Dank für Ihren Brief.

Ich bitte die Felle der erlegten Raubtiere, also auch des letzten Bären, den der Heger niederschoss, hierher nach Laxenburg oder Wien zu senden, da wir heuer nicht nach Prag gehen.

Bären sollen heuer keine mehr geschossen werden; es sind 4 geblieben, einige beunruhigt und einer angeschossen worden, das ist genug.

Ich bitte das Terrain des Advokaten Tirnovan zu pachten und auch die drei Wildheger zu übernehmen. Kleines Wild darf er außer der Zeit der Bärenjagden schießen.

Ich habe es ungemein bedauert, heuer nicht nach Görgény kommen zu können; hoffentlich kann ich dafür im nächsten Jahre einen längeren Aufenthalt in 7-bürgen nehmen.

Mit vielen Grüßen

Ihr

Rudolf

Wien, 15. Mai 1888.

Lieber Pausinger!

Ich bitte Sie mir die genauen Daten zu senden, an welchem Tage und bei was für einem Wetter die Steppen Hühner, die Sie mir unlängst schickten angetroffen und erlegt wurden, und, wie lange dieselben in der Görgényer Gegend blieben.

Ich bitte den Brief direct an mich zu adressieren.

Mit herzlichsten Grüßen

Ihr

Rudolf

Belovar, 13. September 1888.

Lieber Pausinger!

Ich habe heute auch an Baron Kemény geschrieben; wir können nicht vor dem 8. oder 9. Okt. kommen. Ich bitte Sie, Wohnung im

Schloss herzurichten für Prinz of Wales dort, wo voriges Jahr Prinz Leopold wohnte, dann kommt noch Erzherzog Otto, Prinz Miguel von Braganca, Fürst Esterházy, Graf Hugo Wurmbrand, 2 englische Herrn, Graf Potocky, Graf Rosenberg, Dr. Lanyi und ich; Ihr Bruder, der mir zusagte auch zu kommen, müsste bei Ihnen wohnen; Die siebenbürger Herrn müssten teilweise im Dorf wohnen, da im Schlosse für so viele kein Platz sein wird.

Ich werde rechtzeitig „Wunderdingen" und „Lophert" hinunter schicken.

Mit besten Grüßen

Ihr

Rudolf

Wien, 18. Okt. 1888.

Lieber Pausinger!

Ich bitte Sie mir von nun an Nachrichten über die Bären, die Äsungs- und Witterungsverhältnisse zu senden; und ob Aussicht ist nach dem Nov. mit einigen Herrn erfolgreich auf Bären zu jagen; umsonst möchte ich nicht hinunterfahren, doch einige starke Bären, besonders am Schnee, gut eingekreist zu jagen, würde mich sehr freuen.

Ob nun Jagd bei Görgény oder Fancsal, das ist mir ganz alleseins.

Mit herzlichsten Grüßen

Ihr

Rudolf

Ein inniges Freundschaftsverhältnis verband, wie bekannt, seine kaiserliche Hoheit mit dem wetterharten, stets lebensfrohen und unermüdlichen Jägersmann Graf Samuel Teleky.

In zahllosen Zusammenkünften und gemeinsamen Jagden fanden sich die Herzen beider und insbesondere war es immer wieder Görgény, welches bei der Jagd, bei Frohsinn und Becherklang innigen Kontakt und Anregung zu politischem, wissenschaftlichem und weidfrohem Gedankenaustausch gaben.

Was Wunder, dass dadurch angeregt, der nimmerruhende Tatendrang und die Abenteuerlust, verknüpft mit den hohen Zielen, sich in den Dienst der Wissenschaft zu stellen, bei dem in jeder Beziehung vollkommen unabhängigen Grafen Feuer fing und bei ihm den ersten Entschluss zeitigte, den dunkeln Weltteil zu durchqueren oder wenigstens in sein unbekanntes Inneres einzudringen.

In seinem Werke „Zum Rudolfsee und Stefaniesee“[19] schreibt der ehemalige k. u. k. Linienschiffskapitän Ritter von Höhnel[20] und gleichzeitiger Begleiter Telekys auf dessen Entschluss, diese Forscherfahrt zu unternehmen, wörtlich folgendes:

„Erfüllt von solchem Drange, plante auch Graf Samuel Teleki von Szék – ein in Siebenbürgen begüterter Edelmann – eine nach dem Inneren des dunklen Weltteils gerichtete Forschungsreise. Vermögend und unabhängig, durch Jagd und Sport gestählt gegen Beschwerlichkeiten und Unbilden, vereinigte Graf Teleki im hohen Maße jene persönlichen Eigenschaften in sich, welche für die erfolgreiche Ausführung eines solchen Unternehmens Gewähr leisten können. Eben im Begriffe seine Absicht zu verwirklichen,

19 Graf Samuel Teleki de Szek (1857–1916) bereiste als Forscher und Entdecker 1886-1889 Ostafrika und entdeckte den Rudolfsee (Turkana-See, Basso narok) und den Stefanie-See (Basso nabor, Basso ebor) in Kenia.

20 Ludwig Ritter von Höhnel (1857–1942) Marineoffizier, Geograph und Afrikaforscher, begleitete Teleki und veröffentlichte die Ergebnisse der Reise „Zum Rudolfsee und Stefaniesee. Die Forschungsreise des des Grafen Teleki in Ost-Aequartorial-Afrika“ Wien 1892.

war er im Anfange des Jahres 1886 über Einladung seines für das geplante Forschungswerk lebhaft interessierten hohen Gönners und Freundes, unseres unvergesslichen Kronprinzen, Erzherzog Rudolf, nach Lacroma gekommen.

Mein guter Stern wollte es, dass auch ich mich zur Zeit in jenem Gewässer auf Sr. Maj. Yacht ‚Greif' eingeschifft befand, welche dem Kronprinzen zur Verfügung gestellt war. Gleichfalls seit langem vom lebhaften Wunsche beseelt, meine bescheidenen Kräfte der Erschließung Afrikas widmen zu können, zauderte ich keinen Augenblick, dem Grafen meine Begleitung für die beabsichtigte Expedition nahe zu legen.

Dank mächtiger Fürsprache tat ich es nicht ohne Erfolg, ja ich sah schon am nächsten Tage meinen sehnlichsten Wunsch in Erfüllung gegangen."

Ende Oktober 1886 kam Telekys Plan zur Reife und mit einer bis in das kleinste Detail durchdachten gewaltigen Ausrüstung verließ er von den besten Wünschen seines hohen Gönners und Förderers begleitet, Europa, um mehr als zwei volle Jahre seiner Heimat fern zu bleiben. Wohl keiner von beiden, weder der Magnat, noch der Kronprinz, ahnten damals, dass es kein Wiedersehen mehr geben sollte. Es war ein Abschied für immer.

In dieser Spanne Zeit seiner Forscherfahrt in die damals von Europäern fast unberührten Gebiete, erzielte Teleky bei dem damals noch enormen Wildreichtum eine derart kolossale Strecke, dass ich mich nicht enthalten kann, vom eigentlichen Thema abweichend, diese hier allgemein zur Kenntnis zu bringen.

Graf Teleky schoss in der Zeit vom 13. Februar 1887 bis zum 28. September 1888 auf dieser Entdeckungsreise bis zum Kenia und Kilimandscharo, nach Angabe des Schiffsleutnants von Höhnel, nachfolgendes Wild, und zwar:

32 Elefanten;

76 Nashörner, darunter ein weißes, erlegt und 3 angeschossen;

77 Büffel erlegt und 2 angeschossen;

3 Flusspferde;
2 Giraffen erlegt und 3 angeschossen;
92 Antilopen;
18 Gazellen;
18 Zebras;
25 Tigerpferde;
4 Wildschweine;
15 Kolobusaffen;
1 Hyäne;
1 Wildkatze;
1 Dachs;
1 Panther;
1 Leopard;
2 Strauße;
2 Krokodile;
3 Puffottern;
3 Pytoschlangen und sehr viele Pelikane, Gänse, Schnepfen, Perl- und andere Hühner, nebst vielen Flamingos und anderen zahllosen Vögeln. Löwen schoss er 2 an, ohne diese jedoch zu bekommen.

Zahlen, die, abgesehen von dem derzeit schon bedeutend verminderten Wildstande und den veränderten Verhältnissen, wohl kaum mehr zu erreichen sind.

Innerlich hochbefriedigt und gestählt durch die zweijährigen Reiseerlebnisse, waren Teleky und Höhnel eben auf der Heimreise begriffen, als sie wie ein Blitz und Donnerschlag aus heiterem Himmel die Kunde von dem unerwartet plötzlichen Ende des Kronprinzen traf. Wie die entferntesten Gaue der ganzen Monarchie, so traf diese erschütternde Trauerkunde insbesondere auch das stille Görgény, wo stets nur mit dem Besuch des erlauchten Kaisersohnes und seiner illustren Begleitung Frohsinn und reges Leben einzogen.

Vorbei ist nunmehr der alte Glanz! Tragisch hat der hoffnungsvolle Erbe der österreichischen Kaiserkrone am 30. Jänner 1889 geendet. Die unverwüstlich scheinende Hünengestalt des Grafen Teleky hat eine tückische Krankheit gebrochen. Auch König Eduard von England hatte bald nach seiner Thronbesteigung das Zeitliche gesegnet, indes aus dem auserwählten Jägerkreise des Kronprinzen Rudolf, einen Magnaten nach dem anderen der kalte Rasen deckt.

Ja selbst den alten Nichita, den rumänischen Leibjäger Telekys und des verewigten Kronprinzen hat ein tragisches Schicksal ereilt, indem er mitten im Orte Gurghiu von einem brünftigen Haustiere auf die Hörner gespießt, ein jähes Ende fand.

Mit dem Ende des erlauchten Sprossen aus dem Hause Habsburg und dem Hinscheiden seines alten Weidgenossen und intimen Freundes, dem jovialen Grafen, war das frühere, lebhafte Treiben, der Reigen glänzender Jagd- und Festgelage dahin.

Die ungarische Regierung hat aus dem einst so stolzen Schlosse eine niedere Forstschule gemacht.

Mit rauer Sohle, mit Feuer und Schwert zertrat die Furie Krieg was bisher des Bürgers Fleiß geschaffen, und die Brandfackel der Revolution drang auch hier herein in dieses sonst so stille Gebirgstal.

Entstellt und verdeckt durch neue Zu- und Anbauten hat das Schloss von seiner alten Vornehmheit wesentlich verloren, indes vom Schlossberge her nur altes, rauchgeschwärztes, verwittertes Gemäuer und Felsentrümmer als die letzten Reste alter Kurutzenherrlichkeit herniederschauen. Nur Reineke blinzelt schlau aus seinem Felsenbau dort oben hernieder auf das ihn umgebende Land. Alles ist ihm untertänig! Frei streift er durch das Gelände und Bäuerlein und Bürger zahlen ihm Tribut mit ihren Enten, Hühnern und anderem Geflügel.

Im Parke aber zu des Berges Füßen wuchern und vegetieren wildverworren Wald- und Zierbäume durcheinander.

Nur die alten Eschen, Linden und Ulmen, die einst bessere Tage gesehen, sie recken und strecken sich ungepflegt und beengt zu gewaltiger Höhe und senden weit ihre Zweige wie flehende Arme zum Himmel hinauf, als wollten sie sagen:

„Hilf Herrgott und Heiland, gib uns mehr Luft und Licht und lass uns noch einmal den alten Glanz erschauen.“

Vorbei! Vorbei!

Gurghiu – das königliche Leibgehege des rumänischen Königshauses

Andere Zeiten, andere Menschen. Immer stiller wird es im kleinen Görgény zu des Berges Füßen, indes fernab im stillen Waldtale von Lăpuşna, weit vom alltäglichen Getriebe, wo drei silberhelle Bäche murmelnd und plätschernd ihre klaren Wässer zu Tale führen, um sich dort zum Görgényflusse zu vereinigen, neues Leben, neue Pracht entsteht.

Jagdschloss Lăpuşna im Kgl. Leibgehege Gurghiu 1930
(Foto: Heiter, Reen/Reghin)

Hier baut Altmeister Liman, Oberbaurat und vieljähriger Architekt des königlichen Hauses, in nordischem Stil für seinen königlichen Herrn ein prächtiges Heim, das erneuert Zeugnis gibt, dass, wenn auch entfernt von altverfallener Ruhmesstätte, auf morschen, kümmerlichen Resten stets neues Leben und neuer Glanz erblüht.

Hier, nun durch das neuerstandene Leben angezogen, strömen nunmehr von allen Seiten Touristen und Ausflügler aus allen Teilen Siebenbürgens herbei, um diesen prächtigen Bau inmitten dunkler Tannenbestände zu bewundern.

Alljährlich ist auch Ihre Majestät die Königin regelmäßige Besucherin dieses herrlichen Gebirgstales, die meist mit illustrem Gefolge hier erscheint, um mit dem altbewährten Schöpfer dieses neuen Jägerheims und einstigen Miterbauer des Feenschlosses Peleş, nächst Sinaia, über die Einrichtung und sonstigen Arrangements, sowie über die Parkierung der nächsten Umgebung des Jagdschlosses zu beraten.

Berge und Wälder von Gurghiu sind nunmehr königlich rumänisches Leibgehege und meilenweite Fahrwege verbinden die allseits an Berglehnen oder in lieblichen Tälern entstehenden Jagdhäuser. Viele Kilometer entfernt schlängeln sich saubere Pirschsteige durch das Gelände, immergrüne Tannen- und Fichtenbestände, Schläge, Urwald und Brandflächen durchziehend, indes gedeckte Hochstände und sturmfeste Kanzeln weithin herrlichste Fernsicht gewähren. Ungezählte Salzlecken und viele Futterraufen sorgen für das Gedeihen des zahlreichen Rotwildes, indes die silberklaren Wässer munteren Äschen und den flinken Bachforellen als Tummelplatz dienen. Was einst wildverworrener Urwald war, ist heute schon teilweise geordneter Forst, teils vegetationsreicher Schlag, der unerschöpfliche Äsung dem stolzen Edelhirsche und reiche Beerenfrüchte Meister Braun gewährt.

Ein Oberjäger mit noch zehn Wildhütern, unterstützt durch das staatliche Forstpersonal der einzelnen Forstbezirke, versehen den Jagdschutz und Aufsichtsdienst; wohl etwas wenig für rund 45.000 Hektare.

Ihre Majestät Königin Maria und deren Schwester Prinzessin Hohenlohe-Langenburg bei Besichtigung des neuen Jagdschlosses Lapuşna im Herzen des Reviers.

Immerhin hätte anfänglich manches besser und gründlicher im Jagdwesen geleistet werden können, wenn die nach dem Kriege dort eingesetzten jungen Forstingenieure über die volkswirtschaftliche Bedeutung der Jagd, deren Wert für den Staat, über Wildhege und Wildschutz einigermaßen besser vorgebildet worden wären. Leider scheint in den früheren rumänischen Forstschulen darauf weniger Wert gelegt worden zu sein. Jetzt aber, im Kontakte mit den ehemaligen ungarischen Landesteilen, wurde diese Erkenntnis richtig erfasst und ist es der staatliche Generaljagdinspektor persönlich, der an der höchsten Lehranstalt für Forstwesen im Staate, die Bedeutung eines geordneten Jagdwesens und all dem, was damit im Zusammenhange steht, zum Vortrage bringt.

Das seit kurzem im vereinigten Königreiche erschienene ausgezeichnete Jagdgesetz, verbunden mit der von tüchtigen Kräften geführten Forst- und

Jagdkammer, lassen erhoffen, dass, vereint mit der überaus gut geleiteten „Uniunea vânătorilor", dem rumänischen Jagdschutzvereine, diese Einsicht auch in den alten Landesteilen allgemein einziehen wird.

Zu einem guten Gesetze gehört aber konsequenter und eiserner Rechtsschutz, der in einer guten Gendarmerie, in strammen Behörden und einer strengen, unbeeinflussbaren Gerichtsbarkeit eine mächtige Stütze finden muss. Nur so kann in dem von Gott und Natur so reich begnadeten Rumänien jagdlich das erreicht werden, was in anderen westlichen Kulturländern schon vor vielen Hunderten von Jahren in Fleisch und Blut der Bevölkerung übergegangen ist.

Der Wildstand, der in den vier Kriegsjahren und insbesondere durch die Kämpfe in den karpathischen Waldgebirgen und der darauffolgenden Revolution ziemlich gelitten hatte, hat sich aber infolge allgemeiner Unterstützung des Jagdschutzpersonales durch Gendarmerie und Behörden, durch konsequente und gründliche Abnahme der Waffen, Bestrafung der ertappten Wilderer, sowie zweckentsprechende Maßnahmen, wodurch auch aus den Nachbarrevieren das Wild herangezogen und durch Ruhe, Salzlecken und Wildfütterung gebunden wurde, in Gurghiu wesentlich gehoben und hat dermalen einen Stand erreicht, wie er vor dem Kriege niemals vorhanden war.

An 1500 Stück Rotwild, darunter an 150 jagdbare Hirsche, an 100 Bären, etwa 500 Sauen können mit voller Sicherheit als Standwild angenommen werden und ist bei dem vorläufig noch sehr beschränkten Abschusse bei Aufrechterhaltung des Geschlechtsverhältnisses von 1 zu 1 zu erhoffen, dass sich der Wildstand, insbesondere jener des Rotwildes, noch bedeutend heben wird.

Der Stand an Auerwild ist ein ausgezeichneter und ist speziell ein Balzplatz an der Grenze der Buchen- und Fichtenregion gelegen, der bei einem günstigen Frühjahre, wenn die rauen Winterstürme und Fröste bis gegen Mitte April andauern, ganz hervorragend. Dort kann man dann, wenn die Balz nicht verzettelt, sondern zurückgehalten wird, beim Eintreten schöner sonniger Tage an 30 Hähne gleichzeitig versammelt finden. Dann kann der Weidmann und Naturfreund dort in vollen Zügen genießen und sich an dem tollen Treiben der zahlreichen Urhähne weidlich ergötzen.

Ein so günstiges Frühjahr bot das Jahr 1922, wo sich nach kalten und stürmischen März- und Apriltagen, die natürlich in den Hochlagen anhaltenden Schneetreiben zur Folge hatten, plötzlich warme und sonnige Frühjahrstage einstellten. Die ganze Natur war aus einem schweren Schlafe plötzlich erwacht und mit Sonnenschein und Wärme zog Leben und Frohsinn bei allen Lebewesen ein.

Es war gerade an einem Sonntag, den 30. April, als der Hofzug, von einer jubelnden Menge begrüßt, in Sächsisch-Reen einfuhr.

Gütig, wie immer, empfing Se. Majestät noch einige Abordnungen und dann entführte die kleine, von ihrem damaligen Direktor L. Papp selbst überwachte Forstbahn den hohen Weidmann und sein engeres Gefolge den bereits grünenden Fluren der Talebene.

Immer enger und enger umschließen die Talhänge das Geleise, indes pittoreske Felsformationen und mächtige Trachytsäulen den in eilender Hast zu Tale stürmenden Bergfluss immer mehr und mehr in seinem eiligen Laufe behindern.

Schäumend und brausend eilen aber trotzdem die Bergwässer mit weißem Gischte zu Tale, eiskalt und mächtig gespeist von den Firnfeldern der sie beherrschenden Berggipfel.

Nach zwei Stunden Bergfahrt heißt es den zierlichen, aber dessenungeachtet sehr bequemen Pullmanwagen verlassen, um zu Pferde den Hochlagen zuzustreben. Das saftige Grün der südlichen Matten wird immer spärlicher, bis schließlich unsere kleinen Gebirgspferde sich ziemlich mühselig durch den infolge der Tageswärme weich gewordenen hohen Schnee hindurcharbeiten müssen.

Nach dreistündigem Ritt hatten wir das ziemlich komfortable Jagdhaus erreicht. Meine Anfrage, ob Majestät nicht lieber hier als in einer Hirtenhütte wohnen wolle, wird kurz verneint.

„Ich will in der Nähe der Hähne bleiben und wenn es auch nur eine Fichtenstreu gibt“, meint kurz entschlossen der Monarch, gab dem Gaule die Fersen und ritt am Jagdhause vorbei.

Um so freudiger begrüßte dafür der wohlbeleibte Küchenchef das schmucke Heim und richtete sich sofort mit seinem ganzen Stabe und allen seinen zahllosen Küchengeräten bei dem, seinen besonderen Wohlgefallen erregenden neuen Herde ein.

Nach einer halben Stunde Ritt waren wir bei einer Hirtenhütte angelangt. „Da sieht es ja gar nicht so übel aus“, meinte Se. Majestät, wählte sich eine Schlafstelle und sich an das mitten in der Baracke lodernde Feuer setzend, zog er eine Kohle aus der Glut und zündete sich die unvermeidliche Zigarre an.

Mittlerweile war es 5 Uhr nachmittags geworden. Um den Balzplatz aufzusuchen, war es schon zu spät, dafür war die Gelegenheit günstig, von respektvoller Entfernung dem Einstreichen der Hähne zuzusehen und den Abendstrich der Schnepfen zu belauschen.

Se. Majestät der König, von mir gefolgt, schleicht vorsichtig auf dem Waldsteig gegen den Balzplatz zu, als wir knapp vor uns Schwingenrauschen vernehmen und bald darauf das Knappen eines Hahnes hörbar wird.

Näher heran will der hohe Weidmann nicht. Wir sitzen eben auf einem gestürzten Baumstamm und lauschen andächtig dem lieblichen Sang einer Ringdrossel, die sich unweit von uns auf einem Fichtenwipfel eingeschwungen hat, als plötzlich neben uns im dichten Unterholz ein leises Tappen, Knistern und Brechen vernehmbar wird. Mit angehaltenem Atem und festem Griff umspannt Se. Majestät den Stutzen, er hatte sofort die Situation erkannt. Da kräuselt ein Luftzug über uns hinweg, ein kurzer blasender Laut und eben so rasch, als er herangewechselt, trollt Meister Braun seinen weiteren Pass. Schade! Nur 30 Schritte trennten den erlauchten Jäger von einem, der Fährte nach, mittelstarken Bären.

Die Drossel am Fichtenwipfel flötete dem scheidenden Tage noch ihr Schlummerliedchen zu. Quarrend streichen noch einige Schnepfen über uns hinweg. Das Knappen des Hahnes verstummt und alsbald umfängt uns ein geheimnisvolles Dunkel, in welches nur noch das Surren schwärmender Käfer einige Abwechslung bringt.

Mit der Laterne geht es der Laubhütte zu, und nach kurzem Imbiss schlummern König und Jägersleute, um die flammende Glut mächtiger Scheite gestreckt, dem kommenden Morgen entgegen.

Der 1. Mai! Einen herrlichen Tag verheißt der glitzernde Reif, der rundum alles bedeckt.

In warme Pelze gehüllt, erwarten wir im Tannenreisschirm das Erwachen des Tages.

Anfangs nur bescheiden, dann aber immer frischer und fröhlicher zirpen Meisen und Rotkehlchen ihre melodischen Weisen, bis vereint mit Drossel und Finken der Jubelchor all der munteren Sänger das erste Rot des erwachenden Taggestirns begrüßt. Da horch! Jetzt stimmt auch schon der reckenhafte Urhahn sein Balzliedchen an und alsbald knappt und schleift es rings in der Runde, dass die Wahl schwer wird, welchen zuerst anspringen. Flügelrauschen und Poltern in nächster Nähe des Schirmes bringen die Entscheidung. Majestät voran, ich ihm folgend, werden die am Boden balzenden Hähne angesprungen.

Wenige Sätze genügen und schon schillert uns die stahlgrüne Brust eines Hahnes entgegen, indes ein zweiter unweit davon am harschen Schnee seinen Balzreigen tanzt.

Ein Doppelschuss des hohen Schützen und der erste Hahn poltert schwer krank in einen Fichtenhorst hinein, indes der zweite regungslos mit seinem heißen Blut den Firnschnee färbt.

Es sind zwei alte Hähne. Zu Betrachtungen ist aber keine Zeit, denn trotz Doublette wetzt und knappt es in tollem Reigen um uns her. Da, auf einer freien Schneefläche wirbeln vier Hähne durcheinander, dass es schwer wird, sie aufs Fadenkreuz zu nehmen. Endlich gelingt es und im Knall liegt einer in eine Federwolke gehüllt am Fleck, indes die anderen, zu Tode erschreckt, auf den benachbarten Tannen aufbäumen. Rasch fliegt

S. M. König Ferdinand auf der Hahnenbalz 1923 in Gurghiu.

die zweite Kugel nach und mit dumpfem Schlage fällt auch der vierte auf den Waldboden nieder.

Würdig dem herrlichen Maimorgen war die erste Balzjagd verlaufen. Drei uralte Hähne mit prächtigen Fächern prangen, auf eine Jungtanne gehängt, vor unserer Hütte, indes ein köstliches Frühstück für die Mühe des verflossenen Morgens entschädigt,

Im warmen Sonnengold des erstandenen Tages, umschwirrt von den ersten Netzflüglern und Käfern des erwachenden Frühlings, umgaukelt von Zitronenfalter und Pfauenauge, lagern wir nach getaner Morgenarbeit auf einer Decke hingestreckt, bis uns der flötende Sang der Ringdrossel und der vielhundertstimmige Schlag der Finken zum Schlummerliedchen wird. Hoch stand die Sonne bereits, als das Klappern der Löffel und Gabeln das Signal gab, dass es Zeit zur Mittagstafel sei.

S. M. König Ferdinand auf der Hahnenbalz 1923 in Gurghiu.

Oberstjägermeister und ich machen rasch noch Toilette und dann wird, als bereits die dampfende Suppenschüssel den Mittagstisch krönt, Majestät zur Tafel gebeten.

Bei anregendem Gespräch war unerwartet rasch die Zeit vergangen und als der hohe Herr auf die Uhr sah, da waren wir alle erschrocken, denn es war mittlerweile 4 Uhr nachmittags geworden. Da hieß es rasch aufbrechen und nach den Schirmen eilen. Wir hatten auch kaum unsere Stände bezogen, als auch schon von allen Seiten Leben in den uns umgebenden Wald kam. Von allen Richtungen brausten bis zur einbrechenden Dunkelheit Hähne und Hennen heran, um rund um uns auf den Wettertannen und Rotbuchen aufzubäumen.

Dem hohen Jagdherrn war es nicht um einen Schuss zu tun. Es machte ihm die größte Freude, dieses mächtige Flugwild in seiner vollen Ungebundenheit zu beobachten. Als aber ein starker Hahn auf einer freistehenden Buche hundert Schritte vor uns aufbäumte, um sich als prächtige Silhouette gegen den Abendhimmel abzuheben, da reizte es den Kugelschützen, einen Schuss zu wagen. Das Fadenkreuz des Fernrohres sitzt fest im Schattenbild. Ein Kugelschlag und mitten in die Brust geschossen fällt der reckenhafte Vogel leblos vom Stamme.

Der Schnepfenstrich war längst schon vorüber und das Goldhähnchen in sein Astversteck verkrochen, als wir beim lodernden Lagerfeuer ankamen.

Dort begrüßte doppeltfreudig Exzellenz Oberstjägermeister den erlauchten Schützen, denn auch ihm war Diana hold. Er hatte sich ebenfalls seinen Hahn vom Stamme geholt.

Gleich dem 1. war auch der 2. Mai in leuchtender Pracht erstanden. Mit dem ersten Rot des erwachenden Tages kam auch Leben in den scheinbar stillen Wald. Überall rauschten Hahn und Hennen auf den harschen Schnee hernieder, so dass alsbald um den königlichen Schirm ein toller Tanz begann. Einmal da, einmal dort brauste ein Hahn an der Gewehrscharte vorüber, ohne dass ein Schuss diesen Liebesreigen gestört hätte.

Seine Majestät beobachtete mit vielem Interesse dieses muntere Spiel, bis ich endlich daran mahnen musste, dass die Zeit schon stark vorgeschritten und die Hähne wieder auf Äsung ausstreichen würden.

Ich bat, einen besonders alten Hahn, der sich vorsichtig in den Fichtenjungmais eingeschoben hatte, als Beute auszuwählen. Tatsächlich war es auch ein jagdliches Meisterstück, über Fallholz und Dickung hinweg dem geriebenen Schlaumeier beizukommen. Wir waren schon ziemlich nahe heran, als plötzlich eine Schneewächte unter uns nachgibt und Majestät und ich krachend in das Astgewirr eines Dürrlings brechen. Polternd steht der Hahn vor uns auf, um sich etwa hundertfünfzig bis hundertsiebzig Schritte in eine Rotbuche einzuschwingen. Mit langem Halse sichert er nach uns herüber, indes der hohe Herr und ich in der unmöglichsten Stellung in unserem Dürrling sitzen. Mit Mühe kommen wir halbwegs zurecht, doch zum weiteren Anspringen muss jede Hoffnung schwinden.

Die Situation hat aber auch ihren Reiz. Der Hahn im Gefühle überlegener Sicherheit auf seinem Hochsitz, wir im Chaos von harschem Schnee und dürrem Geäst, zudem die Entfernung für einen freihändigen Anschlag ziemlich groß.

Da bitte ich Majestät, über meine Schulter aufgelegt einen Kugelschuss zu versuchen. Der Schuss kracht. Ich kann nichts sehen, höre aber nur den Hahn mit lärmendem Flügelschlag von dannen reiten. Gefehlt, denke ich mir, als von weitem her eine Stimme hörbar wird. „Ich gratuliere, Majestät", ruft es uns von weitem zu. Ursprünglich verstehen wir den Sinn des Rufes nicht, doch als wir uns aus unseren Ast- und Schneefesseln befreit, der Stelle nähern, woher der Zuruf kommt, ist das Rätsel rasch gelöst. Der Hahn war trotz der ziemlichen Entfernung und trotz unserer sehr unbequemen Situation und unsicherer Auflage, schwer getroffen, zufällig gegen Exzellenz Oberstjägermeister zu abgeritten und vor ihm niedergefallen, so dass es mir beim Hinzutreten gar nicht schwer fiel, den kranken Vogel zu ergreifen.

Es war ein Prachthahn, dem seine Geriebenheit gegen die sichere Kugel des erlauchten Schützen auch nichts genützt hatte.

Als nun des Abends beim Einfall der hohe Weidmann noch drei weitere Hähne nacheinander mit der Kugel von ihren Hochsitzen herabschoss, da meinte er: „Nun ist es genug, es muss auch für andere Jahre etwas bleiben", und gab Befehl zum Abstieg für den kommenden Morgen.

Heller Sonnenschein begrüßte uns bereits, als wir nach köstlichem Schlaf aus unserem Tannreislager krochen. Während Majestät sich ankleidete, wurde das schwere Gepäck abgeschoben, so dass nach frugalem Frühstück die Pferde bestiegen und talab geritten werden konnte.

Als wir eben marschbereit im Sattel saßen, drang noch der Sang eines Hahnes, Knappen und Schleifen, ganz deutlich vernehmbar zu uns herüber. Es war unser Hüttenhahn, wie ihn Majestät benannte.

„Auf Wiedersehen im nächsten Jahre", meinte vergnügt lächelnd der hohe Herr, drückte seinem Pferde die Schenkel und ritt in frohester Stimmung, von einem herrlichen Frühlingstage begleitet, den schmalen Bergsteig talab.

Nach dreistündiger Wanderung wurde das Geleise der Waldbahn erreicht, wo der Forstdirektor bereits mit seinem reizenden Waggonettchen auf die aus den Bergen kommende Karawane wartete, indes Küchenchef Edner uns eines jener schmackhaften Essen servierte, die unentwegt geeignet sind, selbst die verwöhnteste Tischgesellschaft bei frohester Laune zu erhalten.

Doch auch von diesen Genüssen musste geschieden werden. Ein Pfiff, ein Ruck und in flottem Tempo brauste die kleine Lokomotive durch die enge Talscharte hindurch den tiefergelegenen Gefilden zu. Immer mehr senken sich die Berge der Talebene zu und immer grüner und grüner werden Felder und Fluren.

Das letzte Rot des scheidenden Tages übergießt eben noch mit rosigem Hauch die Firnfelder der fernen Hochlagen, als der Hofzug in Sächsisch-Reen einfährt, um bald darauf auch dieses traute Städtchen zu verlassen.

Nicht minder erfolgreich gestaltete sich unter anderem auch die Balzjagd 1927 im gleichen Gebiete durch S. M. König Georg von Griechenland und seiner königlichen Hoheit dem Prinzregenten Nikolaus von Rumänien, die hier oben, fern ab vom alltäglichen Getriebe, in vollen Zügen den Frühlingszauber der erwachenden Natur genießen konnten und zudem auch noch eine stattliche Strecke an Urhähnen zu Tale brachten.

Um speziell den Reichtum des Rotwildes in diesen Gebieten zu dokumentieren, sei hier auch ein Jagdtag, und zwar der 3. Oktober 1925 geschildert:

Es war eine herrliche, sternenklare Nacht, als ich das Jagdhaus Sebeş und dessen Gebiet verließ, um nach der Abreise des allerhöchsten Jagdherrn dieses Leibgehege nicht weiter zu beunruhigen. Den mir alljährlich bewilligten Hirsch konnte ich ja bei meiner Geländekenntnis in dem 45.000 Hektar

S. M. König Georg von Griechenland und Prinzregent Nicolae von Rumänien auf der Hahnenbalz.

großen Gebiete wo immer abschießen und so entschloss ich mich, in den Revierteil Ţigle zu übersiedeln, hatte ich doch dort ein neu errichtetes Jagdhaus, fünf Hochstände und einige Kilometer kürzlich hergerichteter Pirschsteige zu besichtigen und von den Arbeitern zu übernehmen.

Vorerst entlang der Torrente vorwärts schreitend, war nichts zu vernehmen, nur das Rauschen und Tosen des in hastiger Eile dem Tale zustrebenden Wildbaches drang an mein Ohr. Nach einer Stunde Marsches verbreiterte sich die Talsohle. Dem gemischten Bestande folgt ein schmaler Streifen Tannenwald, dann öffnet sich das Gelände zu einem breiten, mit Felsblöcken bedeckten Kessel, in dem noch einige Nebelschwaden den Ausblick verwehren. Doch was das Auge nicht fassen kann, das vermittelt das Ohr. Wie schweres Donnergrollen tönt es von dort zu mir herüber.

Der alte Platzhirsch ist es, der seinen weithin hörbaren Schrei kampfbereit dem frechen Beihirsch entgegengrollt. Se. Majestät der König kannte ihn; er wurde „der Sänger" genannt, da er selbst um die sonst so stille Mittagszeit in allen Tonarten seine Stimme vernehmen ließ. Er stand diesmal von dichten Nebelschwaden verdeckt auf seiner Alpweide.

Diese Idylle wollte ich nicht stören. Ich drückte mich entlang des Waldbestandes bergauf, an seinem Rückwechsel vorbei, dem Höhenkamme zu. 35 Minuten scharfer Anstieg und dann hatte ich weithin einen herrlichen Ausblick auf die mich umgebende Bergwelt.

Weit im Osten grüßten die hoch in den Himmel hinaufstarrenden Călimane, das prächtige Kelemengebirge, herüber.

Im Nordost die dunklen, unermesslichen Nadelwälder des Görgényer und Gyergyóer Gebirges, indes nach Süden hin gewaltige Kahlflächen, mit hoch in den Himmel aufragenden Dürrlingen mächtige, weite Brandflächen verraten, die mit ihrem fahlen Grau kontrastreich gegen den grünen Tannengürtel des von den Szeklern Mezőhavas, von den Rumänen seiner Wasserarmut wegen „Seaca", die Trockene, genannt, absticht.

Eben leuchtet das erste Rot des Taggestirnes über die mich umgebende Bergwelt. Andächtig gestimmt setze ich mich auf einen verkohlten Tannenstrunk, um in Bewunderung all der mich umgebenden Herrlichkeiten versunken, auszuruhen. Da ein leiser Druck des mich begleitenden Rumänen. Ich folge der Richtung, die mir sein Finger weist und siehe da!, wie hinter einem Vorhang tritt ein Tier, dem ein schwächeres folgt, aus dem Nebelschleier in das erste Gold des werdenden Tages heraus. Vorsichtig, nach allen Seiten äugend, schreitet das Muttertier dem Rückwechsel zu, hie und da an einigen Gräsern naschend.

In hoher Spannung sucht mein Glas die Nebelwand zu durchdringen, um den Hochgeweihten zu erspähen. Da, wie aus dem Boden gestampft, tritt auch er aus dem Wolkenschleier hervor.

Noch nicht ganz ausgefärbt, leuchtet in den ersten Strahlen der aufgehenden Morgensonne seine, mit hellem Rot übergossene Decke zu uns herüber.

Ja, ja der Sänger ist es. Ich erkenne ihn an Gestalt und Geweih. Etwas steil gestellt beschließen mächtige, vielendige Becherkronen die prächtigen armdicken Stangen. Jetzt, wo ich ihn auf beste Kugelschussdistanz vor mir habe, zuckt es wie ein Blitzstrahl durch mein Hirn. Den kennst du ja von früher.

Und richtig, der 18-Ender vom vorigen Jahre ist es, auf den ich dreimal angeschlagen hatte, doch mich nicht entschließen konnte, diese Prachtgestalt dem Leibgehege zu entreißen.

Meine Augen bohren sich in die durch Sturz ihrer Muscheln beraubten Okulare. Ich kann unmöglich die Enden zählen. Da helfen mir die Tiere. Unentwegt sichernd schreiten sie, den Rückwechsel haltend, dem Hochwalde zu, indes der Kapitale sich gänzlich auf deren Vorsicht verlassend, ab und zu röhrend nachfolgt. Auf kaum 150 Meter habe ich nun Muße sein prächtiges, mit einer Schaufelkrone geschmücktes Geweih zu bewundern. 8 Enden rechts, 7 links zähle ich zu wiederholten Malen. Also zurückgesetzt, doch in Auslage, Stärke und Aufbau gleich dem vorjährigen Hauptschmucke.

Ruhig geht der Stutzen in Anschlag. Das Perlkorn leuchtet tief im Blatt. Langsam folgt es eine Weile dem breiten Vorschlag des Gewaltigen, dann aber heißt es, die alterprobte Büchse absetzen, zu schultern. Er ist zu stark, ruft mir eine Stimme zu. Ich lasse ihn ruhig vorbeiziehen und setzte den Marsch erst fort, bis die letzten blendend weißen Enden im Laubgewirr des Hochbestandes untertauchen.

Noch tönt von nah und fern manch grollender Schrei an mein Ohr, bis ich die Wasserscheide erreiche, um dort von neuem mit einem überaus lebhaften Orgelkonzert begrüßt zu werden.

Vier Brunfthirsche röhren um die Wette, dass der Wald fast zu erbeben droht. Einen sehe ich eben südwestlich die Lehne ersteigen, indes der zweite öfters verhoffend, entlang eines Kahlschlages der Dickung zustrebt.

Unaufhaltsam geht mein Marsch weiter. Ich will noch das neuerbaute Jagdhaus und die vier neuaufgestellten Hochstände besichtigen und dann erst soll mein Stutzen sein entscheidendes Wort sprechen.

ihm entgegen. Ich war schon auf einen unerbittlichen Kampf gespannt. Es senken sich beide Geweihe gegeneinander. Doch es war nur ein ritterlicher Gruß der beiden Kämpen; sie schienen gleich stark, sich gegenseitig zu fürchten.

Dies hatte sich mehrfach wiederholt, bis schließlich alle drei Tiere dem 14-Ender entwischt und sich den fünf Tieren des Kapitalen angeschlossen hatten, so dass der 14-Ender über diesen schnöden Verrat sichtlich gekränkt, abzog und langsam dem fernen Schutzwald, dabei unentwegt röhrend, zuwechselte. Ich hatte keine Zeit, ihm weiter nachzusehen, denn es begann vor mir eine andere spannende Szene. Der Kapitale hatte die nunmehr vereinigten acht Tiere der vom 14-Ender verlassenen Talsohle nähergetrieben und war dadurch dem nächst des Hochstandes stehenden 12-Ender näher gekommen. Letzterer wechselt nun in ruhigem Schritte aus dem schützenden Fichtenhorst und schreitet dem Kapitalen gemessen entgegen. Letzterer brüllt, dass der Wald erzittert, indes der 12-Ender lautlos auf ihn zuschreitet.

Gespannt bis zum äußersten folge ich beiden, neugierig, was sich da wohl daraus entspinnen würde. Der 12-Ender überfällt den Graben, schreitet schief die andere Lehne hinan, indes der Kronenhirsch den Hang herabsetzt.

Jetzt wendet, wie elektrisiert, der 12er, senkt das Geweih und beide Hirsche rennen aufeinander los, dass die Geweihe krachend ineinander fahren. Ein Zerren, Schieben, dass es nur so dampft, dann fliegt aber der 12er über eine Fichtenleiche, um sich zweimal überschlagend, die Lehne hinabzukollern, dass das Astwerk, weithin hörbar, zersplittert. Der Platzhirsch brüllt ihm noch triumphierend einen tiefen Brustton nach, indes der 12er mit krummem Rücken zu Tale zieht, um sich dort im kühlen Bade vom heißen Kampfe zu erquicken. Über 15 Minuten ruht er dort im kalten Riesel, dann zieht er langsam zurück, meinem Hochstande zu. Ruhig, öfters verhoffend nähert er sich dem Jungfichtenbestande. Sein hohes, weitausgelegtes Geweih hebt sich gut gegen den grünen Tannenhorst ab. Mein Korn senkt sich ins Blatt und als er breit an mir auf 80 Gänge vorbei in den Bestand einziehen will, krümmt sich mein Finger, damit er mit Kreuzschuss zusammenbreche. Ich drücke. Drücke fester, der Schuss will sich nicht lösen, der Hirsch zieht ein und entschwindet meinen Blicken.

Zum Teufel, was war denn das. Ein Blick streifte den treuen Stutzen. Jetzt wusste ich es, „Hirschfieber". Ich hatte, durch die mich umgebenden fesselnden Bilder gänzlich befangen, vollkommen auf das Spannen meiner Büchse vergessen.

Ich hatte aber dennoch nichts zu bereuen, acht Hirsche standen nun auf freiem Plane und der Kapitale hatte mittlerweile auch dem höher stehenden Hirsche die drei Tiere abgejagt, so dass er nun mit elf Stück Kahlwild auf der gleichen Stelle bei der Suhle stand, wo vor einer halben Stunde der steilgestellte 14-Ender seine drei Schönen so eifersüchtig bewacht hatte.

Jetzt hatte ich Muße, mir diesen gewaltigen Recken zu besehen. Die linke Stange trug 6 Kronenenden, die andere war der ewigen Unruhe des Platzhirsches wegen nicht zu zählen. Er befand sich aber auch in einer sehr schwierigen Situation. Während er in tiefem Basse, stets wütend Hals gab, sich einmal da- und einmal dorthin wendend dem nahen Rivalen entgegenstürmte, gab es Zank und Hader bei der von ihm versammelten Weiblichkeit, wobei insbesondere zwei Alttiere mehrfach hart aneinander gerieten. Sich hoch auf die Hinterläufe stellend, schlugen sie heftig mit den Vorderläufen aufeinander los. Eine Kampfart, die ich bis dahin bei unserem Rotwild noch nicht beobachtet hatte.

Das leuchtende Taggestirn hatte sich mittlerweile bedenklich dem Ende seiner Tagesbahn zugeneigt und vergoldete mit glutrotem Hauch diese herrliche Bergwelt. Es war Zeit zum Handeln, wollte ich doch schon am folgenden Tage den Abstieg antreten.

Mein Trieder fasst nochmals den nahen Platzhirsch. Ich zähle und zähle, immer neun Enden auf der linken Stange, rechts mehr, wieviel ist es unmöglich zu ergründen. Ein Kapitalhirsch. Die Versuchung ist fürchterlich. Doch nein, nein, nein, er ist zu stark, sagt mir eine innere Stimme, und resigniert wende ich mich nach der anderen Seite des Hochstandes, wo nahe daran eine gute Stimme hart am Waldrande sich vernehmen lässt. Es ist mein schönstes Brunfterlebnis, das mich umgibt. Acht Hirsche auf freiem Plane gleichzeitig um mich her, indes noch 17 verschiedene Stimmen der sinkenden Sonne einen Abschiedsgruß zuorgeln. Da trollt in der letzten Glut des scheidenden Tages ein Rothirsch aus dem Bestand. Die letzten Strahlen der untergehenden Sonne übertünchen ihn mit blutigem Hauch. Die Enden leuchten rosa von dem gradgestellten Geweih. Da rollt mit mehrfachem Echo mein Schuss durch die Berge, eine gewaltige Flucht ist Beweis, dass die Kugel den richtigen Fleck getroffen, und mein Hirsch verschwindet zu Tode getroffen im mystischen Dunkel des nahen Bestandes.

Die Abenddämmerung bricht ein. Dunkle Schleier senken sich über die vor kurzem so goldrot umhauchte Bergwelt. Ich verlasse den Hochstand und schreite, überwältigt von der mich umgebenden herrlichen Szenerie und im Banne der wechselnder Bilder im heißen Kampfe um Liebe und Macht, dem fernen Jagdhause zu. Ursprünglich durch den scharfen

Eine gewaltige Flucht ist Beweis, dass die Kugel den richtigen Fleck getroffen.

Büchsenknall vergrämt, verschweigen die 17 Stimmen, bis schließlich mit den tiefen Schatten der einbrechenden Nacht die Orgeltöne der brünftigen Hirsche mir bis ans ferne Jagdhaus heran, wie über meinen Schuss erzürnt, ihr grollendes Geleite geben.

Ein ganz merkwürdiger Kontrast gegen das Vorjahr. Diesmal überall reges Leben und heißer Kampf um der süßen Minne Sold. Im Vorjahr aber trotz gleicher Zahl an Rotwild, kein Schrei, kein Brunftlaut und kein Heil.

Isegrim war es, die tückische Waldhyäne, die damals heimlich durch den Tannenwald schlich, gierig und nimmersatt dem Rotwild folgend, so dass dort ein jedes Stück vor diesem anhänglichsten und dabei erbittertsten Feinde sich stumm in die dichtesten Waldbestände verkroch.

So sieht siebenbürgisches Weidwerk aus.

Verführerisch ermunternd lächelt heute Diana dem einen gnädig zu und streut ihm in wenig Stunden reiches Heil aus ihrem Füllhorne in den Schoss, indes sie anderen kalt den Rücken kehrt.

Da nützt selbst im besten Gehege keine Mühe und Plage. Diana zürnt und da gibt es oft wochenlang kein Weidmannsheil. Sei es nun hoch oben bei der flinken Alpengazelle, auf scharfem, zackigem Felsgestein, sei es tief unten im düsteren Tann beim orgelnden Hirsch oder dem zottigen Braun, dem König im transylvanischen Urwaldbestande. Es ist alles umsonst, Diana zürnt, denn launisch, wie jedes Weib, weiß sie selber nicht warum.

Ich glaube kaum, dass sich in Europa vorläufig ein kräftigerer und stärkerer Rotwildstand befindet, als in diesem jetzt königlich rumänischen Leibgehege.

Massig im Wildbret und im Durchschnitt einzigartig in seiner Geweihbildung. Möge die Marmaros (Maramureș) und manches rationell und wissenschaftlich gut gehegtes Aurevier und mancher Wildpark bessere und kapitalere Einzelgeweihe produzieren, im Durchschnitt bleibt aber der Staatsforst Görgény-Szent-Imre, jetzt Gurghiu, und alles, was dies- und jenseits der Maros (Mureș) liegt, meiner Ansicht nach unübertroffen.

Geweihe, die an Gewicht, Auslage und Höhe dem Wapiti alle Ehre machen würden, wechseln mit Schaufelgehörnen, die selbst der norwegische Elch vertragen könnte.

Die Auslage erscheint basiert auf die mir bekannten Daten aus dem ungarischen Jagdschlosse der Wiener Jagdausstellung nach, wo wohl das Beste von weit und breit zusammenkam, im Durchschnitt unübertroffen.

So schoss Seine Majestät König Ferdinand von Rumänien am ersten Abend seines Eintreffens in diesem Leibgehege am 22. September 1922 einen 16-Ender, der 161 Zentimeter Auslage maß, indes ein von Wölfen dort gerissener 22-Ender mit einer noch viel weiteren Auslage paradierte. Es ist interessant, wie in allen Trophäensammlungen, wo Hirsche verschiedener Gebiete zu sehen sind, die Görgényer Hirsche und jene der Umgebung durch ihre mächtige, weitgeschwungene Auslage, aber auch meist durch das charakteristische Fehlen der Eissprossen sofort dem Beschauer auffallen.

Solange daher richtige Hege das Geschlechtsverhältnis auf gleicher Höhe 1 zu 1 belässt, wie dies derzeit der Fall ist, und solange ausgedehnte Brandflächen, weitausgedehnte Schläge und ihre zahlreichen Weichhölzer mit düsteren wildverworrenen Urwaldbeständen abwechseln, und solange Bär, Luchs und hauptsächlich der Wolf in maßvollen Zahlen alles ausscheiden, was verhältnismäßig schwaches Zeug ist, solange ist keinesfalls zu befürchten, dass diese unbestritten dominierende Stellung der Görgényer, Kelemenhavaser und Marostaler Hirsche von einem anderen Rotwildschlage im Durchschnitte übertroffen wird.

Ich kenne ziemlich alle mitteleuropäischen Hirschreviere oder habe aus der einschlägigen Literatur oder den Ausstellungen mir manchen Einblick über Stärke, Maße und Gewicht verschafft, und glaube daher kaum, dass ich in meiner Ansicht diesbezüglich durch ein anderes Urteil schwankend gemacht werden kann.

Die königlichen Jagden zwischen 1922–1927

Von den zahllosen Bärenjagden, die ich im Verlaufe meines nunmehr zweiundvierzigjährigen Aufenthaltes in Siebenbürgen mitgemacht habe, sind jene vom 30. September 1922 und vom 25. und 30. September 1926 im königlichen Leibgehege Gurghiu, Görgény-Szent-Imre, wohl die interessantesten.

Der Mangel an Waldobst, wie der Bucheln und Brombeeren in den Hochlagen, und anderseits die Fülle an Eichelmast in den Vorbergen, hatten zur Folge, dass sich, wie dies ja immer in solchen Jahren der Fall ist, zahlreiche Bären und Schwarzkittel in den mit Eicheln bestockten Bergfüßen sammelten, um nächtlicherweise dort sich an deren Früchten zu mästen und sich tagsüber in den nahen Dickungen einzuschieben. Die Hirschbrunft war bestens verlaufen und gelang es dem allerhöchsten Jagdherrn einen Rekordsechzehnender mit 10 Kilogramm Geweihgewicht zu erbeuten, als die Jagdleitung in Erfahrung brachte, dass im sogenannten „Dosul Teleki", in einer an einen Sameneichelbestand anschließenden Dickung, sich zahlreiches Bär- und Schwarzwild eingeschoben habe. Diese günstigen Nachrichten boten die allerbesten Chancen für einen guten Erfolg, und so wurde für den letzten Septembertag eine Treibjagd daselbst beschlossen. Bei der Fahrt durch den Eichenwald konnte man, abgesehen von den zahlreichen Fährten, wahre Herkulesarbeiten der Bären feststellen, die bei ihren Kletterübungen auf den vielhundertjährigen Stämmen auch noch armdicke Äste abgebrochen hatten, um zu den, ihnen so schmackhaften Früchten zu gelangen. Die Tagesrapporte des Personals schwankten zwischen 18 und 15 Bären in einer verhältnismäßig kleinen Dickung. Ehe Seine Majestät abreiste, sollte noch dieses Treiben abgehalten werden, um der Hirschbrunft einen würdigen Abschluss zu geben.

Es war am Morgen des 30. September, ein ziemlich trüber Tag, als sich alles im Speisesaal des Jagdschlosses zum Aufbruche versammelte. Der allerhöchste Jagdherr fühlte sich nicht ganz wohl, es schien sich um eine leichte Nikotinvergiftung zu handeln. Die meisten Teilnehmer rieten zum Daheimbleiben und zur Bettruhe. Dies war gegen meinen Strich und so war ich der einzige, der sich die Meinung erlaubte, dass sich das Unwohlsein in der frischen Herbstluft und im Walde legen würde. „Das denke ich auch“, meinte der Monarch, ließ sich die Doppelkugelbüchse reichen und bestieg das Auto.

Nach einstündiger Fahrt hatten wir die Bergfüße und nach einer weiteren Stunde Ritt den sogenannten „Dosul Teleki“ erreicht, wo ich die Schützen anstellte. Einen jungen, jagdlich noch gänzlich unerfahrenen 19-jährigen Engländer, der sich in Ermangelung eines eigenen Gewehres, einen Militärstutzen ausgeliehen hatte, stellte ich, vorsichtshalber, an den äußersten Flügel. Ich wollte ihm die Begegnung mit einem Bären ersparen, um dadurch einen möglichen Unglücksfall zu vermeiden. Ich stand links von seiner Majestät am nächsten Stande, um für alle Fälle bei der Hand zu sein, indes Seine königliche Hoheit, Prinz Nikolaus, rechterhand des allerhöchsten Jagdherrn Posto gefasst hatte. Die übrigen vier Schützen umschlossen halbkreisförmig die abzutreibende Dickung. 16 Minuten nach Beginn des Treibens fiel bei Seiner Majestät der erste, bei Prinz Nikolaus der zweite Schuss, denen rechts und links noch weitere Schüsse folgten. Da kracht links über mir dürres Astwerk und gleich darauf stürmt flüchtig ein mächtiger schwarzer Bär mit lichtem Haupte meinem Stande zu. Ich halte mitten auf den Stich, und als die schwarze Masse 15 Schritte vor mir ist, durchschlägt ihm meine Kugel den Vorschlag, so dass der Bär rückwärts einsinkt, sich aber gleich darauf flüchtig wendet, wobei er im Absprung die zweite Kugel schief von rückwärts durch den ungeschlachten Leib erhält, so dass er sich vor meinem linken Nachbarn niedertut. Aus Noblesse und im Glauben, der Bär würde gleich verenden, unterlässt er es, dem Bären den Fangschuss zu geben, so dass dieser durch den Treiberlärm wieder hoch wird und in den Trieb zurückwechselt. Hier rennt er einen Bauernjungen um, der dabei durch einen Tatzenhieb am Schenkel verletzt wird. Sicher hätte die tödlich verwundete Bestie noch einiges Unheil angerichtet, wenn sich nicht mein braver Hatzrüde „Udo" vom Riemen freigerissen und sie angenommen und gestellt hätte.

Gleich darauf fallen bei Seiner Majestät noch zwei weitere Schüsse. Wenige Minuten darnach wechselt zwischen dem hohen Schützen und mir ein Schwarzkittel heran, um auf wenige Schritte von mir, hinter einem Buschwerk verhoffend, zu sichern. Ich lasse mich leider verleiten durchs Gesträuch auf die Silhouette Funken zu reißen, was zur Folge hat, dass das Geschoss sich verschlägt, abgellt und die Sau heil auf zwanzig Schritte bei mir vorbeisauste, ohne dass ich ihr eine zweite Kugel aufs Blatt setzen kann.

Bei den übrigen Schützen knallte es recht munter noch einige Male darauf los, als plötzlich auch vor mir ein mächtiger hellbrauner Bär auf etwa 30 Gänge in den Stangen auftaucht, um sich gleich darauf, gegen den Trieb wendend, neugierig nach rückwärts zu verhoffen. Ich nütze rasch die Situation, und meine Kugel durchschlägt ihn der Länge nach so vollständig, dass er einige Minuten gelähmt im Feuer zusammenbricht, um aber trotzdem wieder hoch zu werden, wobei er die zweite und dritte Kugel durchs Blatt erhält, so dass er gegen Seine Majestät hinabkollert, der dem stöhnenden Waldesrecken noch den Fangschuss gibt.

Damit war der Trieb zu Ende. Jeder Schütze war auf Bär oder Sau zu Schuss gekommen. Der Jungschütze, den ich auf Wunsch des Oberstjägermeisters auf den verlorenen Posten an den Flügelstand gestellt hatte, hatte den besten Anlauf. Ihm kamen fünf Bären, von denen er einen kapitalen Bären, den stärksten des Tages, erlegt hatte. Die keusche Jagdgöttin Diana hatte doch, wie alle Frauenzimmer, auch diesmal wieder mehr Neigung für die frische Jugend, als für uns alte Graubärte gezeigt.

Das Schreien und Rufen der Treiber bewies, dass noch schwerkrankes Bärenwild im Dickicht sei, und da Seine Majestät einen Bären schwer angeschweißt hatte, so bat ich ihn, mit mir in die Dickung einzudringen, indes Treiber und Schützen auf den Ständen zu verbleiben hatten. Nun

S. M. König Ferdinand beim Jagdfrühstück. Herbst 1923.

wurden die beiden anderen Hatzrüden geschnallt und alsbald klang ihr heller Standlaut durch den Forst. Vorsichtig schlichen wir der Stelle zu, wo die drei Hunde Hals gaben. Bald waren wir dabei, wo die flinken Tiere einen schwerkranken Braun umtanzten. Es war ein herrliches Bild, den schwarzen Koloss zwischen den kläffenden Rüden zu sehen, die geschickt jeder seiner Bewegungen auswichen. So pirschten wir ziemlich gut heran, so dass Seine Majestät mit einer Kugel dem ersten, und bald darauf auch noch einem zweiten Bären, den Prinz Nikolaus schwer angeschossen hatte, den Fangschuss geben konnte. Ein Hornruf blies die Jagd ab, denn es musste rasch gefrühstückt werden, um dann noch einen kurzen, zwanzig Minuten langen Trieb abzuhalten, damit noch rechtzeitig vor Abendwerden der Hofzug erreicht werden konnte.

Unweit eines Forsthauses wurde ein kleines Dickicht umstellt, in dem eher einige Hasen und Füchse, als Bären zu vermuten waren. Und doch. Hier glückte es Seiner königlichen Hoheit, Prinz Nikolaus, seinen zweiten Bären mit einem guten Blattschuss im Feuer zu strecken, indes mich spitz von vorne ein starker Keiler in voller Flucht anlief, dem ich die Kugel mitten auf die Stirne setzte, so dass er wie vom Blitz getroffen zu Boden stürzte, um rasch noch von einer zweiten Kugel durchschlagen zu werden. Es war ein alter Basse, dem lange vorher eine Bauernkugel knapp über den Afterklauen den Hinterlauf gestreift hatte, der infolge dieser Verwundung immer noch stark angeschwollen erschien. Sechs Bären und zwei Sauen lagen auf der Strecke, indes der siebente Bär bei der folgenden Nachsuche noch gefunden wurde.

So hatte die Brunftjagd einen würdigen Abschluss gefunden, und es hätten sich in den benachbarten Dickungen noch ganz leicht ähnliche Strecken erzielen lassen können, wenn nicht der allerhöchste Jagdherr zu Schonung und Erhaltung dieses edlen und reckenhaften Wildes die Jagd für das Jahr 1922 gänzlich abgesagt hätte.

Gleich interessant, doch viel erfolgreicher als diese Herbstjagd, war jene des Jahres 1926.

Nach einem kurzen Ausfluge mit Seiner königlichen Hoheit Prinz Nikolaus ins Gamsgebirge am Retezat, war für mich die Zeit gekommen, alle Vorkehrungen im Wildeldorado Gurghiu zu treffen, um im Wege des Oberstjägermeisters Exzellenz von Mocsonyi sicheren Erfolg für den allerhöchsten Jagdherrn vermelden zu können.

15 Kilometer Pirschsteige, acht Hochstände und zahlreiche Salzlecken sollten dazu beitragen, das Weidmannsheil zu sichern, und tatsächlich hatten sich in jenem bestorganisierten Revierteile Sebeş und seinem gleichfalls mit allem Komfort bedachten Nachbargebiete Ţigle ein reicher Rotwildstand eingefunden, der zu den schönsten Hoffnungen zur Hirschbrunft berechtigte.

Es war der 16. September, als ich oben in den Bergen eintraf, um, begleitet vom Oberjäger des Leibgeheges, das ganze Gebiet zu begehen, und

Obersthofjägermeister Exzellenz Anton von Mocsonyi in Hofjagdgalauniform.

diejenigen Gebirgsteile zu bezeichnen, wo Seine Majestät die Pirsche und den Ansitz ausüben sollte. Alles berechtigte zu den besten Hoffnungen, und freudig sah ich dem illustren Besuche entgegen.

Einen letzten Rundgang noch und dann sollte bis zum Eintreffen des allerhöchsten Jagdherrn kein Fuß mehr das Revier betreten.

Doch welche bittere Überraschung! Während in den dichtesten und entlegensten Gebirgsteilen die Hirschbrunft in vollem Gange war, verschwiegen in den organisierten Gehegen hartnäckig alle Hirsche. Während man im Vorjahre an 25 Hochgeweihte vom nächsten Hochstande vernehmen konnte, herrschte diesmal dort eine unheimliche Stille. Mein Rundgang sollte da bald die nötige Aufklärung bringen.

Flüchtiges Rotwild da, flüchtiges Schwarzwild dort ließen nur Böses ahnen, denn der harte, trockene Waldboden gab nur die Eingriffe schweren und schwersten Wildes wieder.

Da endlich an einer feuchten Stelle wurde zur Gewissheit, was ich vermutet hatte. Eine Rotte von fünf Wölfen hatte hier einen liegenden Baumstamm überfallen und mit ihren Trittsiegeln das bekräftigt, was ich wohl befürchtet hatte.

Nachdem aus den Hochlagen Schafe und Rinder die Alpenweiden verlassen hatten, war dieses Gelichter herab in die tieferen Lagen gewechselt, um nun, anstatt die Viehherden zu belästigen, sich an dem hier reichlichen Hochwilde schadlos zu halten.

Eine, für die Jagdleitung höchst fatale Sache, die alle Kombinationen verdarb, da die Hirsche in dem so heimgesuchten Gebiete weder röhrten, noch die Dickungen verließen.

Hier war nichts mehr zu machen, und so entschloss ich mich, bei der Knappheit der Zeit, rasch noch ein anderes Gebiet abzusuchen, um vielleicht dort alles für den bevorstehenden hohen Besuch vorzubereiten.

Es war am 18. September morgens, als der mir folgende Oberjäger und ich etwa um 9 Uhr morgens in einem entfernten Revierteile den Rand einer leichtgeneigten Waldwiese erreichten. Wir hatten einen 18-Ender aus nächster Nähe beobachtet und noch sechs andere Hirsche röhren gehört. Befriedigt über das dort Gesehene wollten wir im Sonnengolde der kleinen Wiese ausruhen und unseren mitgeführten Proviant verzehren.

Doch Halt, was lag da mitten auf der Blöße hinter einer kleinen Steingruppe?

Ein ruhendes Stück Rotwild, blitzt es mir im Augenblicke durch das Hirn. Doch nein, da gab es ja noch eine buschige Lunte dabei. Die sprach zur Genüge. Langsam gleitet mein Stutzen von der Schulter. Das Silberkorn senkt sich in die rötlich-graue Decke. Ein Knall und wie aus dem

Erdboden werden zwei Wölfe hoch, während der beschossene dritte verendend sich am Boden wälzt. Rasch repetiert, und der zweite Wolf rouliert kopfüber die Lehne herab, indes ich dem Oberjäger, der noch nie einen Wolf geschossen hatte, den dritten überlasse. Bum, bum, vier Kugeln von ihm schlagen in die Wiese ein, so dass der beschossene Wolf heil den Waldrand erreicht. Da spricht noch meine dritte Kugel rechtzeitig ein ernstes Wort und schwergetroffen verschwindet Isegrim der Letzte in der nahen Dickung.

Ah, das war doch eine ganz unverhoffte Überraschung, so plötzlich und unvorbereitet auch hier in diesem entfernten Revierteil auf Wölfe zu stoßen.

Ein Kapitalwolf, den ich ursprünglich für ein ausgestrecktes, ruhendes Rottier gehalten hatte, nebst zwei kleineren Wölfen hatten hier sorglos dahingestreckt Siesta gehalten, nachdem sie, wie es sich beim Abstreifen herausstellte, ein Hirschkalb gerissen und verzehrt hatten. Wir fanden im Wanste des männlichen Kapitalwolfes mindestens 6 Kilogramm Wildbret nebst Drossel- und Keulenteile des verschlungenen Jährlings.

Das war ein ganz unglaubliches Heil, in wenigen Minuten drei Wölfe unschädlich zu machen, und damit wenigstens diesen entlegenen Revierteil von dieser Geißel zu säubern.

Da nun dieser Revierteil von diesen Wölfen gereinigt war und somit auch röhrende Hirsche enthielt, wurde, trotzdem dass alle Pirschsteige verwachsen und hier nichts vorbereitet war, rasch ein neuer Reitsteig mit den engagierten Arbeitern hergestellt, all das Geräte und die Einrichtungsstücke herübergeschafft und so ein Territorium bezogen, mit welchem vorher nicht gerechnet worden war.

Die Säuberung des Reviers von den drei Wölfen hatte aber insoferne seine guten Früchte getragen, als von nun an mindestens acht Hirsche sich dort täglich meldeten.

Leider traf aber dafür die telegraphische Nachricht ein, dass Seine Majestät aus Gesundheitsrücksichten an der Hirschbrunft nicht teilnehmen könne, dafür aber andere hohe Gäste dem Reviere einen Besuch abstatten dürften.

Der Jagdleitung war es wohl nicht gleichgültig, ob es nur Grandseigneurs oder auch solche und tüchtige Weidmänner als Gäste zu führen hatte. Das raue, hindernisreiche Gelände, das durch Raubwild ungemein scheu und vorsichtig gemachte Wild, dies alles bedurfte eines geschulten pirsch- und jagdkundigen Weidmannes, da sonst ein Erfolg nur problematisch erscheinen musste.

Nach wenigen Tagen traf eine Depesche ein, die der Jagdleitung die Neffen Seiner Majestät, die beiden Prinzen Hohenzollern-Sigmaringen für den 25. September anmeldete.

Verstehen sich die Herren auf die Hirschbrunft, fragte mich der Oberjäger, hatte er doch schon einige unverschuldete Fehljagden mit ihm anvertrauten Gästen in früheren Jahren gemacht, und ich muss gestehen, dieselbe Frage stellte ich mir auch im stillen, denn das durch die Wolfsplage aufgezwungene Revier bedurfte geschulter Pirschjäger und unverdrossener Fußgänger. Also wir wollten ja sehen.

Nachmittag den 24. September entstiegen dem Hofwagen in Begleitung Seiner Exzellenz des Oberstjägermeisters die beiden Prinzen.

„Beide tüchtige Jäger“, flüsterte mir die Exzellenz ins Ohr, als hätte er erraten, was den Oberjäger und mich im stillen beschäftigt hatte. Da sind doch Chancen für den Erfolg, meinte ich, da wir leider der Wölfe wegen nicht die organisierten Reviere Sebeş, das Lieblingsgebiet Seiner Majestät, sondern in die entlegene und schwer zugängliche Meştera müssen.

Der Abend wurde im Jagdschlosse zu Gurghiu angenehm und gemütlich, Waffen und Ausrüstung der hohen Gäste besichtigend und plaudernd verbracht. Es waren keine funkelnagelneuen Dekorationsgewehre, sondern Gebrauchswaffen, die manche Scharte im Kolben trugen. Ich war befriedigt, die Sache konnte klappen. Am 26. morgens ging es per Auto, trotz elender Fahrstraße, ziemlich flott an 34 Kilometer in die Berge hinein, dann den neu angelegten Reitsteig entlang zu Pferd bergan. Ein kurzer Imbiss und in scharfem Tempo folgt mir dann der Erbprinz den Pfad zum Brunftplatze hinan, indes der Oberjäger mit Prinz Franz Josef in den tieferen Lagen verbleibt.

Hochstand Nr. 7 wird bezogen, von wo sich ein herrlicher Ausblick über das ganze Gelände eröffnet. Schon beim Hinschreiten durch mannshohes Dürrgras, Epilopium und Fallholz haben wir Gelegenheit, einen jagdbaren 12-Ender mit dunklen Stangen röhrend bergaufziehend zu sehen. Vom Hochstande selbst eröffnete sich uns ein herrliches Schauspiel und vier Kapitalhirsche röhren unter uns im Talkessel. Ein einziges Tier, von einem mächtigen Kronenhirsch umworben, ist der Gegenstand eines gewaltigen Konzerts, das in den höheren Teilen des gemischten Bestandes rundum ein mehrfaches Echo findet.

Unentwegt ruhen unsere Triëder auf den weit geschwungenen, mächtigen Geweihen der gekrönten Waldesrecken, bis schließlich die hinter düsteren Wolkenschwaden untergehende Sonne, mit ihrem letzten Rot einen mächtigen 16-Ender über uns bescheinend, zum Aufbruche mahnt.

Der Gepäckträger wird am Hochsitze zurückgelassen, indes Seine Durchlaucht und ich den mit Fallholz bedeckten und verwachsenen Pirschsteig, stets den Wind beobachtend, bergan pirschen. Wo der Steig frei ist pirsche ich flott vorwärts. Lautlos folgt der hohe Gast, so dass ich oft im Glauben, er sei zurückgeblieben, mich nach ihm umschaue. Doch nein. Ich freue mich ordentlich, so einen pirschgewandten Jägersmann hinter mir zu haben, denn so muss es doch zu einem Erfolge führen. Mein Hirschruf wird prompt beantwortet und gibt uns die Richtung an, wohin der Recke zieht.

Ein zwanzigjähriger, schütterer Jungfichtenbestand nimmt uns den Ausblick, so dass wir zur äußersten Vorsicht gezwungen sind. Nur sprungweise, wie auf den balzenden Hahn, geht's an den röhrenden Hirsch heran, den wir aber des schlechten Windes wegen umschlagen müssen. Wir sind hart an ihm. Ein kurzer Trenzer aus der Muschel und schon kracht das Gezweige. Eine vielendige Stange schiebt sich vor und halb von Tannreis verdeckt, ein Stück Vorschlag bietend, äugt mit vor Kampflust leuchtenden Lichtern der geweihte Recke in das auf ihn gerichtete Feuerrohr. Da knallt aber auch schon der Schuss durch die Berge und mit einem gewaltigen Krach bricht der Hochgeweihte in sich selbst zusammen. Ein Brechen und Schlagen sind uns Beweis, dass die Kugel tödlich getroffen. Mit wenigen Sätzen sind wir heran, doch da schnellt der mächtige Körper wieder hoch, und, ohne dass ihn in dem Fichtengewirr eine zweite Kugel erreichen kann, verschwindet er unseren Blicken.

1 ½ Stunden vergehen und vollständige Dunkelheit bricht ein, denn finsteres Gewölke ballt sich am Horizonte zusammen. Schwere Regentropfen klatschen hernieder und mahnen, um die reiche Schweißfährte nicht zu verlieren, zur Nachsuche. Fest legt sich „Jacko" der Schweißhund, in den Riemen. Da ein Ruck. Der Hund reißt den Führer um und der Hirsch wird aus dem Wundbette hoch. Da heißt es, Nachsuche aufgeben und erneuert krank werden lassen. Am folgenden Morgen verbieten röhrende Hirsche ringsumher eine sofortige Nachsuche, bis es endlich möglich ist mit Heranziehung des gesamten Personals in dem nur wenige Schritte Ausblick gewährenden Dickicht den verendeten Kronenhirsch zu finden. Ein mächtiges, weitausgelegtes sechzehnendiges Schaufelgeweih belohnt den weidgerechten hohen Schützen für seine Mühe und sichere Kugel.

Am 27. nachmittags habe ich die Ehre, Prinz Franz Josef nach jener entlegenen Wiese zu führen, wo mir die Wolftriplette gelungen war. Eine gut angenommene Salzlecke und nahe Suhle bieten Chancen für guten Anblick. Um 4 ½ Uhr grollt der erste Hirschruf aus dem dichten Fichtenbestande herüber, dem bald der zweite und dritte folgt, bis schließlich an sechs gewaltige Stimmen, aus nächster Umgebung, den Wald erbeben lassen.

Immer näher und näher ertönt ein Brunftruf. Aufmerksam folgen wir vom Hochsitze aus seinem Schall. Ein zweiter und dritter Schrei nähert sich von anderen Seiten dem Blößenrande zu. Welcher dieser Kämpen wird wohl der erste sein, der ins Freie tritt?

Die Sonne senkt sich wieder bedenklich dem Ende ihrer Tagesbahn zu und die langen Schatten der mächtigen Buchenschäfte verdunkeln die Lichtung.

Ein kurzer Ruf entfährt der Muschel und schon kracht das Gezweige am oberen Wiesenrande. „Ein Hirsch", flüstert der hohe Jagdgast, und schon trollt ein mächtiger Geweihträger die Wiese herab.

Langsam schiebt sich der Stutzen über das Gebälk und mitten im Troll reißt ihn das tödliche Blei zu Boden. Ein prächtiger Schuss! Ein Zucken, ein Zittern durchfährt den gewaltigen Körper, dann legt sich das Geweih zur Seite und das gekrönte Haupt des Waldes hat schmerzlos ausgerungen.

Rasch sind wir vom Hochstand herab und bei ihm. Es ist ein gut jagdbarer Hirsch, der dem wackeren Schützen sein starkes zehnendiges Kronengeweih zu Füßen legt. Noch lange wird die schöne Beute bewundert, dann aber heißt es aufbrechen, um nicht zu später Nachtstunde das Jagdhaus zu erreichen. Hochbeglückt wird das mächtige Haupt vom Rumpf getrennt und der Heimweg angetreten, wo mit hellem Jubel der glückliche Schütze bewillkommt wird.

Zwei Kapitalhirsche an zwei hintereinander folgenden Tagen waren nicht nur ein prächtiger Erfolg, sondern war auch ein Beweis, dass die illustren Gäste zum weidmännischen Geschick auch noch eine gute Büchse führten. Es wäre daher wohl noch zu erwarten gewesen, dass in den nächsten Tagen noch mancher Hirsch sein Geweih den wackeren Schützen zu Füßen gelegt hätte, wenn nicht die an den Bergfüßen patrouillierenden Berufsjäger Alarm geschlagen und dringend die Abhaltung von Bärenjagden gefordert hätten.

Die im August und September so anhaltende Dürre und der Mitte September plötzlich auftretende Frost hatten, bei dem gänzlichen Mangel an Buchelmast in den Hochlagen, weder den Graswuchs aufkommen, noch die Brombeere zur Reife gelangen lassen. Dafür hatten im Frühjahre die Temperaturverhältnisse das Gedeihen der Eichelmast gefördert, so dass ein

Großteil des Bär- und Schwarzwildes in die tieferen Lagen herabwechselte, um sich dort in Ermangelung besserem, daran gütlich zu tun.

Die dort die Aufsicht führenden Jäger hatten zahlreiche Bären gespürt und in der Befürchtung, dass der nun einsetzende Laubfall oder tagsüber immer mehr heranwachsende Sammeleifer der Landbevölkerung die derzeit noch in den anschließenden Dickungen eingeschobenen Bären zum Auswechseln zwingen würde, veranlasste wiederholt das dringende Verlangen an die Jagdleitung zu stellen, die Abhaltung von Treibjagden in diesen Gebieten nicht mehr auf die lange Bank zu schieben, und zwar um so weniger, als in den benachbarten Gemeinde- und Bauernrevieren bereits einige Bären abgeschossen worden waren.

Diesem dringenden Rufe musste daher die Jagdleitung Rechnung tragen und so gab Exzellenz Oberstjägermeister den Befehl, die Pirsche auf den brünftigen Hirsch abzubrechen, um nicht diese günstige Gelegenheit zum Abschusse einiger Bären unbenützt vorübergehen zu lassen.

Es war ein prachtvoller, sonniger Morgen als eine kleine Schar erlesener Weidmänner vorerst im Auto das Jagdschloss verließ, um, je mehr es in den Bergwald ging, auf landesüblichen Fuhrwerken und schließlich zu Pferde die Triebe zu erreichen.

Ein herrlicher Buchendom, der ab und zu von geringen Stangenstreifen durchsetzt war, nahm uns schließlich auf.

Hier, wo sich ein prächtiger Ausschuss nach allen Seiten bot, waren bereits die Stände markiert, so dass die Aufstellung der Schützen, trotz dürrem Falllaube, fast lautlos vor sich gehen konnte.

Ich, als letzter der Schützenreihe, ordnete noch die Abwehrer im Hacken senkrecht auf die Stände und dann gab ein Hornruf das Zeichen zum Beginn des Treibens.

Bald nach den ersten hörbaren Treiberrufen raschelte es allerorts in den vorliegenden Dickungen. Rehwild und Meister Rotrock waren frei, sie wechselten geräuschvoll und unbehindert durch die Schützenkette. Da ein Krachen und Brechen und wie ein Güterzug braust eine Rotte Sauen durch die Dickung. Auch links von mir, von den Abwehrern am Auswechseln verhindert, wird es lebendig und wie ein Sturmwind kommen einige Sauen durch die Stangen geprasselt.

Zwei Kugeln bringen die stärkste Sau zu Falle, indes der Rest durch das Stangengewirre entkommt. Kaum waren diese Schüsse im Buchendome verhallt, da kracht und braust es schon in mächtigen Fluchten erneuert heran.

Links und rechts von mir wechseln gleichzeitig in hohen, raumgreifenden Sätzen zwei Bären herbei. Hellsemmelgelb der rechte, dunkler und schwächer der linke. Mein Perlkorn sucht eine Lücke in den Stangen, dann blitzt es auf und brüllend quittiert der linke die Kugel, um nach zwei weiteren Schüssen verendend den Hang herniederzukollern.

Nur wenige Sekunden sind es, die die Detonationen trennen. Auf kaum 50 Schritte, im weite Aussicht bietenden Buchendome, ist der

Erbprinz Friedrich von Hohenzollern-Sigmaringen mit seinem ersten Bären. Herbst 1925.

Hauptbär an meinen rechten Nachbar, den Erbprinzen Friedrich von Hohenzollern, heran. Ich habe rasch noch Zeit hinab zu sehen. Noch zwei mächtige Fluchten und mir dünkt es, der Bär überrennt den kaltblütigen Schützen. Doch nein! Da kracht es auch unten und mit schaurigem Gebrüll quittiert der Koloss die Kugel. Noch blitzen einige Schüsse nach, dann war Ruhe. Es lag ein kapitaler Hauptbär. Nicht minder lebhaft war es bei den anderen vier Schützen zugegangen, die mehrfach Bär- und Schwarzwild beschossen hatten. Als wir uns sammelten, lagen zu unserer nicht geringen Freude noch einige Sauen und ein dritter Hauptbär, den Seine Durchlaucht Prinz Franz Josef mit einem abgezirkelten Blattschusse erlegt hatte, auf der Strecke.

Im Triumphe ging es nun einer prächtigen Waldwiese zu, wo hart an einer silberhellen Quelle sich Schützen, Beute und Treiber sammelten.

In frühester Stimmung wurden, bei Becherklang und Hurrarufen der versammelten Träger- und Treiberschar, die ersten Bären der beiden Prinzen gefeiert, während einige Aufnahmen dieses seltene Heil zu verewigen hatten.

Bei dem herrlichen Frühstück, zu welchem die charmante Frau Bürgermeister von Szászrégen (Reghin) und deren Cousine Frau Rechtsanwalt nebst auf den Holzspeeren in Speckhüllen gebratenen Junghühnern und einer brillanten Schokoladetorte auch noch einen köstlichen Riesling gestiftet hatten, wurde es eigentlich als unangenehme Störung empfunden, als die Jagdleitung der frohen Stimmung ein Ende machte und zum Aufbruch mahnte.

Der zweite Trieb umschloss einen schütteren Eichenbestand am Feldrande, an den sich vereinzelte kleine Dickungen anschlossen. Kaum dass der kurze Trieb seinen Anfang genommen hatte, schnallte es schon von allen Ständen. Ein sehr übersichtlicher, etwa 80 Meter breiter Durchhau hinter der Schützenlinie bot herrlichen Ausblick, so dass die einzelnen Jäger auch die Ereignisse bei ihren Nachbarschützen bestens überblicken konnten.

Prinz Franz Josef von Hohenzollern-Sigmaringen mit seinem ersten Bären. Herbst 1926.

Ich stand als vorletzter auf der ansteigenden Lehne und blickte über das lebhafte Schießen erfreut zu den tiefer stehenden Nachbarn herab, als plötzlich ein mächtiger Bär in gewaltigen Sätzen die Schützenlinie passieren will. Je eine von beiden Seiten ihm zugedachte Kugel schlägt krachend in die Eichenborke und beschleunigt sein Tempo, so dass er heil der gefährlichen Kanonade entrinnt. Schlechter geht es einem über mir in voller Paise durchbrechenden Bären, den auf 120 Schritte eine Kugel das Haupt durchschlägt, so dass er wie ein Hase kopfüber im Feuer rouliert.

Ein ganz seltenes Heil hatten wieder die beiden Neffen Seiner Majestät, indem jeder auf Bär und Sau zu Schusse kam. Erbprinz Friedrich hatte wieder zwei Hauptbären zur Strecke gebracht, indes Prinz Franz Josef einen mächtigen, scharfbewehrten Keiler von etwa 200 Kilogramm in dem Augenblick erlegte, als er sich auf kaum 30 Meter Entfernung aus der Suhle erhob, in welche er sich Angesichts des hohen Schützen niedergetan hatte. Ein ebenso interessantes als originelles Erlebnis, das wohl selten einem Weidmanne zugestoßen sein dürfte. Auch in diesem Triebe waren drei Bären gefallen, so dass wir, reich an seltener Beute beladen, bei scheidendem Sonnengolde in frühester Stimmung dem Jagdschlosse zueilen konnten.

Ich will hier noch eines sehr interessanten Falles, der sich im ersten Triebe bei den zwei untersten Schützen ereignet hatte, gedenken, der seiner Originalität wegen nicht unerwähnt bleiben darf.

In hohen Fluchten war dort ein mächtiger, pechschwarzer Bär herangebraust. Als der erste Schuss auf ihn fiel, stoppte er, um im Troll, und als die weiteren Schüsse auf ihn abgegeben wurden, erhobenen Hauptes stolz nach den Schützen blickend im Schritt die Kette zu passieren. Der faszinierende Anblick des furchtlosen Recken soll derart imponierend auf die beiden Schützen gewirkt haben, dass sie, wie gebannt, mehr auf das

Die Strecke nach einem kurzen Trieb, 1926

herrlich stolze Wild, als nach der Büchse sahen, so dass tatsächlich alle die ihm zugedachten Kugeln fehlgingen.

Der 30. September war in gleicher Herrlichkeit erstanden, als sein Vorgänger. Eine leichte Reifkruste bedeckte Felder und Fluren und als wir bei prächtigem Sonnenschein den Wald betraten, löste sich der leichte Frosthauch und von den goldroten ersterbenden Blättern klatschten dicke Tropfen auf uns hernieder.

Es war ein wunderbarer Herbsttag, als wir die Stände bezogen. Häher flatterten von Stamm zu Stamm und sammelten kreischend die braungrüne Eichelmast. Der windstille Morgen versprach einen köstlichen Fangtag. Und was er versprach, das hielt er auch. Als des Abends die Jagd abgeblasen und die Strecke aufgelegt wurde, da lagen sieben Bärenleiber auf dem schweißbedeckten Waldesgrunde. Erbprinz Friedrich von Hohenzollern hatte in den zwei Jagdtagen vier ganz kapitale Hauptbären zur Strecke gebracht; ein Weidmannsheil, das wohl selten einem Sterblichen zuteil wurde. Nicht minder erfolgreich war damals auch der Bürgermeister Popescu aus Sächsisch-Reen (Reghin), dem es ebenfalls glückte seine vier ersten Bären, allerdings nicht so starke, zur Strecke zu bringen.

Zwei Jagdtage hatten die gewaltige Strecke von 13 Bären und 4 Sauen ergeben. 13 Bären! Für den Laien und Nichtkenner der Verhältnisse eine schreckliche Zahl. Eine Summe, die die begreifliche Befürchtung erweckt, dass mit diesem Massenmord wohl der letzte Bär der transylvanischen Berge in die besseren Jagdgründe gewechselt ist. Nein, nein, gottlob ist es nicht so arg. Bei einem Bestande von zirka 80 bis 100 Stück Bären als Standwild in diesem königlichen Leibgehege kann und muss sogar zu Zeiten ein solcher Abschuss zur Beruhigung der Landbevölkerung erfolgen. Denn zahllos sind die Klagen des armen Bäuerleins, dem Meister Braun, ehe die Himbeeren reifen, die einzige Kuh oder das letzte Öchlein raubt.

Zum Glück sorgen Natur und unsere unermesslichen Wälder, sowie der weidgerechte Sinn unserer Gebirgsjäger und nicht zuletzt unser brillantes

Jagdgesetz, sowie eine rationierte Abschussbeschränkung dafür, dass noch viele Jahrhunderte zur Neige gehen werden, ehe der letzte Bär den karpathischen Urwald verlassen hat. Ja, es kann sogar mit voller Berechtigung gesagt werden, dass in unseren siebenbürgischen Bergwäldern trotz Krieg und zeitweise starken Abschuss dessen Stand eher zu- als abgenommen hat.

Mit diesen zwei glänzenden Jagdtagen war für das königliche Leibgehege Görgény-Szent-Imre, Gurghiu, die Reihe der Hofjagden abgeschlossen und in frohester Laune und stolz auf ihre selten ergiebige Strecke konnten die beiden illustren Gäste Seiner Majestät dieses herrliche Stück Gebirgswelt verlassen.[21]

Mit diesen Zeilen glaube ich alles Wissenswerte über Vergangenheit und Gegenwart des königlichen Leibgeheges Görgény-Szent-Imre, jetzt Gurghiu genannt, erschöpft zu haben.

Früher schon ein vielbegehrtes Jagdgebiet, ist es jetzt, im Besitze seines allerhöchsten Jagdherrn Seiner Majestät des Königs von Rumänien, zu einem wahren jagdlichen Eldorado geworden. Schützend und schirmend ruht seine weidgerechte Hand auf dessen Wälder und Höhen, und durch die Errichtung eines eigenen Hofjagdamtes hat er sich nicht nur den unentwegten Einfluss auf die Hege und Pflege aller seiner Jagdgebiete, sondern speziell jenen auf seinem Lieblingsreviere Görgény-Szent-Imre bewahrt. Durch diese Institution soll das erhalten bleiben, zu was es in diesen sieben Jahren seines erlauchten Schutzes geworden ist:

Ein Jagdparadies im wahrsten Sinne des Wortes! Ein Jagdeldorado, in dem der Brunftschrei des Hochgeweihten noch lange in seinen Forsten erdröhnen wird und es noch viele Generationen währen wird, bis des Jagdhorns lauter Ruf durch Berg und Täler klingt, als Abschiedsgruß dem letzten Bären.

---

21 S. auch: Spieß, A.R.v.: Herbstjagden in den siebenbürgischen Leibgehegen S.M. des Königs von Rumänien. In: Wild und Hund, 34.Jg., 1928, Nr. 25, p.470; Nr. 26, p. 488–489; diese Episode in: „Siebzehn Jahre im rumänischen Hofjagddienst", München 1940, p. 103-110; Neumann-Neudamm, Melsungen [3]2014, p. 126ff.

Seiner Majestät letzter Hirsch

Es würde diesen Schilderungen aber sicher Abbruch tun, wenn ich nicht noch der letzten Jagd und der letzten Tage unseres allerhöchsten Jagdherrn gedenken würde, ist und war er doch mit seinem Leibgehege derart enge, was Weidwerk und Fischweid anbelangt, verwachsen, dass es unbedingt zur Vollständigkeit dieser Monographie gehört, dem erlauchten Weidmanne bis zu seinem Lebensende zu folgen.

Was den Gesundheitszustand des hohen Schützen anbelangt, so ließ dieser leider in den zwei letzten Jahren manches zu wünschen übrig.

Gelegentlich der Jagdtage anfangs November 1924 in den Bergen von Gurghiu, wobei heftige Regenschauer die steilen Berghänge sehr schlüpfrig machten, war Seine Majestät während der dortigen Treibjagden unverhofft ausgeglitten und über eine Wurzel gestürzt, während er am folgenden Tage ein Rinnsal überspringend, auf einem nassen Steine ausrutschte, wodurch er sich einen Leistenbruch zuzog, der am 24. Jänner 1925 ohne Narkose, sondern nur durch Lokalinjektion operiert werden musste. Nach 14 Tagen fühlte er sich schon so weit wohl, dass er die ersten Spaziergänge im Schlossparke unternehmen konnte.

Im Februar 1925 stellte sich jedoch infolge seiner Krampfadern eine viel gefährlichere Störung ein, es war der erste Flebitisanfall, der ihn bald darauf vier Monate an das Bett fesselte. Es war ein wahres Märtyrertum, dass nun Seine Majestät erdulden musste, indem er in Sandsäcke derart fest eingebettet wurde, dass jedwede Möglichkeit einer Bewegung ausgeschlossen war. Endlich besserte sich dieser gefährliche Zustand soweit, dass der hohe Patient am 25. Mai die Fahrt von Bukarest, nach Sinaia antreten durfte.

Hier war es, wo er am 2. Juni sein Testament schrieb, welches mit den Worten „W o m i c h G o t t v o n e i n e r s c h w e r e n K r a n k h e i t e r l ö s t h a t“ begann und welches dann, nach seinem Tode, in allen größeren Tageszeitungen des Landes in photographischer Reproduktion veröffentlicht worden war.

Am 25. Juni 1925 fuhr Seine Majestät nach Paris und nach kurzem Aufenthalte dortselbst nach Bagnol de l'Orne, wo er täglich durch 30 Minuten das heilkräftige Bad nahm, um darauf noch vor Tisch durch zwei Stunden der Ruhe zu pflegen. Diese konsequente und gewissenhaft durchgeführte Kur hatte Seine Majestät wieder ganz außerordentlich gekräftigt und wohlgetan.

Am 12. August wurde Bagnol per Auto verlassen, um nach einem kurzen Aufenthalte in Paris und von dort nach der Schweiz, nach dem Familiengute Weinburg, zu fahren, wo sich zur Feier des 60. Geburtstages Seiner Majestät dessen Bruder, Fürst Wilhelm von Hohenzollern-Sigmaringen, dann dessen beide Neffen, Erbprinz Friedrich und Prinz Franz Josef, sowie, auf kurzen Urlaub aus England kommend, Seine königliche Hoheit Prinz Nikolaus auf dem Schlosse einfanden und Ihre Majestät die Königin ebendahin folgte.

Es war eine erhebende Feier, die speziell die Bevölkerung des nahen Ortes Reineck, im Kanton Sankt Gallen gelegen, um das Schloss Weinburg vereinigte. An 120 in blendendes Weiß gekleidete Mädchen führten reizende Reigen mit heimischen Gesängen auf, indes ein prächtiger Fackelzug, von der Ortsmusik begleitet, dem hohen Jubilar und seinen nächsten Verwandten in so liebevoll sinniger Weise ihre Glückwünsche und warmen Ovationen überbrachten.

Bis in den Morgen hinein währten Jubel und Tanz, da die hohen Herrschaften in dem nächst der Weinburg gelegenen Gasthause „Zur Schifferwirtin“ die herbeigeeilte Landbevölkerung bewirten ließen.

Am 26. August erfolgte wieder per Auto die Abreise nach Venedig, wo nach einem viertägigen Aufenthalte die Rückreise über Veldes, heute Bled genannt, erfolgte, so dass Seine Majestät am 5. September in Sinaia eintraf, wo er sich außerordentlich gut erholte.

Der Gesundheitszustand Seiner Majestät hatte sich mittlerweile wieder derart gebessert, dass sich der hohe Weidmann entschließen konnte, die Jagd auf den brünftigen Hirsch in seinem Leibgehege „Gurghiu“ mitzumachen.

S. M. König Ferdinand am 26. September 1925 bei Hochstand Nr. 3, wo er seinen letzten Hirsch schoss.

Es war den 22. September 1925, an einem sonnenklaren Morgen, als der Hofzug 8 Uhr früh in die Station Sächsisch-Reen einfuhr. Begleitet von Oberstjägermeister Exzellenz Anton von Mocsonyi und dem Leibarzt Dr. Mamulea wurde bis zum Umladen des Gepäcks auf die bereitgestellte Forstbahn das Frühstück eingenommen und dann die Fahrt entlang des Râul Gurghiului nach der 42 Kilometer entfernten Blockhauskolonie Lăpuşna angetreten, wo an der Mündung des Sebeştales, beim Gendarmerieposten, ausgestiegen und die Fahrt nach dem 4 Kilometer entfernten Jagdhause Sebeş per Wagen fortgesetzt wurde.

Die kühlen, dabei aber herrlichen Herbsttage brachten bei dem hohen Stande an Rotwild eine flotte Hirschbrunft mit sich, so dass Seine Majestät, durch das lebhafte Schreien der Hirsche angeregt, mitten im köstlich harzduftenden Tannwalde, sich ungemein frisch und wohl fühlte.

Es war am 26. September nachmittags, als der allerhöchste Jagdherr, vom Hofjagddirektor und seinem Leibjäger begleitet, die Kanzel Nr. 3 nächst des Hochwaldrandes bestieg. Hier trat, von zwei Tieren begleitet, noch vor Sonnenuntergang, stets ein sehr starker, dunkelgefärbter Kronenhirsch aus, dessen Erlegung sich Seine Majestät zum Ziele gesetzt hatte. Die Sonne stand noch ziemlich hoch, als bereits etwa 4 Uhr 30 Minuten der Brunftschrei des Hochgeweihten am Waldrande erdröhnte, dem bald darauf noch manch kräftiger Kampfruf folgte.

Wir blicken gespannt der Buchengruppe zu, woher der Ruf erscholl, als auch schon das Haupt des Leittieres im buntfarbigen Blätterschmucke einiger Sträucher am Waldessaume sichtbar wurde. Unverwandt äugt das vorsichtige Tier nach allen Seiten, bis es sich von der vollen Gefahrlosigkeit seiner Umgebung überzeugt hatte. Allseits sichernd schreitet es dann aus dem schützenden Waldbestande, von einem zweiten Stück gefolgt, auf den Kahlschlag heraus. Der Hirsch kann nicht lang auf sich warten lassen und richtig, schon blitzen die weißen Enden eines Kronengeweihes über das Geäste des Buschwerks hervor. Noch 50 Gänge und das herrliche Tier verhofft, die volle Breitseite zeigend, auf etwa 120 Gänge vor dem Hochstande. Langsam schiebt sich der 9 Millimeter Seiner Majestät durch die Schießscharte hindurch. Ein scharfer Knall und mit krummen Rücken und hoher Flucht quittiert der Hochgeweihte die königliche Kugel, indes ein rasch folgender zweiter Schuss ihn nach wenigen Fluchten hinter einer Fichtengruppe vollends zu Boden wirft. Als der hohe Schütze sich nach geraumer Weile an den Anschuss begibt, wird der gewaltige Recke nochmals hoch, so dass ihn noch zwei Fangschüsse zur Strecke bringen müssen. Mächtig schlägt noch das Kapitalgeweih um sich und trifft dabei den danebenstehenden Jagdleiter derart heftig mit dem Flachteile der Schaufelkrone

S. Majestät letzter Hirsch.

in die Schläfengegend, dass er betäubt zurücktaumelt und nachher infolge der Verwundung vom Leibarzte verbunden werden musste. Noch einige konvulsivische Zuckungen, dann liegt der kraftstrotzende Waldesrecke regungslos vor dem königlichen Schützen.

Als damals vom Hofjagddirektor an Ort und Stelle Seiner Majestät der schweißbedeckte Tannenbruch überreicht wurde, ahnten wohl beide nicht, dass dies der letzte Hirsch des erlauchten Schützen werden sollte.

Seelisch und physisch gekräftigt, verließ der hohe Weidmann die Berge und Wälder von Gurghiu, um nach Sinaia und dann nach Bukarest zurückzukehren.

Das Schicksal sollte aber dem edlen Fürsten nicht lange die erwünschte Ruhe gönnen, denn die Ereignisse des Jahresschlusses 1925, wie der Staatsakt vom 4. Jänner 1926 hatten seelisch einen Zusammenbruch zur Folge, dem allmählich auch der körperliche folgte.

Manche Träne kollerte, wie es mir der Leibkammerdiener gestand, bei durchwachten, kummervollen Nächten dem um die Thronfolge besorgten und bis ins Herz getroffenen Vater über die Wange. Appetitlosigkeit und seelische Depression schwächten von nun an nach und nach den sonst so rüstigen Körper.

Am 15. Juli 1926 wurde die Fahrt nach Frankreich angetreten, um nach zehntägigem Aufenthalte in Paris nach Vichy weiterzureisen, wo aber, nach seinen eigenen Aussagen, die Kur dem hohen Patienten keinen besonderen Erfolg brachte. Im Hotel „Ritz“ auf der Place de Vendome wurde am 24. August der 61. Geburtstag gefeiert und dann die Reise am 28. Juni nach dem Familiengute, der Weinburg, fortgesetzt. Nach viertägigem Aufenthalte dortselbst ging es über Venedig nach dem reizenden, am gleichnamigen See gelegenen Veldes (Bled). Hier im engen Kreise der serbischen Königsfamilie wurden acht Tage angenehm verbracht und dabei auch ein eintägiger Ausflug ins Gramagelände, einem Teile des mächtigen Triglavmassivs, unternommen.

Nun ging es wieder nach Sinaia zurück, wo der Besuch seiner Neffen, der beiden Hohenzollernprinzen einige Zerstreuung brachten. Doch dieser und die darauf folgende vierzehntägige Donaufahrt, an der der Verfasser dieser Zeilen auch teilnahm, konnte die langsam, aber stetig fortschreitende Verschlechterung des Zustandes des gütigen Landesfürsten nicht aufhalten, wobei die am 18. September erfolgte Hämorrhoidaloperation das eigentliche Übel vorerst nicht erkennen ließ.

Unaufhaltsam ging von da an der Kräfteverfall, langsam aber stetig, seiner Wege. Die nach Rückkehr Ihrer Majestät aus Amerika, am 6. Dezember, durchgeführte große Operation, die nunmehr schon dem eigentlichen Übel, dem Krebse, galt, brachte nur eine zeitweise Linderung.

Der heilige Abend sah Seine Majestät noch im Kreise seines versammelten Hofstaates und gütig, wie immer, ließ er es sich nicht nehmen, vereint mit ihrer Majestät, persönlich die Gaben an Alt und Jung bis zum letzten Stalljungen herab, zu verteilen.

Im Februar setzte die 48tägige, ein- bis dreistündige Radiumbehandlung durch Professor Dr. Slouis und den ersten Kapazitäten Bukarests ein, die wohl den letzten Versuch der Kur darstellt, jedoch kein Zurückschreiten dieser unbarmherzigen Geißel der Menschheit erwirkte und den allmählichen Kräfteverfall des hohen Patienten nicht mehr aufhalten konnte. Sich immer schlechter und schwächer fühlend, überfiel ihn im März die Grippe, die durch 14 Tage hindurch Seine Majestät zwischen Tod und Leben schwanken ließ.

Als nun im Mai die milden Frühlingslüfte über das Land strichen, da entschloss sich das Ärztekonsil, den Schwerkranken nach Scrovişte, dem lieblichen Waldschlösschen am Rande eines kleinen Sees, auf der Krondomäne Periş, zu überführen, damit er hier in der köstlichen Waldeinsamkeit, mitten im jungsprießenden, blumenreichen Tann- und Eichenwalde Erquickung und Labung finde. Es sollte hier ein Übergang für den Sejour in Sinaia vorbereitet werden.

Als aber im Juni sich die Temperatur in der Tiefebene zusehends hob, da wurde wieder gepackt und übersiedelte der ganze Hofstaat am 24. Juni nach dem herrlichen, harzduftenden Feenschlosse Pelişor, nächst Sinaia, wo die stets fürsorgliche Hand Ihrer Majestät dem Kranken ein reizendes Zelt auf einer sonnigen Waldwiese aufstellen ließ.

Doch auch hier half weder die aufopferungs- und liebevolle Pflege der rastlos um ihren hohen Gatten besorgten Königin, noch die treue Hand seines, von einer Pflegeschwester unterstützten Leibkammerdieners etwas. Das Dahinsiechen des Königs schritt unaufhaltsam und sicher seinem Ende zu.

Es war sechs Tage vor dem erschütternden Ende, als mir noch das Glück zuteil wurde, in Sinaia empfangen zu werden. Als ich zu ihm eintrat, saß Seine Majestät an seinem Schreibtische und blätterte gleich darauf mit freundlichem Gruße in dem von mir überreichten neuerschienenen Jagdwerke.

Fünf Monate hatte ich den hohen Kranken bis dahin nicht mehr gesehen, und welche schreckliche, erschütternde Überraschung.

Anstatt des frischen und munteren Weidmannes, den ich durch sieben Jahre hindurch die hohe Ehre hatte durch die Wälder und Berge seiner herrlichen Jagdgründe zu führen, saß hier verfallen und siech, das Opfer eines unheimlichen, unerbittlichen Leidens vor mir. Fast unhörbar war die sonst so klangvolle Stimme, die einst so frisch und mannhaft zu uns sprach, kalt und kraftlos die Hand, die einst ebenso sicher sein Reich, als den Stutzen führen konnte. Bittere Tränen kollerten bei diesem Anblick über meine alten Wangen, als ich das Arbeitszimmer des unrettbar Kranken verließ. Es war ein Abschiednehmen für immer. Es war die Hand eines Sterbenden, die ich am 14. Juli, 11 Uhr 45 Minuten, zum letzten Male umfassen konnte.

Am 20. Juli trat die längst erwartete Katastrophe ein.

In den Armen seiner treuen und fürsorglichen hohen Frau, die in den letzten drei Wochen unentwegt am Krankenlager Tag und Nacht, mit kurzen Unterbrechungen, geweilt hatte, gab der hohe Kranke 2 Uhr 15 Minuten morgens seinen Geist auf.

Was das Land an ihm verloren, dass wird die Geschichte sagen. Wir aber, die wir durch das uns geschenkte Vertrauen die hohe Auszeichnung genossen, auf stundenlangen Pirsche, auf langandauernden Ansitzen hoch oben im fernen Bergwalde bei intimstem Kontakte, in seinen unmittelbaren Diensten zu stehen, wir verloren einen gütigen, stets väterlich und warmfühlenden Freund und Gönner an ihm.

Uns königliche Jäger aber verließ für immer ein jederzeit für die schöne Natur und seine Geschöpfe hochbegeisterter, stets weidgerechter und kugelsicherer Jägersmann.

Tief erschüttert senkt daher ehrfurchtsvoll und stumm die königliche Jägerei die verwitterten Hüte vor seinem offenen Grabe und mit gedämpften Hifthornruf legt sie den letzten grünen Bruch auf seinen Sarg.

Die bebenden Lippen aber flüstern in tiefer Trauer und bitterer Wehmut dem dahingeschiedenen, unvergesslichen Jagdherrn zu, ein letztes schmerzerfülltes

„W e i d m a n n s h e i l!“

Hermannstadt-Sibiu, am 30. Juli 1927.

Die Jagden in Gurghiu zwischen 1922–1937

A. R. v. Spieß: Herbstjagden in den siebenbürgischen Leibgehegen S.M. des Königs von Rumänien.
(Fortsetzung zum Jagdjahr 1922)[1]

...Vor allem wollte ich dem mir alljährlich zufallenden Brunfthirsch erbeuten, dann rasch noch Inventar und Ausstattung des Jagdschlosses überprüfen, um dann nach längerer Abwesenheit wieder daheim nach der zahllosen Dienstpost zu sehen und weiterer Befehle zu harren.

Nach einer verunglückten Draisinenfahrt, wobei ich mitten in der Waldwildnis hilflos mit dem Lenker dieses Vehikels steckengeblieben war, erreichte ich spät nachmittags die Hochlagen, wo ein gewaltiger Sturm jedweden Pürschgang ausschloss. Um keine Zeit zu verlieren, entschloss ich mich, am folgenden Morgen trotz des herrschenden Windes aus dem eigentlichen organisierten Gehege hinaus den Aufstieg in den Urwaldbestand des an 1800 m hohen Mezöhavas, auch Seaca genannt, zu unternehmen.

Drei Stunden währte es, bis mein rumänischer Jäger und ich bei eisigem Sturm den dichten Tannenbestand der Seaca erreichten. Brausend fuhr der Sturmwind durch den Tann, dass die alten Stämme sich ächzend und knarrend nach allen Seiten bogen. Viel ist da nicht zu holen, dachte ich mir im Stillen, doch um die Zeit auszunützen wurde der Marsch nach dem

1 Fragment aus: Aus Spieß, A.R.v.: Herbstjagden in den siebenbürgischen Leibgehegen S.M. des Königs von Rumänien. In: Wild und Hund, 34.Jg. Nr. 26, 1928, p. 488–489.

Gipfel fortgesetzt. Da mitten im dichtesten Urwaldbestande klang der erste Schrei zu uns herüber, der ganz unerwartet von mehreren Seiten beantwortet wurde. Beim Vordringen in die Wildnis wurde es immer lebhafter, bis endlich an acht Brunftstimmen das Brausen des Sturmes übertönten. Gottlob, da gab's Aussicht, einen guten Jagdbaren zu erbeuten, und von meinem Wildheger begleitet, geht es immer tiefer, der stärksten Stimme folgend, in den düsteren Urwald hinein. Mit größter Vorsicht schiebe ich mich durch das Gewirr von Bartfichten, Fallholz und Juniperus hindurch dem tiefsten Orgeltone zu. Wenige Meter trennten uns noch, und vier Jungtannen nehmen mir den Ausblick. Noch zehn Schritte, und ich bin hart am Hochgeweihten.

Doch welch ein Anblick! Knapp zu meinen Füßen ein Kapitalhirsch hingestreckt, und hinter ihm auf nur 30 Meter der Brunfthirsch mit blutroten Stangen und schweißbedeckter Stirn. Ich erfasse rasch die Situation. Mein Stutzen senkt sich in das Blatt des Mörders, und im Feuer bricht der Platzhirsch zusammen, indes ein Tier flüchtig abgeht. Ein ganz unglaublicher Zufall hatte mich hier im dichtesten Urwalde an den Kampfplatz zweier Rivalen geführt, um Gelegenheit zu finden, mitten in seinem Triumphgeschrei den Sieger zu fällen.

Erst jetzt war mir Gelegenheit geboten, die Situation genau zu besehen. Weit ausgestreckt, den Äser im Bärlappmoose vergraben, lag ein kapitaler Sechzehnender schweißbedeckt am Boden. Noch warm rieselte aus zahlreichen Wunden der hellrote Schweiß auf den Waldgrund hernieder, indes der aufgeackerte Boden auf einen gewaltigen und ganz erbitterten Kampf an Ort und Stelle schließen ließ. Wie wenn er mit einer Mitrailleuse durchschossen worden wäre, war der verendete Recke mit zahlreichen Löchern und Rissen bedeckt, die erst beim Zerwirken die Tiefe der einzelnen Geweihstiche besser erkennen ließen.

Der gefällte Sieger war ein jagdbarer Zwölfer. Sein viel geringeres Geweih als jenes des geforkelten Sechzehnenders trug lange spitze Enden, während die langen Eissprossen mit fast unmerklicher Krümmung, geraden

Der geforkelte Sechzehnender, dahinter sein Mörder der erlegte Zwölfender

Spießen ähnlich, gefahrdrohend nach vorne standen. Dem Wildbret und den Grandeln nach waren beide ältere Hirsche, von welchen im Kampfe das leichtere und daher gefährlichere Geweih des Zwölfenders den Sieg davontragen musste. Beim Zerwirken konnte man im Vergleich mit den schweißbedeckten Enden des Zwölfenders erst feststellen, wie tief und gefährlich die Verwundungen waren. Das Blatt wies etwa fünf Stiche auf, die zwischen den Rippen hindurch die Lungenflügel durchrissen hatten. Träger, Vorschlag, Blatt und Spiegel, alles war durchstochen, ja selbst das Kurzwildbret war der Länge nach durchrissen. Leider lässt die beigefügte Aufnahme die Stichwunden am Wildkörper des geforkelten Sechzehnenders nicht so deutlich erkennen, wie dies in Wirklichkeit der Fall war. Der Sieger musste, der ganzen Situation nach zu urteilen, den bereits todwund am Boden liegenden Rivalen noch angerannt und mehrfach geforkelt haben. Ich muss gestehen, obwohl ich manch Kampf mit angesehen, hatte ich mir doch bis jetzt niemals vorstellen können, dass er mit solch einer

Wut und Erbitterung ausgefochten wird. Ein von mir im Frühjahr dieses Jahres mit eingestoßener Stirn aufgefundener Achtzehnender war mir wohl der erste Beweis für die Furchtbarkeit eines solchen Titanenkampfes.

Hier mitten im Urwalde, 3 ½ Stunden vom nächsten Jagdhause entfernt, standen Nicolici, mein Waldläufer, und ich mit unsern Hirschen vorerst ganz ratlos da. Endlich hatten wir's. Ich ließ ihn in der Richtung nach dem nächsten Steig Zeichen in die Tannen schlagen, um dann etwa 20 Arbeiter der vier Stunden entfernten Forstbahn zum Zerlegen und Abtransport der beiden Hirsche zu holen. Um den Platz nicht zu verlieren schürte ich mir ein Feuer und setzte mich neben den geforkelten Sechzehnender, in Geduld bis zum Eintreffen der Arbeiter ausharrend. Es wäre eine ganz entsetzliche Geduldsprobe gewesen, acht Stunden am selben Fleck einsam im Walde zu sitzen, wenn nicht die mich umgebenden röhrenden Hirsche einige Abwechslung in die Monotonie des Sturmgebrauses gebracht hätten.

Acht Hirsche um ein brunftiges Tier ist doch ein seltenes Verhältnis, und so konnte ich trotz knisterndem Feuer und tobendem Sturme manches aus dem Stimmengewirr der schreienden Hirsche entnehmen und drei von ihnen sehen, die im Glauben, der Platzhirsch beherrsche noch immer sein Tier, sorglos um mich hertrollten. Der Frechste war ein hellgelbes, schwaches Zehnerhirschlein, das mit offenem Äser das bereits nach dem Schuss abgesprungene Tier suchte. Nach einer Weile schlich ein jagdbarer Zehner herbei, der dem Hirschlein nachzog, indes nach einer weiteren halben Stunde ein stärkerer, noch roter Hirsch an mir der gleichen Richtung nach vorüberzog, ohne dass ich sein Geweih der Endenzahl nach hätte ansprechen können. Immer aber hörte ich einmal näher, einmal weiter etwa sechs bis acht Hirsche um mich her, die sich scheinbar um das nun „herrenlos" gewordene brünftige Tier gesammelt hatten.

Trotz des hellauflodernden Feuers fror ich in der mir vom Jäger entliehenen Pelerine ganz jämmerlich, als plötzlich das unentwegte Brunftgeschrei in nordöstlicher Richtung von mir sich immer mehr zu konzentrieren begann. Es schien dort etwa 200 bis 300 m von mir entfernt etwas vor sich zu gehen. Tatsächlich schien es mir auch, als ob Stangenschlag trotz des lärmenden Sturmes an mein Ohr dringen würde.

Da ich mich nicht vom Flecke rühren konnte, so merkte ich mir von meinem Standpunkte aus die Richtung, um eventuell einmal selbst nachzusehen oder das Personal dort suchen zu lassen. Als nach acht langen Stunden drei Jäger und 20 Mann bei mir eintrafen, zeigte ich ersteren genau die Richtung des gehörten Lärms und ließ Zeichen zu deren besseren Orientierung in die nächsten Fichten schlagen. Das Resultat war, dass nach drei Wochen von den dort streifenden Leuten ein von Bären gerissener und bis auf einige Knochenreste und Hautfetzen aufgefressener Vierzehnender gefunden wurde. So wurden in dieser Saison sechs meist starke Hirsche gefunden, ein Beweis dafür, dass ein Überschuss an männlichem Wilde gegenüber den durch Wölfe mehr leidenden Tieren besteht.

Es war stockfinstere Nacht, als unsere Transport die Forstbahn und damit auch die nächste Unterkunft erreichte …

A. R. v. Spieß: Herbst in den Siebenbürgischen Waldkarpathen.
(Das Jagdjahr 1929)[2]

Ein wolkenlos klarer Sternenhimmel überspannt unsere siebenbürgischen Berge. Im Mondenglanz grüßen, fernen Kulissen gleich, die mächtigen Hochlagen der Transylvanischen Alpen hernieder, indes ein Gewirr zahlloser Vogelstimmen aus dem unergründlichen Himmelsmeer an unser Ohr herniederdringt. Metallisch klingt das „Gru, gru" ziehender Kraniche zu uns herab, während durch den magischen Lichtschein der Städte angezogen, ungezählte Gänsescharen uns überfliegen. Strandläufer, Regenpfeifer und Heerschnepfen lassen ab und zu ihren melodischen Ruf durch die stille Nacht ertönen, kurz – ein unsichtbares Leben und Hasten verraten die tausend Vogelstimmen, die sich im Ultramarinblau des uns umspannenden Himmelsgewölbes vernehmen lassen. Ein mächtiges Wandern und Drängen nach dem fernen Süden hat die ganze Vogelwelt ergriffen. Jenes unergründliche Phänomen, das allen Ornithologen, Zoologen sowie andern Naturfreunden und Gelehrten so viel Kopfzerbrechen verursacht hat.

Herbst wird's, das sagen uns aber mit voller Sicherheit die ruhelosen Wanderer am dunklen Nachthimmel, ja selbst der ferne Bergwald, der sich in den buntesten Farben schmückt. Braunrot färbst sich das Laub der domförmigen Buche, braun jenes der Eiche, indes in hellem Gelb die Birke und in leuchtendem Rot die Espe zu uns herniedergrüßt. Es wird Herbst, rufen und deuten alle. Herbst wird's, der mit seinen kühlen, sternhellen Nächten selbst den grünschillernden Auerhahn im fernen Walde stört, so dass er hoch vom Wipfel der alten Wetterfichte aus sein sonderbar klingendes Balzlied in den sinkenden Tag und den werdenden Morgen hineintönen lässt.

---

2 Fragment aus: Spieß, A.R.v.: Herbst in den Siebenbürgischen Waldkarpathen. In. Wild und Hund Jg. 35, Nr. 50, 1929, p. 869–872

Doch auch noch andere Stimmen aus dem herbstlich geschmückten Walde dringen zu uns hernieder. Es ist das Donnerrollen des brunftigen Hirsches, der mit mächtigem Orgelton den Wald erzittern lässt. Die schönste Melodie für den zünftigen Weidmann, die packendste Musik für den Hochgebirgsjäger. Da schwillt ihm die Brust, ziehst's ihn hinauf auf die fernen Bergeshöhen, hinauf zum schreienden Hirsch, zum gekrönten König der karpathischen Wälder.

Da packt's auch mich, den Bergesalten. Gilt's doch, da droben für die sich nunmehr einstellenden hohen Gäste die Hirsche zu verhören, und um dann selbst den mir jährlich zustehenden Abschuss zu erledigen. 42 km Forstbahn führen mich von Reghin in die berühmten Forste der Staatsdomäne Görgeny-Szt-Imre, jetzt Gurghiu genannt, wo das von weiland König Ferdinand von Rumänien neuerbaute Jagdschloss am Zusammenflusse der vier Bergwässer aus einem lieblichen Kesseltale dem Ankömmling entgegengrüßt. Hier rundum gibt's überall frohes Treiben, frisches Leben. Auf den Waldwiesen zieht das zierliche Reh aus. In den weiten Himbeer- und Brombeerschlägen tappt mit schweren Branten Meister Braun ganze Steige aus, indes die wehrhafte Sau mit ihrem Gebrech Löcher und Gruben in den feuchten Waldboden reißt. Überall aber wechselt starkes Rotwild durch die Gelände, während kahle Waldschläge dem orgelnden Kapitalhirsch und seinen Rivalen als Brunftplätze dienen.

Es war der 20. September 1929, als ich meinen telegraphischen Ruf. „Die Hirsche schreien!", nach dem königlichen Schlosse sandte. Die Brunft war in vollem Gange, und ungeduldig erwartete ich das Eintreffen der hohen Gäste. Leider waren nicht alle, die ich erwartete, erschienen. König Georg von Griechenland, der im Vorjahre zwei Hirsche, einen ganz kapitalen 16-Ender darunter, erlegt hatte, musste um diese Zeit ins Ausland verreisen, indes der Prinzregent durch ein Autorennen, das gerade um diese Zeit stattfinden sollte, am Erscheinen zur Brunftjagd abgehalten wurde.

Ich hatte dafür die Freude, einen andern sehr tüchtigen Jägersmann und ausgezeichneten Kugelschützen, Prinz Franz Josef von

Hohenzollern-Sigmaringen, zu führen, dem es in dem schwierigsten Gelände, das uns zur Verfügung stand, gelang, einem auch für unsere Verhältnisse sehr braven Achter, der auf meine Muschel zustand, und einen kapitalen 14-Ender, der eben vor uns im Einziehen war, zu erlegen. Außerdem fielen noch zwei Hirsche, darunter ein weit ausgelegter 16-Ender, durch den Oberstjägermeister, und ein 14-Ender durch den englischen Botschafter aus Konstantinopel, indes noch andere zwei gute Hirsche durch den Administrator des dortigen Jagdgebietes zur Strecke kamen.

Am 2. Oktober war alles hochbefriedigt abgereist, und da noch ein Ausflug an das Schwarze Meer projektiert war, ehe es auf den Brunftgams nach dem Retezat-Massiv, gehen sollte, blieben mir nur noch zweieinhalb Tage übrig, innerhalb welcher ich meinen Abschuss beenden sollte, um rechtzeitig wieder mit dem Salonwagen in Constanța die hohen Gäste Ihrer Majestät der Königin dort erwarten zu können. – Für den 2. war daher nichts mehr zu machen, und so entschloss ich mich am 3. vor Morgengrauen den Aufstieg nach dem Hochlagen anzutreten. Als ich bereits bei helllichtem Tage 1500 m erreichte, schrie nur noch ab und zu ein Hirsch im Schutzwalde über mir, der aber bald verschwieg, indes ein zweiter, auf ganz freier Brandfläche sitzend, so plötzlich vor mir hoch wurde und in einer Talsenke verschwand, dass es mir unmöglich war, in Anschlag zu gehen. – Tagsüber vollkommene Ruhe. Kein Hirsch gab Laut, und da ich in diesem abseits und hoch liegendem Gelände vorher nicht verhören lassen konnte, so teilte ich meine mich begleitenden zwei Jäger auf zwei Hochsitze auf, während ich mich auf eine kahle, weite Aussicht bietende Kuppe postierte, um von dort aus allseits hin operieren zu können. Etwa 4 Uhr nachmittags traten bei mir vier Tiere und ein 14-Ender aus, der sich aber derart pfiffig auf der kahlen Brandfläche einstellte, dass ich ihm von keiner Seite näher als auf 500 m hätte beikommen können, was mich veranlasste, ihn lieber mit dem Fernglase zu beobachten, als ihn anzugehen. Diesen Abend schrie nichts. Die Sache war mir recht verdächtig, Fährten gab's doch genug, also warum meldete kein

Hirsch? Das Rätsel sollte bald gelöst werden, indem einer meiner beiden Begleiter vom Hochstande aus einen Wolf beobachtete, der diese Gegend abpürschte. Da war natürlich nichts zu holen. Wo dieses Gelichter einwechselt, verkriecht sich scheu und ängstlich alles Schalenwild. Später erfuhr ich noch, dass im angrenzenden Reviere am Vortage zwei Wölfe ein Tier hetzten, wobei glücklich eine Wölfin mit einer guten Kugel zu Fall kam. Wer diese Möglichkeiten nicht kennt und nicht in Betracht zu ziehen versteht, wird stets Enttäuschungen erleben. Wir Karpathenjäger rechnen unentwegt damit und wissen, dass Wölfe in ganzen Gebirgsteilen die Hirsche zum Schweigen bringen können. Auslandsgäste, die diese Umstände nicht kennen, können sich das nicht erklären, wenn sie heute fünf bis sechs Hirsche prächtig melden hören und am folgenden Tage das gleiche Gebirge wie ausgestorben erscheint. Für uns alte Karpathenjäger nichts Neues. Da heißt es eben, wenn man Zeit hat, abwarten, bis die Rotte wieder auswechselt, oder es einem glücklichen Zufall verdanken, der die Wölfe vors Rohr bringt, wobei einer zur Strecke kommt und die andern zur Flucht aus diesem Revierteile veranlasst werden.

Also hier in meinem Abschnitte war unter diesen Verhältnissen natürlich nicht viel zu erwarten, und tatsächlich sah ich am folgenden Tage nur einen stumm ein Tier treibenden Hirsch und weiter nichts. Nachts über verschwieg alles, und da auch am Morgen des dritten Tages sich nichts mehr hören ließ, so gab ich dem mich begleitenden Personal den Auftrag, mit meinem Gepäck den Abstieg anzutreten, indes ich mit einem Hilfsjäger auf den 1700 m hohen Mezöhavas aufstieg, um auf diesem Umwege dann talab zu wandern.

Auf dem Marsche bergan kein Laut, so dass ich mich bereits resigniert damit abfand, nach 35 Jahren zum ersten Male ohne meinen obligaten Brunfthirsch die Heimfahrt antreten zu müssen.

Wir mochten so eineinhalb Stunden unterwegs gewesen sein und den Rand des schmalen Schutzwaldes nahe der Region der Alpenweiden erreicht haben, als es uns vorkam, in einer Verschneidung einen Schrei vernommen zu haben. Wir stiegen höher, und richtig, es meldet dort ab und zu ein Hirsch. Ich ließ meinen Mann mit dem Pferde zurück und stieg nun allein bergan der Stelle zu, wo sich zeitweise der Hirsch hören ließ. Je näher ich kam, desto lebhafter wurde das Melden, bis ich schließlich mitten in einer mit Bartfichten bestockten Verschneidung die Überzeugung gewann, dass sich um einen Platzhirsch herum an vier bis fünf Beihirsche gesammelt hatten, die ab und zu ein gewaltiges Konzert anstimmten.

Bei dem verhältnismäßig schütterem Bestand und dem weichen Moosboden, der ab und zu von Heidelbeerflächen durchsetzt war, war ausgenommen der Windbrüche, ein ganz gutes Anpürschen möglich, so dass ich nach einer halben Stunde Aufstieg ziemlich nahe heran war. Doch bei der Zudringlichkeit der Beihirsche wogte die Gesellschaft ruhelos hin und her, so dass ich, dieser Hatz folgend, des öfteren außer Atem kam, um mit Berechnung des Windes wieder beizukommen.

Endlich gelang es! Ich sah das einzige Tier, das von fünf Hirschen umworben, hinter einigen gestürzten Wetterfichten stand. Ich suchte den Platzhirsch. Es war ein verhältnismäßig noch junger Hirsch mit geringer Krone, doch hohem Geweih. Mehr konnte ich nicht sehen, da in dem Augenblicke, als ich den Stutzen hob, wieder Bewegung in den Reigen einsetzte. Ich nahm den Hirsch im selben Moment aufs Korn, als er zwischen den Dürrästen der gestürzten Fichten passierte. Auf meinen Schuss sehe ich kein Zeichen. Im Troll gehen Tier und Platzhirsch ab, ohne dass ich, infolge des nun dichter werdenden Bestandes, eine zweite Kugel anbringen kann. Rasch greife ich nun zur Muschel, um die Detonation des Schusses wettzumachen, und zu meiner Befriedigung bekomme ich von den rund um mich im Bestande umherstehenden Beihirschen Antwort. Eine kurze Ruhepause, um nichts zu vergrämen, und dann wird der Anschuss aufgesucht. Keine Eingriffe, kein Schweiß. In ruhigem Troll waren Tier und Hirsch nach links hinter den Windbrüchen abgegangen. Wo mag wohl meine Kugel hin sein? Ich gehe wieder auf meinen verbrochenen Anschuss zurück und finde nach vorsichtiger

Suche zu meiner unangenehmen Überraschung einen von meiner Kugel gestreiften Dürrast der gestürzten Fichte, so dass das Geschoß dadurch in eine ganz andere Richtung abgegellt sein musste. Trotzdem die fünf Hirsche nun wieder ihr lautes Konzert fortsetzten, folgte ich ziemlich mißstimmt der Fährte des beschossenen Platzhirsches, dessen Trittsiegel ich jedoch nach etwa 30 Schritt Suche im weichem Moosboden wieder verlor. Ich stand eben einige Augenblicke, die letzte Fährte prüfend, am Fleck, als ich zwischen den Stämmen einen dunklen Körper direkt auf mich herabschreiten sah. Ich drückte mich hinter eine Rottanne, noch im Zweifel, was sich da entpuppen würde. Bär, schießt es mit plötzlich durchs Hirn; und richtig – in ruhigem Paß wechselt Meister Braun ahnungslos gerade auf mich zu. Ein schöner Anblick. Die schwarze Masse mit langen wackelnden Grannen am Widerrist. Der mächtige Schädel auf ungeschlachtem Vorschlag und breitspurigen Branten, ruhig den Waldboden nach Waldbeeren absuchend. Ein prächtiges Bild, das ich vielen Malern und Künstlern gegönnt hätte. Bei dem ausgreifenden Schritt, der allen, Bären eigen ist, wird der Raum zwischen uns immer kleiner. Auf kaum 30 Schritt tritt er eben zwischen vier Stämmen nichts ahnend vor mich. Mein Korn sitzt ihm bereist mitten am Vorschlag, und schon durchschlägt ihn der Länge nach mein 8-mm-Geschoss. Lautlos bricht er in sich zusammen, indes eine zweite Kugel ihm die Möglichkeit benimmt, wieder hochzuwerden.

Rasch übertönt mein Hirschruf das Echo beider Schüsse, denn für mich gilt nur ein guter Hirsch, und schon antworten zwei der Geweihten, indes nach kurzer Pause bald die andern wieder einstimmen.

Was nun machen? Allein in diesem Urwaldbestande hätte ich den daliegenden Braun sicher nicht mehr gefunden, wenn ich die Stelle verlassen hätte, ohne Zeichen in die Stämme zu schlagen. Letzteres aber verbot mir die Nähe der röhrenden Hirsche, so dass ich mich nun entschließen musste, mich auf meine Muschel verlassend, am gleichen Fleck zu verharren und beim Bären Totenwache zu halten.

Mein ab und zu erschallender Tritonsruf wird gut beantwortet, und als ob nichts vorgefallen wäre, grollte als bald der fünffache Schrei der brunfttollen Hirsche durch den Tann. – Um die Zeit nicht ungenützt verstreichen zu lassen, ergreife ich mein Weidmesser und breche den Bären auf. Kein Feist! Eine merkwürdige Erscheinung um diese Zeit, wo der Bestand voll des Beerenobstes und sonstiger Waldfrüchte strotzte. Mit viel Mühe gelingt es, Geräusch und das ganze dampfende Gescheide zu entfernen und die schwere Masse zu wenden, damit sie sich gut ausschweiße. Der Mageninhalt wird untersucht. Nur Heidel- und vereinzelt Preiselbeeren nebst Blättern erfüllen sein Inneres. Doch was schießt da schlangengleich durch die Gescheidemasse? Ich schlitze die feine Gekrösehaut auf, und zu meiner nicht geringen Verwunderung entdecke ich da etwa 10–20 cm, lange, ungemein bewegliche, rosarote, ziemlich hart sich anfühlende Würmer mit breitem Saugrüssel, wie ich sie bisher noch nie bei einem Wilde noch viel weniger bei einem der vielen von mir erlegten Bären beobachtet hatte. Es waren Parasiten, die nicht im Darm selbst, sondern zwischen dem Gescheide unter dem feinen Verbindungshäutchen des Gekröses sich umherschlängelten. An die Luft gebracht, erstarrten sie bald und verloren ihre aalglatte Schlüpfrigkeit. Nun war es mir allerdings klar, weshalb Meister Petz trotz Waldobstfülle im Herbst kein Feist angesetzt hatte, da so auffallend große Schädlinge seinen Körper als gefährliche Mitfresser bewohnten. Ich sammelte an 20 Stück dieses abscheulichen Gewürms, um sie später, in Alkohol konserviert, behufs Analyse dem, Bukarester Veterinärinstitut zu übergeben.

Mit Moos wurde nun der Schweiß von den Händen gewischt und dann erneut mit der Muschel musiziert. Der Reigen wurde immer lebhafter um mich her, und alsbald entdeckte ich zwei große dunkle Lichter unverwandt auf mich und auf den neben mir liegenden Bären gerichtet. Der Hirsch wusste scheinbar nicht, was er mit uns anfangen sollte. Die beiden unbeweglichen Gestalten passten nach seiner Kombination nicht recht zueinander.

Reglos wie ein Baumstrunk stand ich unentwegt von zwei dunklen Lichtern fixiert, die unverwandt forschend auf mir ruhten. Wenn ich auch nicht das ganze Geweih sehen konnte, so sprach ich das Stück, nach der einen Stange, die frei war, für einen hochaufgesetzten Achter an. Zehn unendliche Minuten standen wir uns Aug in Aug gegenüber, als ein leises Knistern hinter mir mich unwillkürlich zu einer Wendung veranlasste und ich im gleichen Augenblick einem Zehnender in die Lichter sah, der ganz unhörbar auf kaum zwölf Gänge an mich herangewechselt war, und den ich erst entdeckte, als eine seiner Stangen einen Dürrling gestreift hatte. Wir waren natürlich beide gleicherweise überrascht. Ein plötzliches Kehrt, und mein Hirsch war weg. Als ich, mich zurückwendend, nach dem Achtender sah, war auch dieser, durch meine Bewegung erschreckt, im Stammgewirr verschwunden.

Dieses Intermezzo war der Triumph meiner guten Muschel, mittels der ich schon eine Menge Brunfthirsche betört und erlegt hatte. Rasch setzte ich sie wieder an die Lippen und schrie, einen suchenden Hirsch vortäuschend, meine Melodie in den Tannenwald hinaus. Ich hatte aber kaum das Tritonshorn abgesetzt, als ich Bewegung zwischen Latschen und Fichtenstämmen wahrnahm. Ein graues Etwas zog heran. Es konnte nicht einer der beiden vorgenannten Hirsche sein, denn diese waren noch in der rotschillernden Sommerdecke.

Mein Stutzen nimmt Richtung, und als sich das heranziehende Stück als verfärbter Kapitalhirsch entpuppt, hebe ich die Büchse an die Backe. Ein weitausgelegtes Geweih macht den Hirsch die Kugel wert, und als er auf etwa 40 Gänge an mir vorüberziehen will, durchschlägt die erste Kugel sein Blatt, indes die zweite in hoher Flucht den Träger durchbohrt, so dass die schwere Masse krachend und wie abgezirkelt zwischen zwei Jungfichten stürzt.

Bewundernd ruht mein Auge auf dem gefällten Recken. Dem Wildbret und dem Geweih nach einer meiner besten Hirsche. Armdicke, weitausgeschwungene, tief gerillte, prächtig geperlte Stangen. Zwar nur ein Zehner,

Verfasser mit dem erlegten Rothirsch und Bären

doch nachträglich gewogen von 9 kg. Gewicht, indes der Hirsch selbst wohl an 300 kg gewogen haben musste.

Ein besonderes, wohl seltenes Heil, innerhalb von zwanzig Minuten einen Bären und einen Kapitalhirsch vom selben Standort zu strecken. Ich habe im Verlaufe meiner Jägerlaufbahn manch seltenes und interessantes Abenteuer erlebt. Innerhalb von 20 Minuten aber vom selben Standort aus einen Hirsch zu fehlen, einen Bären zu strecken, noch zwei Hirschen zu sehen und einen Kapitalen zu erbeuten, war ein Erlebnis, das ich wohl zu den schönsten meines Weidmanndaseins zählen kann.

Nun aber stand ich allein mitten im unwirtlichen Urwalde. Meine Leute Gott weiß wo im Abstieg. Mein Hilfsjäger beim Jagdpferd. Sollte er wohl meine Schüsse gehört haben? Mit dem weitschallenden Jagdhorn im Rucksack wäre es ein leichtes gewesen, den Mann herbeizurufen, doch in so selten reicher Art von Brunfthirschen umgeben, wollte ich nichts vergrämen. Ich zog daher mein bißchen Proviant aus der Tasche, und neben dem gefällten Bären hockend, wurde das Frühstück verzehrt.

Eine Stunde mochte so vergangen sein. Mein Imbiss war zu Ende, und noch mancher Brunftschrei drang aus dem Latschen- und Fichtengewirr zu mir herüber. Ein herrlicher blauer Himmel über mir, saß ich, eine sonnig warme Stelle zwischen den Fichten aussuchend, neben den Gefällten. Gheorghe, mein braver Waldläufer, hatte die Detonation der Schüsse vernommen, hatte das Pferd an eine Fichte gebunden und kam, pfeifend näher heran, bis ich ihn endlich vernehmen und ihm antworten konnte. Leise schlich er auf meinen Pfiff herbei und war hocherstaunt, als er mich neben dem Bären sitzen sah. Sein Staunen wuchs aber, als ich ihm von meinem Standpunkt aus noch den massigen Körper des erlegten Kapitalhirschen zeigte. „Na, asta a fost un mare noroc! Das war aber ein Heil!“ meinte er, „Doch wie kriegen wir unsere Leute hierher?“ Das war allerdings eine schwierige Geschichte. Dreieinhalb Stunden zu Tal und mindestens vier Stunden herauf war eine dumme Sache. Doch anders ging es nicht. Nach kurzer Beratung eilt Gheorghe fort, und ich sitze allein bei meiner Beute. Ein Hirsch gröhlt noch eine Weile unweit von mir. Zwei Tiere sehe ich durch die Stämme ziehen, dann ist alles still. Kein Laut ist mehr um mich her zu vernehmen.

Sieben volle Stunden sitze ich am gleichen Fleck oder schreite fröstelnd auf und ab. Ich kann die Stelle nicht verlassen, sonst finde ich sie nicht mehr wieder.

Endlich, endlich! Es ist schon spät des Nachmittags, da dringt fernes Stimmengewirr an mein Ohr, und nicht lange währt es, höre ich Gheorghes Signalpfiff, der mich sucht. Zwanzig Mann mit Äxten und Stangen ziehen heran, und alsbald wird der Hirsch aus der Decke geschlagen und zerlegt. Jeder erhält ein Stück Wildbret. Sechs Mann nehmen Meister Petz auf die Schultern, und so geht's strauchelnd, stürzend und fluchend bergab. Bis zum Einbruch der Dunkelheit ist wenigstens das Schwerste vollbracht und ein Gebirgspfad erreicht, so dass beim matten Schein von sechs Laternen und klarem Sternenghimmel der Abstieg langsam, aber immerhin halbwegs reibungslos vonstatten geht. 1 Uhr 30 nachts ist es, als wir die kleine

Waldkolonie Lăpuşna erreichen. Wildbret und Bär werden unter freien Himmel gehängt, noch rasch ein Imbiss genommen, und dann fällt alles, bis auf die Knochen ermattet, aufs Lager.

Hoch steht bereits das goldene Tagesgestirn, als ich aus meinem Strohsack krieche. Ein herrlicher Tag, den ich insofern nicht unbenützt lassen will, indem ich von meinen beiden so unverhofften Beute Stücken noch rasch einige Aufnahmen mache. Dann aber entführt ein Waggonett Jägersleute und Wild den herrlichen Bergen, um noch am gleichen Tage die Rückreise anzutreten. …

A. R. v. Spieß: Herbstjagden in den königlich rumänischen Leibgehege Gurghiu, Görgéni-Szt.-Imre und Retezat.[3] (Das Jagdjahr 1931)

„Verehrter Freund und Weidgenosse!

Durch die Freundlichkeit meines Vetters, des Königs von Rumänien, war es mir nach drei Jahren Pause wieder einmal vergönnt, in dem herrlichen Revier Gurghiu jagen zu dürfen.

Das schlechte Wetter, Regen, Nebel, Wind, ließ kein rechtes Brunfttreiben aufkommen. Nur vereinzelt und schwach röhrten die Hirsche, so dass die Aussichten keine glänzenden waren.

Am 20. September angekommen brachten mir die Pürschen und Ansitze dreier Tage keinen Erfolg. Nur zwei Hirsche waren mir zu Gesicht gekommen. Oberst von Spieß, der unermüdliche Hofjagdleiter, wusste bald keinen Rat mehr mit mir. Die anderen Jagdgäste, einschließlich des allerhöchsten Jagdherrn, hatten fast alle ein oder zwei Hirsche gestreckt.

Da hieß es bei der Verteilung der Reviere, dass ich am 24. früh mit Oberjäger Jacob auf den Sirod gehen sollte. Das ist ein großer Schlag in etwa 1000 m Höhe mit glänzend angelegten Pürschsteigen. Um 3 Uhr 30 früh fuhr ich zunächst mit Kraftwagen bis zur Sebeşhütte, dann ritt man eine gute halbe Stunde zu Pferd bis auf die Kuppe des Sirod. Von da an wurde gepürscht. Wir trafen in einem Graben, es war mittlerweile hell geworden, Holzarbeiter, die sagten, dass ein „mare cerb", ein großer Hirsch, auf dem Schlage über ihnen gesehen sei.

Also vorsichtig pürschten wir vor und stießen auf ein Rudel Kahlwild mit etwa zehn Stück. Auf der freien Fläche hatten sie uns bald weg und nahmen noch einige Stücke mit.

Was tun? Stehen bleiben hatte keinen Zweck, denn in der Ferne röhrte ein Hirsch. Wir beschlossen, ihn gleich anzugehen. Nachdem wir 500 m

---

3 aus: Spieß, A.R.v.: Herbstjagden in den königlich rumänischen Leibgehege Gurghiu, Görgéni-Szt.-Imre und Retezat. In: Wild und Hund Jg. 37, Nr. 51, 1931, p. 939–943.

gepürscht waren, sahen wir den Hirsch mit einem starken Rudel von etwa 20 Stück. Es gelang uns nicht, heranzukommen, denn das erste Rudel Kahlwild hatte diese aufmerksam gemacht, und der Hirsch, ein sehr guter Kronenhirsch, zog mit dem Rudel in die Dickung ein. – Es blieb nur übrig, den Graben entlang weiterzupürschen, hoffend, noch einen Hirsch anzutreffen. Sehr vorsichtig pürschten wir von Rippe zu Rippe weiter, verschärfte Ausschau haltend. – Wir waren ungefähr 1½ km gepürscht, da hörten wir einen Hirsch röhren. Auf allen vieren kriechend, schlichen wir uns an die nächste Ecke einer Bergrippe heran. Da stand ein ganz kapitaler Hirsch – näheres war schwer festzustellen – mit nur einem Tier an der Berglehne. Jacob hielt mir einen Stock hin, an dem ich zum Schießen auflegen sollte. Die Entfernung bis zum Hirsch war etwa 200 m. Da war es mir doch riskant, an so einem „Stöckchen" anzulegen. Fünf Meter von mir war ein alter Baumstumpf, der wie geeignet als Auflage erschien.

Das Tier äugte zwar scharf zu uns herüber, aber wer wagt, gewinnt, und ich sprang an den Stumpfen und schoß. Im Schuss stürzte der gewaltige Recke zusammen, nahm sich aber noch einmal auf und versuchte, den Hang hinunterzuziehen. Noch drei aufsitzende Kugeln brachten ihn zur Strecke.

Klopfenden Herzens stürmte ich hin. Da lag zu meinem freudigen Erstaunen ein regelmäßiger, ganz kapitaler Zwanzigender. Mein stärkster Hirsch – ja der stärkste, der seit Jahren hier erlegt wurde.

Stolz und dankbaren Herzens betrachtete ich die gewaltige Trophäe von allen Seiten – Oberjäger Jacob hätte mich fast vor Freude umarmt. Anbei zur Illustration die Maße des Geweihs:

Hohe: rechts 98,5 cm, von links 88,7 cm.

Länge: rechts 114 cm, von links 110,5 cm.

Rosenumfang: rechts 26 cm, von links 26,5 cm.

Stangenstärke: 1. Zwischen Aug- und Eissprosse: rechts 20 cm, von links 20 cm. 2. Zwischen Eis- und Mittelsprosse: rechts 18 cm, von links 19 cm. 3. Zwischen Mittelsprosse und Krone: rechts 17 cm, von links 18,7 cm.

Länge der Augsprosse: rechts 40 cm, von links 37 cm.
Auslage: außen 133 cm, von innen 66 cm.
Geweihgewicht frisch ausgekocht: 9 ¾ kg.
Vorläufig in aller Eile dies, nächstens mehr.
Mit Weidmannsheil!
Dein Friedrich.
Jagdschloss Lupusna, den 25. September 1931.

*

So beschreibt Se. Kgl. Hoheit Friedrich Fürst zu Hohenzollern-Sigmaringen die Erbeutung seines 20-Enders einem alten Weidgenossen gegenüber, und da mir diese Zeilen zur Hand gekommen sind, so kann ich es nicht unterlassen, mit Bewilligung des hohen Jagdgastes Sr. Majestät sie zu kopieren und zu diesem interessanten Erlebnis auch noch die Erbeutung seines kapitalen 18-Enders mit hinzuzufügen und hier zu schildern, da es wohl überall und auch hier in diesem herrlichsten aller europäischen Jagdgebiete wohl zu den größten Seltenheiten gehören dürfte, dass einem und demselben Weidmanne in verhältnismäßig kurzer Jagdzeit zwei so ganz kapitale Trophäen zufallen.

Es war für den 26. September, dem letzten Jagdtage Sr. Majestät des Königs von Rumänien, eine Treibjagd auf Bären und Sauen in den Eichenbeständen der Bergfüße angesagt gewesen, wo der reiche Eichelfall bis zur Reife der Buchelmast und der Brombeeren einige Bären und mehrere Sauen angelockt hatte. Das konstant schlechte Wetter der fünf Jagdtage hatte am Abend des 25. September einen halbwegs klaren Himmel hinterlassen, so dass sich die besten Hoffnungen für den kommenden Tag erwarten ließen.

Wie groß war aber die allgemeine Enttäuschung, als am Morgen des folgenden Tages schwere Regenwolken Berge und Täler in unheimlicher Düsterkeit umschlossen und, als es tagen sollte, gewaltige Regenschauer, untermischt mit Eis- und Schneekörnern, auf Schloss und Nebengebäude hernieder prasselten.

Da es unter solchen Umständen ausgeschlossen war, die bestellten Treiber durch die triefnassen Dickungen durchzubringen, sah sich die Jagdleitung schweren Herzens veranlasst, alle geplanten und durchgeführten Maßnahmen für die beabsichtigten Triebe kurzerhand abzusagen.

Als sich alles zur Mittagstafel einfand, hatte der Regen nachgelassen, und ab und zu lugte blauer Himmel durch die düsteren Wolkenbänke. – Als der König samt hohen Gästen nebst Gefolge sich auf der Freitreppe des Jagdschlosses zum Mittagstische einfanden, begrüßten sie alle freudig die so lang entbehrten Lichtpunkte am herbstlichen Himmel, und es reifte dadurch kurz entschlossen bei Sr. Majestät der Entschluss zu einem letzten Jagdzuge heran.

„8 Uhr 10 geht der Hofzug. Ich pürsche noch bis dahin, und wer das gleiche tun will, der treffe rechtzeitig am Bahnhofe in Reghin ein", verlautbarte in seiner forschen Art der Monarch, und kaum waren wenige Minuten nach Servierung des türkischen Kaffees vergangen, als auch schon Se. Majestät marschbereit mit dem Administrator seines schönen Leibgeheges sich von der Jagdgesellschaft verabschiedete und mit Kraftwagen in das entfernte Sirodgebiet abfuhr. Se. Durchl. Prinz Franz Josef Hohenzollern-Sigmaringen schloss sich in einem zweiten Auto Sr. Majestät an, um in einem benachbarten Revierteile sein Heil zu versuchen, indes ich die Ehre hatte, Se. Kgl. Hoheit den Fürsten Friedrich zur Pürsch zu begleiten.

In den Hochlagen auf Drăgușa, wo ich einige alte, kapitale Recken kannte, war bei der Kürze der Zeit und dem dort harschen Schnee nicht viel zu machen, und so entschloss ich mich, einen Hirsch anzugehen, den ich einige Tage vorher durch meinen Jäger Othmar verhören ließ. In Ermangelung der Reitpferde ging's in scharfem Tempo durch das Bortatal bergan, um dann entlang eines mächtigen Kahlschlages die Höhe zu erreichen, wo der Hauptwechsel dieses Hirsches sich befand. Durch den scharfen Marsch bergauf gut in Dampf, hatten wir eben eine kleine Waldwiese, „Fantâna talharului, die sogenannte „Gaunerquelle", erreicht

Herbstjagden in den Königlich rumänischen Leibgehegen.
1. S.M. König Carol II, von Rumänien. 2. Kronprinz Michael. 3. Franz Josef Prinz zu Hohenzollern. 4. Friedrich Fürst zu Hohenzollern. (Phot. Heiter, Reghin.)

und waren eben daran, unter einigen Windbrüchen und gestürzten Fichtenstämmen hindurchzukriechen, als wie aus dem Boden gestampft der Hochgeweihte aus dem Walde trat und mit gesenktem Haupte dem Wechsel des Kahlwildes folgte. – Wortlos warf sich mein hoher Begleiter hinter ein Felsstück, indes ich und der alte Heger Vasilie uns automatisch daneben in Deckung legten. Durch mein Fernrohr verfolgte ich das edle Wild, das ahnungslos über den Kahlschlag dahinzog. Da gellt es scharf auf, und mit einer hohen Flucht quittiert der Recke die Kugel.

Krank will er in den schützenden Wald zurück, doch da schlägt die zweite Kugel durchs Leben, so dass er mit einem gewaltigen Krach, dürres Fallholz und Astwerk unter sich zersplitternd, verendet zusammenbricht. Eine Weile währt es, bis wir durch das vom Epilopium verdeckte Holzgewirre hindurch sind, dann aber stehen wir andächtig gestimmt und bewundernd vor dem Kapitalen. Ein prächtiges wendiges Geweih lohnt den regelrechten Blattschuss, indes der gewaltige Wildkörper sicher an 250 Kilo überschreitet. 5 Uhr ist's mittlerweile geworden. Die Sonne senkt sich bedenklich dem Ende ihrer Tagesbahn zu. Rasch wird daher das Haupt vom Träger abgeschärft, der Wildkörper gelüftet, und dann heißt's im schärfsten Tempo zu Tal und zum Jagdschloss zurück.

Hier war es mittlerweile leer und öde geworden. Ungeduldig schon wartet der Autolenker auf seinen Herrn, denn 45 km sind's noch bis zur Bahnstation, bis zur Erreichung des Hofzuges. Rasch nehmen wir Abschied. Der Fürst braust mit seiner mächtigen Maschine in die Nacht hinaus, indes ich nunmehr allein zurückbleibe.

Welch ein Kontrast! Vorher bewegtes Hofleben, herrschaftliches Treiben. Vornehme Weidmänner und deren Gefolge, hohe Gäste. Jäger und Bedienungspersonal, Leibgarden und Lakaien wirbelten durcheinander. Jetzt liegt das Jagdschloss unbewohnt und finster vor mir. Verschwunden ist das glänzende Lichtermeer zahlloser Lampen, vorbei das geschäftige Hoftreiben in den verschiedenen Pavillons. Das ganze Jagdschutzpersonal ist nach scharf-angespannter, Tag und Nacht anhaltender Berufsarbeit von mir behufs Erholung nach Hause entlassen worden. Der Jäger des Hofjagdamtes und ich, wir sind noch die einzigen, die im Dunklen einem kleinen Blockhause zuschreiten.

Jetzt habe ich in meinem stillen Kämmerlein erst Muße, mich der jagdlichen Erfolge der verflossenen Tage zu erfreuen. Se. Majestät hatte vier Hirsche erlegt, darunter einen kapitalen 16-Ender und einen weit ausgelegten Achtender. Die beiden Fürstlichkeiten Hohenzollern, jeder deren zwei, worunter Prinz Franz Josef ebenfalls von St. Hubert mit einem kapitalen 18-Ender und einem 14-Ender bedacht wurde. Prinz Nikolaus von Rumänien hatte einen 14-Ender, indes der Präsident des Internationalen Jagdkongresses in Paris, der Franzose Maxim Ducrocqu, einen kapitalen 12-Ender mit 11 ½ Kilo Geweihgewicht und noch einen 12-Ender zur Strecke brachte, und der Hofmarschall, Generaladjutant

Ilasievici, mit einem 10-Ender und Exzellenz von Mocsonyi mit einem sehr schön geperlten Sechserbock die Gesamtstrecke beschloss.

Alles war befriedigt und voll der schönsten Erinnerung von hier geschieden, die größte Genugtuung für den Administrator dieses herrlichen Gebietes und den königlichen Hofjagdleiter. Wurde doch jahraus, jahrein in voller Hingabe des ganzen Personals für die Organisation und Gangbarkeit aller dieser Revierteile gesorgt und gearbeitet. Allein an 14 Jagdhäuser, die durch Autostraßen und Pürschsteige in 24 km Ausdehnung, die an 30 Hochstände miteinander verbinden, erhöhen die Wohn- und Gangbarkeit dieses fast 45.000 ha großen Leibgeheges.

Mit dieser allumfassenden Organisation war die Jagdleitung hier auch bemüht, durch rationelle Vertilgung des gefährlichsten Raubwildes, der Wölfe, den Rotwildstand zu heben. Eine Maßnahme, die auch rundum von den angrenzenden, durchaus weidgerechten Jagdgesellschaften und Jagdbesitzern mit gleichem Eifer durchgeführt wurde. Was Wunder, dass in wenigen Jahren der Rotwildstand überall bedeutend in die Höhe schnellte und momentan mangels seinerzeit bewilligten Kahlwildabschusses progressiv zunahm und dadurch bedenkliche Formen zeitigte.

Im heurigen Jahre schrien bereits die ersten Hirsche am 14. September. Es waren dies, wie ja reichlich jedem hirschgerechten Jäger bekannt, die stärksten und vollkräftigsten Exemplare, die bei dem überreichen Stand an Kahlwild rasch und kampflos Gelegenheit hatten, ihren Brunfttrieb zu betätigen. Der Abschnitt vom 20. bis Ende September war somit die beste Zeit zur Jagd, da nach dieser Brunftperiode bei dem hohen Kahlwildstand die alten Hirsche gänzlich abgebrunftet, nicht mehr Hals gaben. Nach dieser Zeit war, der herrschenden Witterung entsprechend, das Brunfttreiben entweder gänzlich verstummt oder an manchen Tagen geradezu überlaut, da nunmehr das Gros der mittleren und schwachen Hirsche auf die Brunft trat, so dass ich leider an manchen Tagen die Beobachtung machen musste, dass Zehnerhirsche als Platzhirsche von drei bis vier schwachen Achtern und Sechsern als Beihirsche umschwärmt wurden. Von Hirschen, die ich nach dem 27. September bis 4. Oktober angepürscht hatte, verdienten nach meinen Begriffen für hiesige Verhältnisse nur vier die Kugel. Leider waren die Begleitumstände derart, trotz der geringen Entfernung, die uns trennte, dass ich keinen sicheren Schuss darauf anbringen konnte.

Bei dem von der Administration gemeldeten Stande von mindestens rund 200 Hirschen, 1000 bis 1500 Stück Tieren und einem jährlichen Zuwachs von beiläufig 250 bis 300 Stück Kälbern, beginnt nunmehr die Sache bedenklich zu werden und muss im Interesse der Erhaltung der Art und der Geweihbildung ein reichlicher Abschuss von Kahlwild und weiblichen Kälbern vorgenommen werden. Da das progressive Wachsen des Rotwildstandes, insbesondere aber des Kahlwildes, bedenkliche Folge zeitigen wird, müssten natürliche Abgänge mit eingerechnet, mindestens hundert Stück weibliches Wild und Kälber abgeschossen werden, da bei der immerhin sichtbaren Abnahme der Wölfe diese natürliche Selektion größtenteils entfällt.

Nehmen wir den Gesamtstand im Sinne der einlaufenden Wildstandsrapporte mit 1500 bis 2000 Stück an, so ist bei dieser Annahme unser Rotwildstand trotz teilweiser Abwanderung in die benachbarten Pachtreviere mit Kahlwild reichlich übersetzt und eine weitere Vermehrung desselben für die Stärke des Wildes und dessen Geweihbildung geradezu schädlich, eine Erscheinung, auf die ich schon seit einigen Jahren warnend hingewiesen habe.

Mit großem Interesse verfolge ich daher schon seit längerer Zeit in den hervorragenden Jagdzeitschriften und einschlägigen Werken, insbesondere in unserem so ausgezeichnet redigierten Fachorgan „Wild und Hund", das Thema des rationellen Hochwildabschusses, und gerade in den letzten Nummern wieder die brillanten Ausführungen der beiden Herren Oberförster H. Schröder und Hoffmann in ihren Aufsätzen „1 : X" und „Zur Hege des Rotwildes". Wenn sich auch ihre Theorien auf unsere weitausgedehnten zusammenhängenden Waldkomplexe schwer anwenden lassen, so ergeben sich denn doch daraus gewisse Anhaltspunkte und Analogien, die auch auf unsere Verhältnisse angewendet von Wert sind.

Ich möchte bei diesem Anlasse auch nicht versäumen, auf das in der Verlagsbuchhandlung Paul Parey, Berlin, erschienene Buch „Kein Jäger kein Heger“ von Graf Silva Tarouca hinzuweisen, der in seinem Kapitel „Der Wildstand“, „A. Hochwild und was und wieviel kann gehegt werden?“ von Seite 26–29 in überaus sachlicher und beweiskräftiger Weise die Behandlung eines Rotwildstandes beschreibt. Das gedankenlose Hegen ins Blitzblaue nur aus dem Grunde, um im Revier viel „Fleisch“ zu haben, oder um jeden Jagdgast sicher der hohen Stückzahl wegen zu Schuss zu bringen, wird in dem angegebenen Abschnitte sachlich glänzend widerlegt und genau angegeben, wie ein Hochwildrevier zu behandeln ist, um einer erst in späteren Jahren fühlbaren Degeneration des Wildes und dementsprechendem Rückgang der Geweihbildung entgegenzutreten.

Er sagt dort wörtlich: „Hirsche, deren Geweihe kurz oder besonders schwach, oder steilgestellte Stangen, kurze oder unausgereifte brandige Enden haben, oder zu unschöner Geweihbildung veranlagt sind“, gehören weg.

Sehr interessant war mir auch die Schilderung in einem Briefe an mich des allmählichen Rückganges der Geweihbildung in einem Karpathenreviere des bekannten Hochwildjägers und Mitarbeiters in „Wild und Hund“ Moritz Graf Palffy, der in einem Jahre gezwungen war, für seine Person allein 20 Stück schlecht veranlagter Hirsche abzuschießen, so dass es seinem energischen Einschreiten endlich nach Jahren gelang, dort nur Bestklassiges und Kapitales hochzubringen.

Wenn sich auch all diese hier angeführten Thesen in unseren ungeheueren Urwaldrevieren nur schwer durchführen lassen, so darf immerhin mit Rücksicht auf die Zukunft eines Hochwildreviers eine engherzige Abschusspolitik niemals Platz greifen oder geduldet werden, da muss, wenn’s not tut, scharf und rücksichtslos eingegriffen werden.

Ein entsetzlicher Beweis sinnloser Fleischvermehrung und unverstandener Hegepolitik ist z.B. der Tiergarten in Charlottenburg nächst Temesvar (rum.: Timişoara), wo es heute noch drei- bis vierjährige Hirsche mit fingerdünnen Stangen gibt, das Resultat unverständiger Hege eines einst sich selbst überlassenen, theoretisch wie sachlich gänzlich ungebildeten Berufsjägers.

Als sehr lehrreich für den Leiter eines Hochwildrevieres sind, wie ich dies schon einmal in diesem Blatte hervorhob, die Ausführungen des Jahresberichtes der Hövelsammlung im Jagdschloss Hubertusstock des Schorfheiderevieres bei Berlin, in welchem Abbildung 13 und 14 typische „Durchforstungshirsche“ in photographischer Reproduktion zeigen, die in zwei aufeinanderfolgenden Jahren die vom Landforstmeister Borggreve und dem preußischen Ministerpräsidenten Braun gestifteten Preise in Form eines silbernen Trinkbechers als Hegepreis erhielten. Eine Einführung, die gewiss geeignet ist, das fachkundige höhere Forst- und Jagdschutzpersonal als Leiter von Rotwildrevieren in ihren Bestrebungen zur Hebung der Geweihbildung ihrer Hirsche noch mehr anzuspornen.

Dem königlich rumänischen Hofjagdamte unterstehen unmittelbar und im Wege der Krondomänenverwaltung nur mittelbar, im ganzen fünf weitausgedehnte Rotwildreviere, abgesehen von all den andern Gebieten des Hochgebirges, des Flachlands und der Sumpfwildnisse der unteren Donau.

Borgroprund mit rund	29.000 ha Wald und Alpenweide
Gurghiu (Görgényi-Szt.-Imre) mit rund	45.000 ha Wald und Alpenweide
Krondomäne Borca mit	25.000 ha Wald und Alpenweide
Krondomäne Bicaz mit	10.000 ha Wald und Alpenweide
Krondomäne Malini mit	22.000 ha Wald und Alpenweide

Diese von einem unermesslichen Wäldermeere umschlossenen Gebirgsenklaven beherbergen alles, was Europa an Wild und Lebewesen besitzt, ausgenommen den Elch, Gams, Wisent und Murmeltier.

Was für jagdliche Möglichkeiten würden diese herrlichen Alpenlandschaften bieten, falls überall eine gleiche Organisation wie die in den königlichen Leibgehegen Gurghiu/Görgényi-Szt.-Imre und Borgoprund durchgeführt würde. Leider liegen die drei genannten Krondomänen jagdlich brach, da bei dem geringen Forst-, dem fehlenden Jagdschutzpersonal und der Unwegsamkeit des Geländes derzeit eine Auswertung des Rrotwildbestandes nicht erfolgen kann, und somit, anstatt eines geregelten und finanziell ertragreichen Abschusses, Wölfe und Wilderer die Überhandnahme des dort im allgemeinen ein sehr beschauliches Dasein führenden Rotwildes verhindern. Wenn diese dermalen jagdlich gänzlich unausgenützten Gebiete der drei Krondomänen an in- und ausländische weidgerechte Liebhaber langfristig verpachtet würde, die ein jagdlich geschultes Brufsjägerpersonal hier einsetzen würden, so wäre durch Anlage von Jagdhäusern und Pürschsteigen nicht nur die Wohnbarkeit und Wegsamkeit im Laufe der Jahre erhöht, sondern auch der Abschuss des dermalen nur den Fährlichkeiten der Natur, des Raubwildes, des Wildererunwesens und den Elementen ausgesetzten Rotwildes ein geregelter und für die Krondomänen im Laufe der Zeit progressiv ertragreicher. – Hoffen wir, dass sich die Administration der Krondomänen doch einmal dazu entschließen wird, den von mir lange schon vorgeschlagenen Weg einzuhalten, der in den beiden unmittelbar dem Hofjagdamte unterstellten beiden Leibgehegen Borgoprund und Gurghiu glänzende Vorbilder finden würde. Was bei diesen beiden Alpengebirgsrevieren in rationeller, zielbewusster Arbeit sich durchführen ließ, muss doch bei den Krondomänen sich auch machen lassen. Je später aber dies erfolgt, desto verlustreicher natürlich an volkswirtschaftlichen Werten für die Domänenleitung und das ganze Land selbst.

Ohne zu wollen, merke ich es erst jetzt, dass meine Feder zu sehr in Fluss geraten und weit über die beabsichtigte Schilderung der Ergebnisse der letzten Hofjagden hinaus geraten ist.

Der Hirschbrunft folgte am 10. Oktober ein Ausflug der fürstlichen Jagdgäste in das Retezatmassiv, wo auf Gamswild gejagt wurde. Da die

Friedrich Fürst von Hohenzollern mit erlegtem Gams.

hierzu bemessene Zeit eine viel zu kurze war, so konnte entgegen der ursprünglichen Absicht der Jagdleitung nicht in den Hochlagen auf den sehwarzen Brunftbock gepürscht, sondern nur an den steilabfallenden und bewaldeten Talhängen getrieben werden, eine Maßnahme, die ja bekanntlich dem alterfahrenen Gamsjäger, der es nur auf den starken „Harzbock“ abgesehen hat, nicht sehr behagt und die an Stelle dessen, was man zur Strecke bringen will, das setzt, was eben vor den schützen kommt. Das heißt, was der Zufall eben bringt. Trotzdem aber, dass alle im Schnee leicht kenntlichen Fährten den Auftrieb der Rudel durch die

Oberstjägermeister Anton von Mocsonyi.

Brunftböcke in die Hochlagen zeigten, gab's in den Trieben immerhin noch genügend Gams, wobei neun Böcke und zwei Geisen erlegt wurden.

Die zu Ehren Sr. Kgl. Hoheit Prinz Wilhelm von Schweden und Seiner Durchl. des Erbprinzen von Hohenlohe-Langenburg veranstalteten zweitägigen Bärenjagden lieferten dafür kein Resultat, da bei dem einsetzenden warmen und trockenen Wetter das reichlich vorhandene Bärwild, dem das laute Rascheln des dürren Buchenlaubes bekanntlich nicht behagt, knapp vor den angesagten Jagdtagen in die hochgelegenen Fichtenbestände auswechselte, eine Erscheinung, die heuer in allen

Gebirgsrevieren, wo Meister Braun Standwild ist, unterschiedslos beobachtet wurde.

Ich kann diese Ausführungen nicht anders schließen als dass ich die beiden hohen Jagdgäste S.M. unseres Königs bitte, die in der heurigen Hirschbrunft erbeuteten Trophäen sowie den Gamsbock des Retezatmassivs nicht in den Ahnensälen ihrer Schlösser der Öffentlichkeit zu entziehen, sondern deren Anblick, insbesondere des Zwanzigenders und der beiden 18-Ender, der deutschen Weidmannschaft in der Deutschen Jagdausstellung, Berlin, Januar 1932, zu gönnen.

Sollten diese dort, zur Freude der Erbeutung, auch noch mit Preisen belohnt werden, so würde dies für die königliche Jagdleitung und das ihr unterstellte Hofjagdpersonal nur eine Krönung all ihrer Mühen und all ihrer gewissenhaften Berufsarbeit sein. – Den beiden hohen Weidmännern auf diesem Wege ein herzliches Weidmannsheil! –

A. R. v. Spieß: Hirschbrunft 1933 und 1934 im königlichen Leibgehege Gurghiu und in den siebenbürgischen Waldkarpathen.[4]

Wenn Mitte September die Äquinoktialstürme brausend durch den Bergwald fegen, die vergilbten Blätter der Eichen- und Buchenbestände durch die Lüfte wirbeln und graue Regenschwaden über die Hochkämme jagen, dann tritt hoch oben im Fichtenbestand der König unserer Karpathenwälder in die Brunft. Weithin tönt dann sein Brunftschrei durch die Berge, um vom jenseitigen Talhang von einem zweiten und dritten Waldesrecken mit donnerndem Grollen beantwortet zu werden. Aus dem Norden kommende Gänsescharen streifen, tief ziehend und unentwegt rufend, durch die dichten Nebelschwaden dahin, um nicht den Zusammenhang mit dem Festland zu verlieren. Ungezählte Lerchen- und Finkenschwärme folgen dem gleichen Trieb. Es zieht sie alle aus dem kühler werdenden Norden nach dem warmen Süden. Immer frischer wird die Temperatur, indes die bisher hartnäckig Berg und Tal umfassenden Wolkenbänke reißen und ab und zu schon blauer Himmel aus dem Gewölk zu uns herniederblickt. Nachts glitzern schon die ersten Sternlein hernieder, und morgens leuchtet uns mit brillantenem Glanz der erste Reif entgegen. Tagsüber warmer goldener Sonnenschein und kalte Nächte, das bringt Leben in den Wald. Rehe, bereits im winterlichen Grau, trocknen sich im Morgensonnengold ihre nasse Decke, indes ein Rudel Kahlwild, von einem Geweihten betreut, auf einem Kahlschlag bis spät in den Herbstmorgen Sonne und Wärme genießt. Aus den triefnassen Laubwäldern in den Tieflagen, wo jetzt die beschauliche Ruhe ein Ende hat, beginnt nun das große Wandern bergan, da die aus den Hochlagen abziehenden Schaf- und Rinderherden mit ihren zahllosen Hunden die bisher so ruhigen Bergfüße durchstöbern, so dass sich nun

4 Fragment aus: Spieß, A.R.v.: Hirschbrunft 1933 und 1934 im königlichen Leibgehege Gurghiu und in den siebenbürgischen Waldkarpathen. In: Der deutsche Jäger, 1934, p. 819–821.

alles, was an Hochwild dort stand, hinauf in den nunmehr still gewordenen Tannenwald zieht. Kahlwild und Hirsche mehren sich nun auf den hochgelegenen Schlägen, und mit ihrer zunehmenden Zahl setzt auch das Brunfttreiben mit voller Macht ein. Da sammeln sich die Nachrichten aus allen königlichen Wald- und Jagdgebieten, und etwa um den 25. September ist zu gewärtigen, dass allerhöchster Besuch bald das Leibgehege in den Gyergöer (Gheorgheni) und Görgenyer (Gurghiu) Bergen beehren wird.

Der Herbst 1933 sollte ganz besonders in den Bergen begangen werden, da S.M. König Karol von Rumänien seinen Vetter, den Fürsten Friedrich von Hohenzollern, und seine Schwester Königin Maria nebst Gemahl König Alexander von Jugoslawien zur Hirschbrunft in sein Leibgehege nach Gurghiu Lăpușna bei Reghin zur Hirschbrunft eingeladen hatte. Es war am 28. September 1933, 10:30 Uhr, als Seine Majestät und seine hohen Gäste dem Salonwagen entstiegen, um nach Begrüßung durch die Spitzen der Behörden die Fahrt in Autos nach dem 42 km entfernten neuen, noch von König Ferdinand erbauten Jagdschloss Lăpușna anzutreten. Nach lebhafter Begrüßung durch die herbeigeeilte Bevölkerung wurde das Schloss und damit das eigentliche Jagdgebiet nach anderthalbstündiger Fahrt erreicht.

Mir wurde die hohe Ehre zuteil, S.M. König Alexander an die röhrenden Hirsche heranzuführen. Am ersten Abend gleich nach der Ankunft wurde der schon etwas verspäteten Zeit wegen ein Hochsitz bezogen, doch passierte der dort wechselnde Hirsch derart ungünstig bei bereits vorgeschrittener Dunkelheit vorbei, dass seine Majestät ihn nicht fassen konnte. Viel besser ging's am zweiten Abend, wo wir mitten zwischen vier röhrende Hirsche gerieten, die aber derart mobil in dem dichten und mit Weidenröschen wild verwachsenen Schlag, unentwegt schreiend, hin und her zogen, dass es dem hohen Herrn nicht möglich war, einen sicheren Schuss auf einen von ihnen anzubringen. Dafür glückte es, am dritten und letzten Abend auf etwa 300 m von einer Berglehne

Königin Maria von Jugoslawien, Fürst Friedrich von Hohenzollern, König Alexander von Jugoslawien und darüber König Karol von Rumänien auf der Eingangstreppe des Jagdschlosses Lăpuşna

zur andern hinüber mit einer ausgezeichneten Kugel einen Zwölfer zu strecken, während es am folgenden Morgen, dem 30. September, an gleicher Stelle, wo wir am zweiten Abend mitten unter vier Hirschen standen, einen davon, einen recht guten Vierzehnender, zu erbeuten. Wer ahnte es damals, dass dies der letzte rumänische Hirsch für den hohen Herrn werden sollte! Ich, der ich die Ehre hatte, ihn schon zu Lebzeiten weiland König Ferdinands zu kennen, betrauerte in ihm einen äußerst gütigen und jovialen Herrn, der, freundlich und wohlwollend, sich rasch die Herzen aller jener eroberte, die die Ehre hatten, mit ihm in näherer Berührung zu kommen. Mein letzter stummer Weidmannsgruß begleite ihn in die ewigen Jagdgründe.

Nach der am Abend des 30. September erfolgten Abreise S.M. König Karols mit seinen allerhöchsten Gästen hatte ich noch die Freude, Se. Hoheit den Fürsten Friedrich von Hohenzollern zu geleiten, wobei es ihm vom Hochstand auf der sog. Bortablöße glückte, einen sehr guten und starken Sechzehnender mit abgezirkeltem Blattschuss zu erlegen. Nach Verabschiedung sämtlicher hoher Gäste konnte auch der königlich Administrator und zugleich Bürgermeister von Reghin und ich der Brunftjagd huldigen. Jener erlegte einen kapitalen Sechzehnender, ich einen Vierzehnender. Überdies war ich noch gezwungen, einen Mörder mit meterlangen dünnen Spießen abzuschießen. Zu einem besseren Hirsch reichte mir leider nicht mehr die Zeit aus, da ich die Vorbereitungen zu den Gamsjagden im Retezatgebirge treffen musste. Die Gesamtstrecke im Herbst 1933 setzte sich aus folgenden Resultaten zusammen: S.M. König Karol von Rumänien 2 Sechzehnender, 2 Vierzehnender; S.M. König Alexander von Jugoslawien 2 Zwölfer, 1 Vierzehnender; I.M. Königin Maria von Jugoslawien 1 Vierzehnender; Se. Hoheit Fürst Friedrich von Hohenzollern 1 Sechzehnender, 2 Vierzehnender, 1 Zwölfer; Kabinettschef Frh. v. Hallberg zu Broich 1 Sechzehnender,1 Vierzehnender; Hofmarschall Generaladjutant Ilasievici 1 Zehner; Mr. Ducroqu 1 Vierzehnender; Hofjagddirektor Oberst v. Spieß 1 Vierzehnender, 1 Mörderhirsch; Administrator I. Popescu 1 Sechzehnender.

Ganz anders gestaltete sich dafür, was das Wetter und die Brunft anbelangt, das heurige Jahr 1934. Im Gegensatz zu 1933 fing der diesjährige Herbst mit dem schönsten Wetter an. Der Mais sah gegenüber dem Vorjahr seiner vollen Reife entgegen, und es gab dementsprechend auch noch eine ausgezeichnete Weinernte, da die Sonne bis in die späten Oktobertage, ja sogar bis Ende November wohltuend und warm Felder und Fluren beschien. Was Wunder, dass trotz der vorgeschrittenen Jahreszeit, d.h. im Spätherbst, unter solchen Verhältnissen Falter durch die lauen Lüfte gaukelten, Knospen schwollen und sogar schon vereinzelt braune Maikäfer abends surrend umherschwirrten! Kurz, Früh- und Spätherbst brachten herrliche und warme Tage. Der Administrator dieses schönen königlichen Reservats hatte mit vieler Umsicht alle Anordnungen getroffen, um Seine Majestät schon am ersten Tag des Eintreffens mit Sicherheit zu Schuss zu bringen.

König Karol von Rumänien mit seinen Jagdgäste,. Hirschbrunft, 1934

In Gesellschaft des allerhöchsten Jagdherren waren Se. Hoheit Prinz zu Wied und S. Durchlaucht Prinz Leopold von Croy, sowie Hofmarschall Generaladjutant Ilasievici als Gäste zu erwarten, und so sah ganz Reghin und Umgebung spannungsvoll dem Eintreffen dieses hohen Besuchs entgegen. Nachdem ich noch S. Kgl Hoheit den Kronprinzen Michael und den Herrn Ministerpräsidenten in das Gebiet des hohen Retezatmassivs begleitet und in Bukarest die nötigen Details für diesen hohen Besuch eingeholt hatte, eilte ich am Vortage des Eintreffens (es war am 23.September) nach Reghin, um noch einige Einzelheiten mit dem dortigen Administrator und zugleich Bürgermeister von Reghin zu besprechen.

In scharfer Fahrt sauste das von seiner Majestät selbst gelenkte königliche Auto am 24. September mit seinen hohen Gästen durch die Spaliere der Blumen streuenden Jugend und die ihn begrüßende Volksmenge, um bereits nach anderthalbstündiger Fahrt das königliche Jagdschloss zu erreichen. In gewohnter Weise übernahm der revierkundige Administrator die Führung S.M. des Königs. Die Begleitung des Prinzen Wied oblag unserm geschickten Oberjäger, indes ich das Vergnügen hatte, den der deutschen Sprache nicht kundigen Prinzen Leopold von Croy auf seinen Pirschpfaden zu begleiten.

Alle Details dieser Pürschgänge zu schildern würde entschieden zu weit führen, und so will ich nur ganz kurz erwähnen, dass, wie es in diesem mit allen Finessen jagdlicher Organisation ausgestatteten wildreichen Leibgehege nicht anders zu erwarten stand, die Erfolge auch dem entsprechend glänzend ausfielen. S.M. der König schoss fünf recht brave Hirsche, und zwar zwei Sechzehnender und drei Vierzehnender, so wie einen braven Keiler. Se. Hoheit Prinz zu Wied erlegte einen starken Vierzehnender und Prinz von Croy mit einer ausgezeichneten Kugel über ein ganzes Gebirgstal hinweg einen Zehner. Gleiches Weidmannsheil hatte auch Hofmarschall Generaladjutant Ilasievici, der außer einem Zwölfer am letzten Abendansitz knapp vor der Abfahrt zum Hofzug noch seinen zweiten Hirsch, einen Vierzehnender, auf die Decke legte. – Seinen ersten und sogar besten Hirsch des heurigen Abschusses erlegte aber der nur auf zwei Tage als Gast S.M. des Königs im Revier weilende Ministerpräsident Tătărescu, der einen kapitalen Vierzehnender mit eineer gewaltigen Auslage erbeutete. Generaldirektor Boeriu der Klausenburger Versicherungsbank schoss einen Vierzehnender.

Der Verlauf des Brunfttreibens war dieses Jahr in den verschiedenen Landesteilen geradezu abnorm zu nennen. Entgegen anderen Jahren setzte in einigen Gegenden die Brunft schon Anfang September ein, so dass zur Zeit, wo in anderen Jahren erst das Treiben begann, manche Hirsche schon vollkommen abgebrunftet und erschöpft waren, was zur Folge hatte, dass sich trotz der hohen Zahl von Tieren von Mitte Oktober an fast kein Hirsch mehr meldete. Auch verschwiegen in manchen Gegenden die Hirsche eine geraume Zeit gänzlich, während in anderen Revieren die zahlreichen Orgeltöne Tag und Nacht nicht verstummen wollten. Waren es Wölfe oder die an Südlehnen und in windgeschützten Lagen heißen Tage, die dieses oft gänzliche Verschweigen veranlassten

Abb 1933/34 c,d: Zwei von Generalinspektor Dr. Hieronymus Stoichița, Hermannstadt 1934 erlegte Hirsche:
Li.: Sechzehnender erlegt am 25.9. 1934 – 211 Nadler-Punkte
Re: Zwanzigender, erlegt am 2.10.1934 – 196,67 Nadler-Punkte

– wer weiß dies mit Bestimmtheit zu sagen? Kurz, während sich manche Weidmänner an der Lebhaftigkeit der Brunft ergötzen, klagten andere über deren lauen Verlauf.

Im allgemeinen waren, wie ich nachträglich hörte, die Resultate aber überaus günstig, indem einige ganz ausgezeichnete Geweihe sowohl in der Gyergyö (Gheorgheni), dem Marostal (Mureș), im Kelemengebirge (Căliman) und in der Bukowina erbeutet wurden. Von ganz besonderem Weidmannsheil war unser Generaljagdinspektor Dr. Hieronymus Stoichița begünstigt, der nicht nur zwei ganz kapitale Hirschgeweihe aus verschiedenen Landesteilen heimbrachte, sondern auch im Fogarascher Gebirge einen Rekordgamsbock mit 31 cm Krukenhöhe erlegte. Auch die heuer

Rumänien besuchenden deutschen Herrenkönnen mit ihren Erfolgen reichlich zufrieden sein. So gelang es u.a. dem Grafen Ludwig Strachwitz, in einem an das königliche Gehege Prundu Bârgăului angrenzenden Revier einen Sechzehnender von fast 11 kg Geweihgewicht zu strecken, während andere deutsche Jagdgäste aus dem oberen Marostal (Mureș-Tal) und dem Kelemengebirge recht ansehnliche Trophäen heimbringen konnten. Herr Heßheimer aus Kronstadt (Brașov) setzte aber allem die Krone auf, indem er mit einem Gamsbock aus dem Fogarascher Gebirge mit 34 cm Krukenhöhe den Weltrekord schlug.

Was mich anbelangt, so blieben mir nach Abreise S.M. des Königs aus dem Leibgehege nur zwei Tage zur Verfügung, da ich schon am 5. Oktober meine Reise nach Schweden antreten musste, wo ich in zwei Elchreviere eingeladen war. Am ersten Morgen verdarben mir Wölfe, die Pürsch, die, wie mir dies aus ihren Trittsiegeln erkenntlich war, den meinerseits erwählten Gebirgsteil nächtlicherweile abpatroulliert hatten. Erst spät des Abends am gleichen Tag schrie ein Hirsch wie besessen auf einem Schlag, dem ich bei schon sehr vorgeschrittener Dunkelheit die Kugel mit dem „Ziel-vier“ aufs Blatt setzte.

Das heftige Krachen und Brechen im dürren Unterholz war mir ein Beweis, dass er liegen musste, doch verhinderte mich der Mangel einer Laterne und die Ferne meiner Behausung an einer Folge und so wurde die Nachsuche auf den nächsten Morgen verschoben.

Der zweite Tag brachte mir bei herrlichstem Sonnenschein ein ganz interessantes Intermezzo. Von meinem zum Verhören ausgesandten Jäger lief 5 Uhr morgens die Meldung ein, dass oben auf der Kammlinie eines schütter bewaldeten Bergrückens ganz nahe dem königlichen Jagdschloss zwei Hirsche orgelten. Da hieß es also nicht viel fackeln, sondern rasch angehen, ehe sie einzogen. Ich stieg daher eiligst vom Tal in einer Mulde derart auf, dass ich mich zwischen beide heranschieben konnte. Die beiden Hirsche, die nur höchstens 100 m voneinander standen, schrien sich dermaßen heftig an, dass es mir ein leichtes war, mich zwischen sie heranzupürschen. Ich war schon auf kaum 40 m an den rechts am flachen Oberteil des Rücken stehenden Hirsch herangekommen, ohne ihn aber sehen zu können, als links auf etwa 60 Gänge zwei Stücke Kahlwild erschienen, hinter denen ich die weit ausgelegten Kronenenden eines Geweihs auftauchen sah. Da war es natürlich mit der Auswahl zwischen rechts und links vorbei, weil ich mich nun nicht mehr vom Fleck rühren durfte. Die prüfend auf mir ruhenden Lichter der beiden Tiere hielten mich regungslos in ihrem Bann. Mein Stutzen war bereits angeschlagen, und als sich der Vorschlag des folgenden Hirsches hinter den weiblichen Stücken hob, schlug mein 8-mm-Geschoß durch den Träger, so dass der Hirsch wie vom Blitz erschlagen, in sich selbst zusammenbrach. Als ich zur Stelle war, lag ein Kronenzehner mit ziemlich langen Enden, aber mit sonderbar geschwungenen dünnen Stangen vor mir. Es war der sogenannte Schloßhirsch, der drei Tage vorher eine 7-mm-Kugel knapp bei sich hatte vorbeipfeifen hören. Nun konnte ich auch an die Nachsuche des am Vorabend beschossenen Hirsches gehen. Nach einer Stunde Ritt war ich zur Stelle und hatte bald darauf das Vergnügen einen für unsere Verhältnisse ganz braven Vierzehnender 50 m vom Anschuss unter einer steilen Lehne vorzufinden, wohin er abgestürzt war.

Mit diesen beiden Hirschen hatte ich an einem Abend und bei der darauf folgenden Morgenpürsche mein Abschussdeputat erfüllt und konnte rasch heimwärts eilen, um mich zu meiner langen Reise nach Mittelschweden, Stockholm, Dänemark, Ostpreußen und zur Vogelwarte Rossitten zu rüsten …

A. R. v. Spieß: Hirschbrunft 1935 im königlichen Leibgehege Gurghiu[5]

Es wird Herbst! Der erste Reif liegt auf Feldern und Fluren, und trotz ultramarinblauem wolkenlosen Himmel fallen in den Hochlagen bereits die ersten vergilbten Blätter. – Gänsescharen ziehen in langen Reihen schnatternd und rufend gegen Süden, – und das metallische Gru, Gru im Triangel wandernder Kraniche dringt an unser lauschendes Ohr. Herrliche sonnige Tage mit kalten Nächten setzen ein, und es hebt der sprichwörtlich schöne siebenbürgische Herbst an, der mit all seinem Fruchtsegen auch noch dem Touristen die prächtigste Zeit bietet, um in den Hochlagen mit frischem Wagemut Kammwanderungen und Klettertouren zu unternehmen.

Den Waidmann zieht's da auch hinauf auf den flinken Gams und den edlen Hirsch, der mit donnerndem Brunftschrei um der Minne Sold wirbt.

Wie alljährlich seit dem Regierungsantritt S.M. des Königs Carol II. von Rumänien, ist Ende September jene Zeit, wo sich dessen hohen Gäste im

Die Kirche von Lăpuşna.

5 In: Wild und Hund Jg. 41, Nr. 50, 1935, p. 848–851

neuen Jagdschlosse Lăpuşna des königlichen Leibgeheges Gurghiu (Görgeny Szt. Imre) versammeln, um teils, wenn die Wildobstverhältnisse es gestatten, auf Bären und Sauen zu treiben, teils der Jagd auf den Hochgeweihten zu frönen.

Im heurigen Jahre sollte die Brunftjagd mit einer ganz besonderen Feier eingeleitet werden, hatte ja der Direktor der dortigen Forstschule eine Büste weiland König Ferdinands verfertigt, die auf stattlichem Sockel in Gegenwart S.M. enthüllt werden sollte.

Programmgemäß fuhr der Hofzug am Morgen des 24. September in Reghin ein, wo der Präfekt des Komitats, der Administrator des Leibgeheges, Bürgermeister Popescu, und ich S.M. und dessen hohe Gäste erwarteten. Nach dem Frühstück ging's in flotter Autofahrt durch das blumengeschmückte Reghin (sächsisch: Regen) durch den rehwildreichen Mocsarwald hindurch nach Gurghiu, wo sich eine buntgekleidete Menschenmenge aus allen Ortschaften der Umgebung versammelt hatte, um den Enthüllungsfeierlichkeiten beizuwohnen.

Büste König Ferdinands in Gurghiu, auf Veranlassung der dortigen Forstschule aufgestellt und am 24.9.1935 enthüllt, heute total zerstört (aus: Carpații, 1935, Nr. 11. p. 259).

1935, Ein festlicher Gottesdienst unter einem wolkenlosen Herbsthimmel leitete die Feier ein, wonach dann die üblichen Begrüßungsansprachen folgten. Als die Hülle fiel, präsentierte sich eine ausgezeichnet ausgeführte Bronzebüste weiland König Ferdinands, des einstigen Schirmherrn rumänischer Jagd, den versammelten Festgästen, die alle bei diesem Anlass in stiller Verehrung des seiner Zeit hier so oft gesehenen hohen Waidmanns gedachten.

Nach Beendigung des Festaktes erreichten S.M. samt Gefolge in einer Stunde scharfer Fahrt das mitten in einem waldumgürteten Tale gelegene Jagdschloss Lăpuşna, an der Vereinigung der Quellflüsse Creangă Albă, Lăpuşna, Săcuieni und Sebeş. Alles raschfließende Forellenbäche, deren Fischreichtum noch durch eine sehr gut geleitete Forellenzuchtanstalt genährt wird.

Zu den Gästen S.M. für die heurige Hirschjagd gehörten S.K.H. Fürst Friedrich von Hohenzollern und dessen Bergrat Weißhan, ein bekannter Alpinist, Fürst Wilhelm zu Wied, Besitzer des Gutes Fântânele in der

König Carol von Rumänien mit seinem starken 16-Ender.

Kronprinz Michael mit seinem ersten Hirsch

Moldau, Kronprinz Michael, Ministerpräsident Tătărescu und Innenminister Inkuleți, dann Hofmarschall Divisionsgeneral Ilasievici und Oberstjägermeister Anton von Mocsonyi.

Bei dem Reichtum an Hochwild war es selbstverständlich, dass jeder der Herren auf seine Rechnung kommen musste, wenn er nicht etwa, vom Hirschfieber erfasst, danebenschoss. Es wurden daher in der kurzen Zeit des königlichen Aufenthaltes im ganzen folgende Hirsche erlegt, und zwar: vier 16-Ender, sechs 14-Ender, vier 12-Ender, vier 10-Ender und zwei Achtender, zusammen 20 Hirsche, wobei es Sr.K.H. dem Kronprinzen gelang, seinen ersten Hochgeweihten zu erbeuten.

Meist schwere, starke Geweihe, deren Maße hier anzugeben etwas weit führen würde. Die beigefügten Bilder mögen das Fehlende sichtlich ergänzen. – Die besten Hirsche der Saison erlegte wie stets S.M. der König, der mit viel Energie und ungeachtet mitunter sehr primitiver Unterkunftsverhältnisse standhaft durchhielt und unter der geschickten Führung des dortigen königlichen Administrators Popescu von reichem Waidmannsheil begleitet war. Nach Stärke der Geweihe folgten dann Fürst Friedrich

Oberstjägermeister A. von Mocsonyi.

von Hohenzollern, Innenminister Inculeţi und Oberstjägermeister von Mocsonyi.

Die Brunft wechselte in den Geländen dieses Leibgeheges ganz wesentlich. An heißen Tagen waren nur vereinzelte Brunftlaute zu vernehmen, indes an manchen Tagen der Brunftreigen ganz unerwartet lebhaft einsetzte. Die gleichen Nachrichten liefen auch von den übrigen königlichen Hochwildjagden sowie von den Privatrevieren ein. Wer bei diesem, durch Witterungsverhältnisse und durch das Einwechseln von Wölfen bedingten flauen oder wechselhaften Brunfttreiben die Geduld verlor und frühzeitig die Hochlagen verließ, war gegen jene Herren, die standhaft durchhielten, natürlich im Nachteil, da schließlich doch sich Ausdauer und Unverdrossenheit belohnt machten.

Jene Herren aber, die, bei natürlich beschränkter Jagdzeit, von Rekordwahn befallen, nur einen Hochkapitalen schießen wollten, hatten, da sie nicht mit den Launen Dianas rechneten, meist das Nachsehen, während andere bei dem Reichtum an Bärwild, anstatt mit einem Rothirsch,

Friedrich Fürst von Hohenzollern-Sigmaringen und seine drei Hirsche.

unverhofft mit Meister Braun karambolierten, so dass gelegentlich der Pirsch manch solcher Recke auf die Decke gelegt wurde. – Sein jederzeit sprichwörtlich gewaltiges Heil hatte wie fast alljährlich der jugendliche Bürgermeister von Reghin der gleichzeitige Administrator dieses königlichen Leibgeheges, Bibi Popescu, der in freundschaftlicher Verbundenheit seinen Deputathirsch dem Generaldirektor der siebenbürgischen Kreditbank in Cluj überließ, um sich im nahen Gemeinschaftsrevier Szovàtà (Sovata) dafür schadlos zu halten.

Sein erster Abendansitz führte ihm einen stumm einherziehenden, dafür aber ganz kapitalen Rothirsch vor den Stutzen, der mit einer guten Kugel durch den Träger im Feuer blieb. Herren, die das prächtige Geweih dieses Kapitalen gesehen haben, behaupten, dass es alles bisher Gesehene schlagen soll. Ich konnte leider diese Trophäe nicht mehr bewundern, doch war Herr Popescu so liebenswürdig, mir das beigefügte Bild zu übersenden, das ich den Lesern unseres Blattes bei dieser Gelegenheit nicht vorenthalten will.

Administrator J. B. Popescu mit dem am 5.10. im Revier Szovàtà (Sovata) erlegten Rekordhirsch.

Bei dem Reichtum an Rotwild und insbesondere an Kahlwild war es ja selbstverständlich, dass die Brunft nicht plötzlich ihr Ende fand, sondern sich sogar mit Unterbrechungen bis über die Mitte Oktober hinauszog, wo aber schon längst alle hirschgerechten Waidmänner wieder in ihren dumpfen Klausen der altgewohnten Beschäftigung nachgingen.

Als besonders bemerkenswert sei hier angeführt, dass in dem landschaftlich herrlich gelegenen und wildreichen Putnatale der Administration Castel Poiana Strecani, dessen Jagd vom griechisch-orientalischen Religionsfond der Bukowina S.M. zum Geschenk gemacht wurde, die Hirsche fast bis Ende Oktober röhrten, und einer sogar, trotz vieler zugewechselter Wölfe, selbst noch am 14. November sich vernehmen ließ.

Was das Gewicht der im königlichen Leibgehege erbeuteten Geweihe anbelangt, so hat keines derselben 8½ kg überschritten. Was mir speziell ganz nebensächlich erscheint. Mir imponiert ein ebenmäßig edel und schön geschwungenes, vielendiges Geweih, das sich dem Auge wohlgefällig präsentiert, viel mehr als ein, sagen wir, in der Struktur konsistenteres, dafür schwereres, aber unschönes Endengebilde. Trifft alles zu, um so besser, aber dem Gewicht eine solche Bedeutung zuzulegen, wie dies von einigen Herrenjägern in jüngster Zeit ersehnt wird, die bei ihren Abschussanforderungen die Bedingung stellen, nur dann ein Revier aufsuchen zu wollen, wenn ihnen die Möglichkeit geboten werde, nur Hochkapitale von 9 kg aufwärts zu erbeuten, betrachte ich für unbescheiden und etwas überspannt. Wer solche Anforderungen stellt, der hoffe auf Walhalla, vielleicht gelingt es ihm dort, solche Geweihe zu erbeuten, oder, was jedenfalls sicherer und besser ist, warte auf den glücklichen Zufall, bis ihm die Göttin Diana gnädig eine solche Trophäe, meist unverhofft und unerwartet, in den Schoß legt. Ich für meinen Teil halte mich lieber an diese irdischen Jagdgründe, sie sind mir sympathischer und zuverlässiger als die ewigen.

Mir als Hofjagdleiter blieb wie immer nur wenig Zeit nach der Abreise des königlichen Jagdherrn und seiner hohen Gäste zur Verfügung, da ich wie gewöhnlich schon wieder in einem anderen Landesteil zur Verfügung Sr.M. stehen musste. Bei dem reichen Wildbestand aber ist's mir niemals um meine Deputathirsche bange, wenn es mir bei dem Zeitmangel auch oft nicht möglich wird, eine gute Auswahl zu treffen.

Viel Erfahrung, Terrainkenntnis, Geschick im Gebrauche des Hirschrufs und Gott sei Dank noch einige Leichtfüßigkeit in den Bergen helfen auch dem altergrauten Jägersmann zu manch guten Stangen, und wenn es zufällig einen lebhaften Brunftmorgen gibt, dann geht die Sache flott vonstatten, wie mir dies heuer gerade von Diana gegönnt wurde.

Finster und ernst lagen nach dem Scheiden des Jagdherrn Schloss und umgebendes Gelände vor mir. Der Motor war eingestellt, das Personal mit dem letzten Forstzug zu Tale geeilt. Nur der Jäger des Hofjagdamtes und ich waren allein zurückgeblieben.

Ich hatte für den folgenden Tag, den 2. Oktober, beschlossen, die bisher stark frequentierte königliche Jagd zu meiden und in den Nachbarrevieren des staatlichen Generaljagdinspektors Dr. Stoichiţa den mir alljährlich in liebenswürdiger Weise zugedachten Hirsch abzuschießen. Eine hochherzige Erlaubnis, die ich aber in 15 Jahren leider nur einmal tatsächlich ausnützen konnte. Heuer wollte ich es aber doch wieder versuchen, und so kroch ich frühzeitig in meinen Schlafsack und träumte dem kommenden Morgen entgegen.

Da das genannte Revier Joseni 8 km vom Jagdschlosse entfernt liegt, so musste ich früh aus der warmen Kluft, um bei Morgengrauen schon über der Grenze zu sein. Widerwillig gehorcht man dem schnarrenden Wecker, doch es nützt alles nichts, man muss heraus in die kühle Morgenluft. Die Pferde sind gesattelt und harren des langen Rittes.

Statt des kalten glitzernden Reifs, den ich erwartet hatte, eine laue Oktobernacht bei sternklarem Himmel. Ich schlage den Fahrweg in Richtung des fremden Reviers ein, indes der Schein der Laterne von Stamm zu Stamm hüpft. Da bremst plötzlich der voranschreitende Stalljunge und horcht in die Nacht hinaus. A-u! A-u! grollt's von einem Plateau des königlichen Geländes herüber, dem bald eine zweite Stimme antwortet. Sonderbar, es scheinen neue Hirsche von den Gebirgsfüßen auf den Brunftplätzen der Hochlagen angelangt zu sein, denn gestern schwieg dort alles. Als noch ein dritter Hirsch sich dem Konzert anschließt, entschließe ich mich, vorläufig den weiten Ritt über die Grenze zu unterlassen und diesmal doch h i e r mein Heil zu versuchen. Also umgekehrt, Tal ab geritten und dann am jenseitigen Talhang hinauf. Oben angelangt, schreien nicht weniger als fünf Hirsche trotz Pferdegetrampel und dem grellen Schein zweier Laternen. Doch nicht genug damit, vernehme ich auf einer Abfallskuppe noch drei weitere und oben noch einige andere Hirsche. Schade, dass die hohen Herren dieses Konzert nicht vernehmen konnten. Sie hätten alle ihre große Freude an diesem Morgen gehabt.

Ich reite unentwegt weiter, ist es doch stockfinstere Nacht, und wenn schon die Hirsche da unten so lebhaft sind, vielleicht ist es oben ähnlich, denn man kann schließlich leichter bergab, als bergauf laufen. Kurz, ich setze meinen Ritt bergwärts fort und höre dabei auch dort noch vier weitere Stimmen. Es war die lebhafteste Brunftnacht, die ich auf verhältnismäßig engem Raum jemals gehört hatte. Auf der Höhe angelangt, höre ich in summa elf Hirsche gleichzeitig ununterbrochen orgeln. Da sich nun der Himmel im Osten zu lichten begann, schob ich die Pferde hinter den Waldrand zurück, ließ die Lampen verlöschen und horchte in die Nacht hinaus.

Am lebhaftesten ging es in der Mitte zu, da schrien sich drei Hirsche wütend an, da musste also meiner Ansicht nach ein starker Platzhirsch stehen. Also darauf los und im Laufschritt hinunter. Bewegliche hellgraue Wildkörper heben sich etwas vom Epilopium ab. Geweihe kann ich aber nicht unterscheiden.

Hinter einer starken Fichte gedeckt erwarte ich ungeduldig den ersten Lichtschimmer des Tages. Endlich auch das. Einen Platzhirsch und zwei Beihirsche zeigt mir der Triëder – 10- oder 12-Ender. Den Platzhirsch kann ich nicht ansprechen, weil er über den Rücken zieht. Da ist also nichts zu machen. Flott hinauf und zu den Pferden zurück. Mächtig schlägt das Herz an die Rippen, doch nicht alle Tage gibt's so einen Brunftmorgen.

An einem Hirsch, dessen Haupt mit vielendigem Geweih als Silhouette gegen den westlichen Himmel auf der Kammlinie sichert, hinweg zu den oben röhrenden Hirschen. Mein Jäger erhält im Vorbeirasen Weisung, einen Hochstand zu besteigen und diesen Hirsch zu beobachten, indes ich aufwärts strebe. – Da schreien sich wieder zwei Hirsche wütend an. Ich werfe mich hinter einen Felsblock, doch die Brust fliegt hin und her, der Triëder, vom heißen Atem trübe, wackelt einmal da- und einmal dorthin. Ich kann nichts unterscheiden. Endlich nach langen Minuten habe den Platzhirsch im Glase. Die rote Decke verrät den neuen Ankömmling aus wärmeren Tieflagen. Der Beihirsch, grau von Farbe, trollt unruhig hin und her, und ich kann die Enden nicht fassen. Der Rote hat mehrere Kronenenden, wie viele, das lässt sich nicht entnehmen. Zweimal muss ich absetzen, denn der Hirsch tanzt bei der noch immer fliegenden Brust aus dem Zielstachel heraus. Endlich fasse ich fester zu, lege auf einem moosbedeckten Stein auf, und ehe der Hochgeweihte den vier Tieren folgend die Kammlinie übersetzt, durchschlägt ihm mein Magnum die Rippen. Eine zweite Kugel beschließt das Zerstörungswerk, und der mächtige Leib verschwindet krachend im Epilopium. Die elf Stimmen verstummen plötzlich, und als ob kein Hirsch im ganzen Gelände wäre, liegt ruhig und still die herrliche Gebirgswelt im ersten Glanz der aufgehenden Sonne vor mir.

Nun aber heißt's wieder bergab und zu Othmar auf den Hochstand. „Wo ist der Hirsch, der mit dem vielendigen Haupt als Schattenriss gegen den hellen Hintergrund stand?" „Auf den Schuss verschwunden", gibt mir jener zur Antwort.

Verfasser mit seinem 16-Ender

Unruhig tanzen die Pferde auf dem dürren Geäste des Waldrandes umher, indes der Stalljunge glaubt sie durch einige Puffe zu beruhigen. Umsonst, sie trampeln um so mehr herum, und krachend bricht manch Dürrling unter ihren Hufen.

Da kann nur eines, und das ist die Muschel, helfen, dachte ich mir. Ich greife zur Schnecke, und untermischt mit dem Gekrach berstender Äste tönt mein Brunftschrei vom Waldrande in den nunmehr hell erleuchteten Schlag hinaus.

Vorerst heilige Stille. Auf den nach kurzen Pausen fünften Ruf erscheint das gekrönte Haupt erneut am Horizont. Steil gestellte Stangen mit vielendiger Krone zieren das Geweih. Die Enden kann ich trotz hellem Himmel nicht zählen. Bald darauf lugt auch schon der langgestreckte Schädel mit den weit abstehenden Gehören eines Tieres am Horizont über den Bergkamm gegen den Waldrand herüber. Unschlüssig schreitet die vorsichtige Tante am Bergrücken hin und her, bis sie endlich Mut fassend gegen mich, den vermeintlichen Hirsch zuschreitet. Da verliert auch er, der Hochgeweihte, alle Vorsicht und folgt im Troll der dem Waldrande zustrebenden Hinde. Immer geringer wird der Abstand zwischen uns, indes Jäger Othmar und ich Schätzungen der Geweihstärke vornehmen. Starke, dunkle Stangen, viele weiße Enden, das entscheidet, und als der Recke auf etwa 150 Schritt verhoffend nach dem Waldrande äugt, reißt ihn eine Kugel durchs Blatt im Feuer zusammen. Noch einmal will er hochwerden, um dem flüchtigen Tiere zu folgen, da macht eine zweite Kugel dem Reigen ein Ende, und leblos bricht der mächtige Leib in sich zusammen. – 6 Uhr 30 fiel der erste und eine halbe Stunde darauf der zweite Hirsch meinen Kugeln zum Opfer. – Pferdejunge, Jäger und ich setzen, so gut es geht, über Fallholz und Epilopium zum nächsten Hirsch und zählen freudvoll sechzehn Enden. – Nun geht's auch noch zum ersterbeuteten Recken, dessen weitausgelegtes Geweih vierzehn Enden zeigt. In einer halben Stunde! Ein Erfolg, der einen hohen Lohn für zwei gute Kugeln und einen raschen Entschluss bedeutet.

Der 2. Oktober, ein herrlich sonniger Tag. Ein tiefblauer Himmel, ein buntfarbiger Wald, zwei mächtige Geweihe zu Füßen. Herz, was willst du noch mehr!

St. Hubertus sei Dank für solches Heil. Möge der von Dr. Stoichița mir zugedachte Hirsch noch weiterhin mit donnerndem Ruf den nächsten Herbstmorgen begrüßen, vielleicht ereilt ihn endlich im sechzehnten Jahr die ihm zugedachte Kugel. – Für heuer machte ich aber, dankbaren Herzens für dieses so unverhoffte reiche Waidmannsheil, einen raschen Schluss. Der Mensch versuche die Götter nicht. –

A. R. v. Spieß: Hirschbrunft 1936 in den siebenbürgischen Bergwäldern[6]

Es ist Mitte September. Brennendheiß sengt die Sonne immer noch auf unsere transsylvanischen Fluren hernieder. In gedrückter Stimmung klopft ungeduldig der siebenbürgische Hochwildjäger an der metallenen Hülle der Barometerdose, ob nicht der Luftdruck etwa fallende Tendenzen zeigt. Doch vergeblich! Fest und unverrückbar deutet der blaue Zeiger auf schön, und in voller Pracht folgt ein Tag dem anderen, ohne dass ein dunkles Wölkchen das azurne Blau des Himmelsgewölbes stören würde.

Mächtige Staubwolken legen sich hinter jedem Fahrzeug und Auto wie dichte hartnäckige Herbstnebel über die Landschaft, und kein Lufthauch hebt sie von dannen. Doch so heiß auch die Tage sind, so kalt sind nunmehr die Nächte. Das Laub der Eichen, Buchen und Espen färbt sich unter der nächtlichen Kühle in den buntesten Farben, bis endlich ihr vielfarbiger Blätterschmuck allmählich und langsam zu Boden schwebt. Die glühende Tageshitze kann uns aber nicht mehr den Sommer vortäuschen. Mit den frischen Nächten sind unsere lieben Schwalben von uns geschieden, und der metallische Ruf nach Süden ziehender Kraniche ist uns Beweis dafür, dass nunmehr der Herbst seinen Einzug hält. Mit ihm kommt Leben in den fernen Bergwald, denn hoch oben im dunklen Tann regt sich's gewaltig. Der stolze Hirsch tritt hier in die Brunft. – Ungeduldig und pochenden Herzens sehnt sich der Bergjäger nach der erlösenden Kunde: „Die Hirsche schreien." Doch diesmal will's nicht werden. Der glühende Sonnenbrand drückt auch hoch dort oben die Brunftstimmung nieder, und nur ab und zu unterbricht ein kurzer Ruf oder heiseres Knören die Stille der Nacht.

Auch aus den königlichen Gehegen will keine frohe Nachricht beim Hofjagdamt einlaufen, und da ich doch nahe dem Leibgehege die Rapporte vor Eintreffen der Allerhöchsten Herrschaften sammeln muss, so fahre ich in deren Vorberge, um wenigstens einige Rehböcke für die Hofküche

6 In: Wild und Hund Jg. 42, Nr. 38, 1936, p. 648–652

beizustellen. Ein alter Raufer mit gebrochener linker und abgesplitterter Spitze der rechten Stange erliegt bald meiner Kugel, indes am folgenden Tage noch ein braver Sechser meinem Stutzen zum Opfer fällt.

Am kommenden Morgen läuft schon der Hofzug ein, dem alsbald S.M. der König, S.K.H. der Kronprinz, die Fürsten Hohenzollern und Wied sowie Oberjägermeister von Mocsonyi entsteigen. In flotter Fahrt geht's dann durch die alte Sachsenstadt Reghin (seinerzeit sächsisch Reen genannt), dessen rühriger Bürgermeister J. Popescu gleichzeitig der Administrator und Jagdleiter des Leibgeheges Gurghiu (seinerzeit Görgenyi Szt. Imre) ist. Sein geschicktes Arrangement bringt alles glatt und reibungslos in Bewegung, und alsbald rattern fünf Autos durch die festlich geschmückte Stadt, wo die Spalier stehende Jugend mit Blumengrüßen, Heil- und Trăiasca-Rufen (Es lebe-) ihren Herrscher feiert.

Vorerst geht's durch flaches Gelände mit schönem Eichenbestand, dem sogenannten Mocsar, dann schließen sich die Berghänge immer enger und enger aneinander, bis sich das Tal so weit verengt, dass Fluss, Straße und Forstbahngleise beinahe die ganze Talsohle einnehmen. Nach 42 km wird an der Vereinigung von vier Bergwässern der Ort Lăpuşna erreicht, an dessen östlicher Seite das königliche Jagdschloss gleichen Namens inmitten junger Parkanlagen liegt. Nach Tisch erfolgt die Verteilung der hohen Gäste auf die einzelnen Hochstände und Gebirgsteile durch den Jagdleiter Popescu, der dann die persönliche Führung S.M. auf Ansitz und Pirsch übernimmt.

Der erste Abend schon brachte allgemeine freudige Überraschung, indem, ganz entgegengesetzt den Vortagen, die Hirsche ganz flott zu schreien begannen und dadurch wesentlich zu froher Hoffnung auf sicheres Waidmannsheil beitrugen.

Das laute Brunfttreiben der Hirsche war aber wieder einmal Beweis dafür, wie sehr das Wild Witterungsumschläge im voraus fühlt und empfindet, da dieses unerwartet lebhafte Konzert das Einsetzen stürmischen und regnerischen Wetters der folgenden Tage ankündigte. Tatsächlich folgten den abnorm schönen und heißen Tagen kalte Regenschauer, die sogar in den Hochlagen den Bergspitzen weiße Schneehauben aufsetzte.

Das durch das kalte, regnerische Wetter lebhaft einsetzende Orgeln der Hirsche erleichterte daher wesentlich den Jagdbetrieb, so dass dementsprechend der Abschuss nicht nur quantitativ, sondern auch qualitativ ganz ausgezeichnete Resultate zeitigte.

Am 30. September gab, für uns ganz unerwartet, S.M. für den folgenden Tag, den 1. Oktober, den Befehl zur Abreise, hofften wir doch alle, dass wir wie in anderen Jahren die Freude haben würden, den Allerhöchsten Jagdherrn wenigstens bis zum 4. Oktober in diesem so wildreichen und gut

König Carol von Rumänien mit kapitalem 20-Ender (204 Nadlerpunkte). Phot. Heiter.

betreuten Gehege zu sehen. Doch ein Autorennen und die einsetzenden Herbstmanöver riefen ihn aus seinen schönen Bergen ab. Immerhin konnten S.M. und dessen hohe Gäste mit den erzielten Erfolgen und erbeuteten Trophäen reichlichst zufrieden sein. Es wurden erlegt:

Von S.M. dem König fünf Hirsche, und zwar ein 20-Ender mit 204 Nadlerpunkten. Ein kapitales Geweih mit zwei vielendigen Schaufelkronen und mächtiger Auslage; ein 16-Ender mit 194 Nadlerpunkten und sehr weiter Auslage, starken dunklen Stangen; ein 10-Ender mit 165 Nadlerpunkten, zwei 12-Ender, davon einer schwacher, kranker Abschusshirsch mit einer dritten kurzen Pendelstange.

Kronprinz Michael mit 18-Ender (203 Nadlerpunkte).
Phot. Heiter.

Fürst Friedrich von Hohenzollern-Sigmaringen mit 14-Ender (196 Nadlerpunkte).

Von S.K.H. dem Kronprinzen Michael: ein 18-Ender (Abb. 2), fast ebenso klobig wie der 20-Ender S.M. des Königs, mit gut vereckten Enden, 203 Nadlerpunkte, und ein Rehbock. Als Beweis kalten Blutes dieses so hoffnungsvollen fünfzehnjährigen Waidmannes sei erwähnt, dass S.K. Hoheit beim Heranwechseln eines jungen Hirsches die Büchse fallen ließ und dafür mit seinem Photoapparat einen gelungenen Schuss auf diesen vertraut heranziehenden Waldesrecken ausführen konnte.

Von Fürst Friedrich Hohenzollern: ein 14-Ender mit sehr weiter Auslage und Stangen wie ein dürrer Eichenast vereckt, 196 Nadlerpunkte

Von Fürst Wilhelm zu Wied: ein 14-Ender, hohe, starke Stangen, mit 199 Nadlerpunkten, und ein 16-Ender mit sehr hohen, starken

Wilhelm Fürst zu Wied mit 16-Ender (208 Nadlerpunkte)

Stangen. Ein mächtiges, herrlich verecktes langendiges Geweih mit tellerbreiter Schaufelkrone und 208 Nadlerpunkten

Von S. Exz. dem Ministerpräsidenten Tătărescu ein 10-Ender mit dunklen Stangen und 180 Nadlerpunkten.

Von Generaldirektor Boer ein 10-Ender mit 177 Nadlerpunkten; von Gardehauptmann J. Radu ein 12-Ender, ein hoffnungsvoller Hirsch mit starken Stangen und 170 Nadlerpunkten; von Direktor Herbert Nadler ein 20-Ender mit 200 Nadlerpunkten.

Die Resultate hätten sich selbstverständlich bei dem reichen Rotwildstand noch viel besser gestalten können, wenn nicht der kalte Nordwest das im Haarwechsel befindliche Wild in den schützenden Dickungen

Das Hofjagdpersonal mit den acht besten Geweihen

festgehalten oder die regenschweren und undurchsichtigen Wolkenbänke die schreienden Hirsche in ein schützendes Dunkel gehüllt hätten.

Der Abend des 1. Oktober veränderte mit einem Schlage das festliche Bild des Schlosses. Die Automobile entführten Herrschaft, Lakaien und Gesinde. Die Motoren verschwiegen und in tiefem Dunkel, von kalten Regenschauern umdüstert, lagen Schloss und Landschaft vor uns. Mein Jäger und ich sind die einzigen, die zurückgeblieben sind, und bescheiden flimmert nun unsere Petroleumlampe aus meinem Zimmer in die dunkle Nacht hinaus, indes aus dem nahen Tannenbestand ein kleiner Lichtpunkt die Behausung des Kastellans verrät.

Auch die brave Jägerei hat uns verlassen, war sie doch bisher unentwegt zum Verhören und Patrouillieren sowie in steter Begleitung der hohen Herrschaften und deren Gäste im ermüdenden Dienste, der vor Morgengrauen begann und bis spät in die Nacht hinein sie auf den Beinen hielt.

Jetzt war die Zeit für mich gekommen, um mir mein Abschussdeputat zu holen, doch musste ich vorerst den Hirschen einige Ruhe gönnen, da sie doch trotz des ausgedehnten Geländes unentwegt beunruhigt und in ihrem Brunfttreiben gestört worden waren. Abgesehen davon, dass die Brunft bereits seit drei Wochen im vollen Gange war, trat nun auch noch der Umstand hinzu, dass bei dem enormen Eichel- und Buchelfall dieses Jahres sich bereits die starken abgebrunfteten Hirsche in diese Gebiete reicher Mast zurückzogen, um dort wieder die verlorenen Kräfte und den abhanden gekommenen Feist zu ersetzen. Die nun folgenden Tage nach Abgang der Allerhöchsten Herrschaften stellten daher unter den genannten Verhältnissen höhere Ansprüche an den Waidmann, und so musste auch ich mich nach einem Gelände umsehen, wo noch die Möglichkeit vorhanden war, in den wenigen Tagen, die mir zur Verfügung standen, zu Schuss zu kommen, ehe sich das ganze Rotwild von den Brunftplätzen in die Hochlagen oder ausgedehnten Buchenbestände verteilt hatte. Ich wählte einen mächtigen Kahlschlag, den S.M. erfolgreich bejagt hatte und der vorläufig noch Aussicht für einen Erfolg versprach, ehe das Hochwild auch dieses Gebiet verlassen hatte. – Als ich oben anlangte, war es schon ziemlich dunkel geworden, und so schoben wir uns in das kleine Jagdhäuschen ein, das vom schützenden Fichtenbestande vollständig umschlossen war.

Am folgenden Tag gab's zwar einen klaren, aber dafür eisigkalten Morgen. Reif lag auf den kahlen Flächen, und der steinhart gefrorene Boden sowie das hartspröde Blätterwerk verhießen keine besonderen Aussichten zu einem erfolgreichen Pürschgang. Tatsächlich war anfänglich volle Ruhe im Revier, und erst als die Sonne hochging und der Reif zu tauen begann, kam Leben ins Gelände. Allmählich ließ sich eine Stimme nach der anderen hören, bis schließlich das Konzert ein allgemeines wurde. Mein Glas streift von Gruppe zu Gruppe alles ab, doch nichts ist darunter, das mir begehrenswert erscheinen mochte. Meist junge Hirsche mit hoffnungsreichen Stangen schrien sich gegenseitig an und bewarben sich um das zahlreiche in dem niederen Buschwerk und hellgelbem Grasbestand deutlich kenntliche Kahlwild.

Endlich sprach ich einen Hirsch als starken 14-Ender an. Er stand in einer weiten, flachen Mulde, wo sowohl ich ihn gut sehen, aber auch er sowie sein vorsichtiges Kahlwild mich deutlich eräugen konnten. Alle Versuche, ihm auf waidgerechte Entfernung beizukommen, waren daher vergeblich, bis er schließlich von seinen flüchtigen Tieren mitgenommen wurde und auf Nimmerwiedersehen verschwand.

So verging der sonnige Vormittag, als sich nochmals eine Gelegenheit bot, einen guten Hirsch von etwa 14 bis 16 Enden zu sichten. Es war ziemlich tief am Rande des Buchenbestandes, wo er ab und zu einen Schrei von sich hören ließ. Vorsichtig suche ich pirschend das Gelände ab, um ihn sichten zu können. Merkwürdig, der Hirsch schien keine 100 Schritt von mir zu stehen. Ich pürsche näher und suche dabei stets nach dessen gewaltigen Körpermaßen, doch vergeblich! Da – eine Bewegung im hohen Grase! Der Hirsch saß zu meiner großen Überraschung in einer kleinen Vertiefung unter mir, so dass ich nur seine Geweihenden ab und zu erblicken konnte. Ich war daher gezwungen, noch näher an ihn heranzutreten. 50 Schritt trennen uns noch. Da wird ein Tier mit einem Satze hoch, der Hirsch schnellt auf, und beide verschwinden hinter eine Terrainwelle. Zwei Kugeln stiegen nach, doch in der unerwarteten Überraschung auch daneben, indes Kahlwild und Hirsch für immer meinen Augen entschwinden.

Eine vierstündige Nachsuche in dem dichten Unterholz beruhigt das Gewissen und sagt uns, dass der Hirsch frisch und heil den beiden Kugeln entronnen ist, und dass Überraschungsmomente selbst dem ältesten und erfahrensten Jägersmanne eine lange Nase hinterlassen können.

Der Vormittag war um, indes dichte Wolkenschwaden unsere Bergkämme wieder umhüllten. Erst gegen Abend lichtete sich wieder der westliche Horizont, und die letzten Strahlen der untergehenden Sonne durchbrachen das Gewölk und beschienen im grellen Lichte unsere Hochlagen. Ich trete aus dem, den sogenannten Ţigle-Schlag umschließenden Buchenbestand hervor, als die grollende Stimme eines Hirsches hörbar wurde, der Kahlwild suchend mir zustand. Dampfstrahlen aus dem Äser folgten jedem

Schrei, indes sein Geweih, von der Sonne hell beschienen, begehrenswert und hoch erschien. Ich ließ ihn seitlich auf 150 m passieren, dann schlugen rasch nacheinander drei Magnumgeschosse durch Vorschlag und Blatt, die ihn in einer kleinen Buschgruppe zusammenbrechen ließen. Rasch bin ich zur Stelle. Ein ungerader Sechzehnender liegt vor mir, dessen vorher so grell beschienenes Geweih mehr versprach, als es nun bot. Eine allbekannte Tatsache, dass jedes Geweih am lebenden Wilde und insbesondere im Sonnenglanz mehr zeigt, als es eben in Wirklichkeit darstellt.

Resigniert nahm ich auch dieses hin, und da die Dämmerung rasch heranschritt, wurde der massige Wildkörper gänzlich aufgebrochen, gut gespreizt und dort an Ort und Stelle liegengelassen.

Der 4. Oktober brachte eine neue Überraschung: den ersten Schnee! Während finstere Nebelschwaden unsere Berge umhüllten, lag eine vier Finger hohe Schneedecke über Wäldern und Schlägen. Die Hirsche zeigten auch kein besonderes Animo, und so beschloss ich, nicht lange im Nebel wie blind herumzutasten, sondern mit dem fürlieb zu nehmen, was mir Diana zugedacht. Zwischen zwei Waldstreifen schrie ein Hirsch. Als ich im Nebel heranpürschte, gingen fünf Tiere flüchtig ab, und ich war darauf gefasst, dass der Hirsch nun folgen würde. Doch nichts dergleichen. Zwei Stücke Kahlwild, im Nebelschleier als Silhouetten sichtbar, beschäftigten ihn gänzlich. An den Waldrand tretend hatte ich ihn nun auch vor mir. Sein Geweih zeigte nicht viel Enden, schien mir aber hoch, und so ließ ich fahren. Im Schnee fand ich rasch den Ausriss und bald darauf auch schon den Hirsch. Zwar nur ein Zwölfer, aber nach Rosen und Stangenumfang ein alter Recke, der einst ein besseres Geweih getragen haben musste Rasch wird auch er aufgebrochen, um heute noch den Abstieg und die Heimfahrt durchführen zu können. Mein Bursche wird zu Tale geschickt, um Wagen oder Pferde zu besorgen, indes ich und der begleitende Jäger nun nach dem gestern erlegten Hirsch zu eilten, um diesem das Haupt abzutrennen und vereint mit jenem des Zwölfers den Talmarsch anzutreten.

Verfasser mit seinem Zwölfender

An der Stelle angekommen, wo wir ihn gestern aufgebrochen hatten, kein Hirsch! Schöne Überraschung! Doch bald ist er entdeckt. Ein Bär hatte ihn bergauf in ein Buchendickicht geschleppt, ein Drittel davon verzehrt und zum Teil vergraben Da blieb natürlich nichts anderes mehr übrig, als den Hirsch unberührt liegenzulassen und diese Freveltat zu rächen. Anstatt den Abstieg durchführen wurde in Ermangelung eines Baumes, wo ich hätte ansitzen können, ein Schirm konstruiert und, als der Tag seinem Ende entgegen ging, der Stand bezogen.

Immer dunkler und dunkler werden die umgebenden Gebilde, bis uns schließlich volle Finsternis umfängt. Da bleibt natürlich nichts anderes übrig, als den Ansitz zu verlassen, da es gänzlich ausgeschlossen ist, die einzelnen Gegenstände bei der herrschenden Dunkelheit zu unterscheiden. Ehe ich aber den Laubschirm verließ, heftete ich noch mein Sacktuch an ein Geweihende des Hirsches, in der Hoffnung, dass der Bär dadurch abgehalten, um so sicherer am nächstfolgenden Abend oder in

Der von Bären gefressene und teilweise verscharrte 16-Ender.

der nächstfolgenden Nacht am Kadaver erscheinen würde. Wie überrascht war ich aber am folgenden Morgen, als ich den Hirsch trotz wehenden Schneuztüchleins wieder um einige Meter tiefer, dabei bis zur Hälfte aufgefressen, im Buschwerk vergraben liegen fand.

Dem Bären hatte merkwürdigerweise meine Verlappung nicht imponiert, und wunderte es mich nur bei der unglaublichen Frechheit, dass er sich nicht auch noch in mein Sacktuch geschneuzt hatte. Alles in allem deutete aber darauf hin, dass es sich hier wieder einmal um einen alten Karnivoren handelte, dem die menschliche Wittrung nicht mehr zu imponieren schien.

Merkwürdigerweise ereignete sich ein ähnlicher Fall im Nachbarrevier Praid beim Generaljagdinspektor Stoichiţa, wo ein Bär einen lauflahm geschossenen Hirsch gerissen und zum Teil aufgefressen hatte, dann aber nicht mehr am Riss erschien, da ihm der reiche Buchelfall besser zu munden schien. Kurz, die Sache ging mir über die Hutschnur, und so beschloss ich, nicht locker zu lassen.

Als der Abend des 5. Oktober nahte, wurde mit schwerer Mühe und mit viel Schmeiß durch meinen Burschen, den begleitenden Jäger und mich der Rest des Hirsches zu einem Hochstand geschleift und dort, um vom Bären nicht weggeschleppt zu werden, an einem Baumstrunk festgebunden. Diesmal schienen sich die Chancen für einen Ansitz dort besser zu gestalten, denn gegen Abend klärte sich der Himmel und bot damit die Möglichkeit, die mich umgebenden Körper und Gegenstände besser unterscheiden zu können, als am Abend vorher. – Der begleitende Jäger und ich saßen schon 17.30 Uhr wohlverwahrt in unserem Nest, und hoffnungsfreudig sahen wir nun den weiteren Ereignissen entgegen. Doch mit der zunehmenden Dunkelheit wurde es immer kühler und kühler, und mein Vasilie klapperte trotz einer von mir erhaltenen zweiten Weste und Schlafsack derart, dass ich gezwungen war, um meinen Hochsitz dadurch nicht zu verraten, ihn in die Jagdhütte zurückzusenden.

Nun saß ich allein auf weiter Flur. Gegen Mitternacht erhellte die halbe Mondscheibe das angrenzende Gelände, so dass ich den unter mir liegenden Hirsch recht gut von dem umliegenden Fallholz und Buschwerk unterscheiden konnte. Meine Hoffnungen stiegen daher um ein bedeutendes, denn um wieviel mehr musste mir die dunkle, massige Gestalt dieses Hauptbären erkenntlich werden, wenn er am Wildkörper erscheinen sollte. Stunde auf Stunde verrann. Ein gespenstiges Treiben um mich her begann und ließ mich die immer mehr zunehmende Kälte weniger empfinden. Gänse zogen schreiend im sternklaren Äthermeere über mich nach Süden hinweg; ein Füchslein schnürte vorsichtig am Riss vorbei, indes ab und zu knörend ein Hirsch ein Tier trieb, das prasselnd durch das Dürrholz sprengte.

Aufmerksam horchte ich in die klare Nacht hinaus. Doch kein bekannter Laut, kein dumpfes Windnehmen, das mir von so vielen geopferten Nächten wohlbekannt war, verriet das Heranwechseln des Bären. Immer lichter und lichter wird der östliche Horizont, bis schließlich helles Tageslicht unsere Berge umfängt. Geduldig halte ich trotz empfindlicher Kälte noch eine Stunde aus, bis die ersten Strahlen des aufgehenden Taggestirns die Bergkämme küssen. Dann aber krieche auch ich, steif gesessen und halb erfroren, von meiner Hochwarte nach vierzehnstündigem Ansitz herab und eile über den überreiften und hartgefrorenen Boden, um eine schlechte Erfahrung reicher, nach einem hellerleuchteten Plätzchen, um in den goldenen Strahlen der aufgehenden Sonne meine steif und kalt gewordenen Glieder zu erwärmen. Manch Hochgeweihter ließ mit zunehmender Wärme seinen donnernden Brunftschrei erdröhnen, doch meine Zeit war um. Dankbaren Herzens schied ich trotz vergeblichem Nachtansitz von den schneegekrönten Bergeshöhen, schied befriedigt aus ihren harzduftenden Wäldern zu Tale, von der ewigen Hoffnung beseelt: so Gott will, auf Wiedersehen im kommenden Jahre …

A. R. v. Spieß: Herbstjagden 1937 in den königlich rumänischen Leibgehegen[7]

Bunt färbt sich in den Hochlagen der Wald und leise entschweben die breiten Blätter der mächtigen, bei uns meist isoliert stehenden Ahornstämme. Die ersten Gänsescharen ziehen schnatternd hoch oben im blauen Himmelsmeer den Uferseen der unteren Donau zu, indes ab und zu der Ruf der im Triangel nach Süden wandernden Kraniche an unser Ohr dringt.

Es wird Herbst und mit den herrlichen Tagen, die uns weit im Bogen die in voller Klarheit erstrahlenden Bergketten der Transylvanischen Alpen und des Zibinsgebirges erscheinen lassen, setzt ab und zu Reif ein, der die Buntfärbigkeit des Laubwaldes mit flotterem Tempo beschleunigt.

Der reiche Obstsegen in den Vorbergen und die Brombeerfülle in den Hochlagen war dies Jahr fast unerschöpflich, und was Wunder, dass zu diesen Köstlichkeiten Meister Petz sich vielfach einstellte, da dessen Art durch die vernünftigen Schongesetze unseres Landes sein Hochkommen in fortschreitendem Maße reichlich gefördert hat.

Zieht Meister Braun mit seiner schon prächtigen Decke, Gams und Sau im dunklen Winterkleide die berggewohnte Waidmannschaft in die Hochlagen an, um wieviel mehr der reckenhafte Hirsch, der mit Verlassen des Weideviehs und der Schafe aus den hochgelegenen Alpenweiden nunmehr aus den Bergfüßen hinauf wandert, um dort sich die geeigneten Äsungs- und Brunftplätze zu suchen. Und nicht lange währt es, da laufen auch schon überall und insbesondere beim Hofjagdamte die ersten Meldungen ein. Die Hirsche schreien!

Der erste Hirsch schrie im Gegensatze zu anderen Jahren bereits am 5. September, und von da an liefen ähnlich lautende Berichte aus den königlichen Jagdadministrationen immer mehr und mehr ein, so dass mit vollem Rechte allerhöchsten Ortes vorgeschlagen werden konnte, etwa um den 20. September mit dem Abschuss zu beginnen.

---

7 In: Wild und Hund Jg. 43, 1937, p. 605–608

Am 22., morgens, lief der Hofzug mit S.M. und dessen hohen Gästen, den Königlichen Hoheiten Kronprinz Michael und Fürst Friedrich von Hohenzollern, Sr. Durchl. Fürst Wilhelm Wied, Ministerpräsident Tătărescu, Oberstjägermeister Anton von Mocsonyi, nebst den Herren von Cramon und Baron Hallberg sowie Gardemajor J. Radu in der Bahnstation Reghin ein.

In flotter Autofahrt geht's durch diesen festlich geschmückten Ort, dem netten Provinzstädtchen mit seiner aus Deutschen, Rumänen und Ungarn in schönster Harmonie lebenden gemischten Bevölkerung und dann durch Gurghiu und Ibănești nach dem 45 km entfernten königlichen Jagdschloss Lăpușna.

Hier erwarteten der hohe Klerus und der Forstrat aus Cluj (Klausenburg), dann der Präfekt aus Târgu Mureș den König, um das neu aufgestellte Holzkirchlein, das in der Maramureș bisher verlassen gestanden hatte, auf seinem vom rührigen Administrator Popescu unweit des Schlosses reizend hergerichteten Plätzchen einzuweihen.

Nach der Tafel im Schlosse wurden dann von S.M. dem Könige die Dispositionen für den Jagdbetrieb ausgegeben. Die Gäste sollten im

Der König mit einem Teil der Gäste vor dem Jagdschloss Lăpușna. Fot. G. Heiter, Reghin.

unmittelbaren Bereiche des Schlosses ansitzen oder pürschen, indes ich den Auftrag erhielt, zuerst in einem entlegeneren Revierteile mein Heil zu versuchen, um dann mit Baron von Hallberg und Herrn von Cramon nach der Bukowina zum königlichen Jagdschloss Poiana Iţcani zu reisen, wo beiden noch ein zweiter Hirsch bewilligt worden war. Jeder der beiden Herren hatte Waidmannsheil, und nachdem sie den ersten Hirsch erlegt hatten, konnte die Fahrt in das dem königlichen Hause zur Verfügung stehende 4000 ha große Revier des griechisch-orientalischen Religionsfonds im Valea Putnei stattfinden. Am 27. September, 3 Uhr 30, nach der Mittagstafel, stand bereits das Auto bereit, und in flotter Fahrt ging's nun talab gegen Reghin zu. Wir hatten gerade die Station der schmalspurigen Forstbahn „Meştera" passiert, als ganz unvermutet ein Bär auf 2 m vor dem Auto von einer Talseite zur anderen die Straße in voller Flucht nahm und den Bergfluss durchsprang, dass das Wasser hoch aufspritzte, bis er schließlich in der gegenüberliegenden Berglehne im Walde verschwand. Eine so unerwartete und plötzliche Überraschung, die leider dem auf der rechten Seite sitzenden Herrn von Cramon und dem Chauffeur entgangen war, da der Bär so nahe vor dem Auto passierte, dass ihn der Vorderteil des Wagens beim Überqueren der Straße verdeckt hatte. Ein ebenso interessantes als auch seltenes Erlebnis, das noch lange ein heiteres Gesprächsthema auf der langen Fahrt über Borgoprund (Prundu Bârgăului) und Vatra Dornei nach dem fernen Jagdschloss in der Bukowina abgab. Da ich das Revier kannte, konnte ich noch vor Erreichung des Jagdschlosses die beiden besten Jagdführer des dortigen Gebietes bei der Vorbeifahrt aus den Betten stöbern, um ihnen die Dispositionen für den kommenden Morgen zu erteilen.

23 Uhr 30 war es, als wir das reizend gelegene Jagdschloss erreichten. Ein Imbiss gab noch die nötige Bettschwere, und alsbald lag jeder von uns in seinem köstlichen Pfühl, hoffnungsfreudig dem nächsten Morgen entgegenträumend.

Der 28. sollte auch keine Enttäuschung bringen, denn schon im ersten Morgengrauen, ehe noch die Sonne über den Hochkamm des Giumalău

Der König mit dem von ihm erlegten Wolf von der Seaca.
Fot. Popescu

lugte, krachte uns von den beiden sich gegenüberliegenden Talhängen das Echo der Schüsse entgegen, so dass ihr Donnergrollen bis zu uns nach dem Schlosse drang und ich und die ganze Kastellanfamilie schon vor Erwartung brannten, das Resultat dieser Kanonade zu erfahren. Mittlerweile war es reichlich spät geworden. Die goldene Sonne durchflutete bereits mit ihren warmen Strahlen den reizenden Talkessel und die angrenzenden Höhen, als man endlich von weitem her vorerst einen und dann den zweiten der Waidgenossen heranschreiten sah. Jeder der führenden Jäger trug ein Geweih.

Im Schlosse angelangt, konnte ich Herrn von Cramon zu einem interessant geformten Zehnender, Baron von Hallberg aber zu einem weit ausgelegten kapitalen Zwölfender beglückwünschen. Ein opulentes, von

Kronprinz Michael mit seinem 18-Ender. (Fot. G. Heiter, Reghin)

Frohsinn reichlich gewürztes Frühstück beschloss diesen ereignisreichen Morgen, dem noch manch schöner waidfroher Tag folgte, bis es hieß, diesem reizenden Tale Lebewohl zu sagen, um an den, dem König zu Ehren durch die beiden Bistritzer Jagdvereine veranstalteten Bärentreiben teilzunehmen.

Am 2. Oktober trafen wir beim Hofzuge am Bahnhof in Jaad (Livezile) ein, von wo mit den Autos durch die königliche Pachtjagd Dorolea und von da nach der Gemeinde Cuşma gefahren wurde. Von hier ging's zu Pferd ins Revier, einem dicht bewaldeten Berglande, das von einem gemischten Waldbestande aus Eichen, Rotbuche und Haselsträuchern bestockt war, indes die eingestreuten Blößen viel Wild- und Nutzobstbäume zierten. Es war daher begreiflich, dass bei dem heuer so ungemein reichen Fruchtsegen sich in den angrenzenden Dickungen Bären und Sauen in reicher Zahl eingeschoben hatten.

Das erste Treiben fand in dem vom Bistritzer deutschen Jagdverein gepachteten Gelände statt und wurde vom Präsidenten dieser Gesellschaft,

Der Zwölfender (links) von Frhr. v. Hallberg und der Zehnender (rechts) von Herrn v. Cramon, Revier Poiana Ițcani.

Rechtsanwalt Dr. Quales, arrangiert, indes das zweite Treiben im Pachtgebiet der rumänischen Jagdgesellschaft vom Advokaten Dr. Tudor Dan und Senator Oanea in Szene gesetzt wurde.

Beide Treiben waren glänzend ausgeführt, so dass es infolge dieser geschickten Leitung gelang, den einzigen in jedem dieser beiden Treiben vorkommenden Bären S.M. zuzudrücken, so dass es ihm glückte, mit je einer guten Kugel einen kohlrabenschwarzen dreijährigen und einen etwa vierjährigen braunen Bären zu strecken.

Die Freude darüber war allgemein und um so größer, als dies die ersten Bären des Königs waren und somit Sr. Kgl. Hoheit dem Fürsten Friedrich von Hohenzollern als alterprobten Bärenjäger Gelegenheit boten, S.M. zum waidgerechten Bärenjäger zu schlagen.

Ein vom Fabrikant Braedt aus Bistritz unter einem mächtigen Zeltdache serviertes ausgezeichnetes Frühstück mit köstlichen Weinen dieser Umgebung erhöhte noch die ohnehin schon waidfrohe Stimmung, so dass es ziemlich spät wurde, als zum dritten und besten Treiben aufgebrochen wurde.

Ehe dieses Drücken begann, wechselten von außen her drei Bären, darunter ein kapitaler Recke, an mir vorbei in das Treiben hinein, so dass ich beruhigt dem Ausgange dieser letzten Tagesunternehmung entgegensehen konnte. Tatsächlich fielen an den Ständen des Königs und der Gäste mehrere Schüsse, und als die Schützenkette aufgerollt wurde, lag je ein Bär vor dem Fürsten von Hohenzollern, Baron Hallberg und dem Gardemajor J. Radu. Die drei Bären, die ich gesehen hatte, waren nicht dabei. Sie hatten sich geschickt aus dem Treiben gedrückt.

Am Abend versammelte noch der Hofzug in Jaad (rum.: Livezile) die gesamte königliche Jägerei, indes Administrator Popescu und ich uns abmeldeten und die Rückfahrt per Auto noch in dieser Nacht nach Reghin antraten, von wo ich nochmals in die Görgenyer Berge aufstieg, um auf die mir alljährlich bewilligten Hirsche zu waidwerken.

Ich war diesmal auch dem Rekordwahnsinn verfallen, wollte ich doch noch für die Internationale Jagdausstellung in Berlin etwas ganz besonderes einsenden, und so verschmähte ich anfänglich sehr starke, dann brave Hirsche, bis ich schließlich, um nicht als Schneider heimzugehen, in den letzten Tagen meiner knapp bemessenen Zeit zufrieden sein musste, dass ich überhaupt noch einen mäßigen 12-und 14-Ender erbeuten konnte. Das kommt aber davon, wenn man vom Rekordteufel befallen wird!

Was Bären anbelangt, hatte ich noch nie in meinem ganzen Leben einen solchen Anlauf, wie eben in diesem Jahre. Am 25. September, 16 Uhr 45, beobachtete ich eben zwei, auf etwa 60 Schritt von mir entfernt treibende Hirsche, wobei meine ganze Aufmerksamkeit auf diese gerichtet war, als plötzlich rechts von mir ein Bär, der auf leisen Sohlen herangewechselt war, ohne dass ich ihn vorher gesehen oder gespürt hatte, flüchtig wurde und mitten durch die, des krachenden Astwerks wegen, verhoffenden Hirsche hindurchpreschte, ohne dass diese jedoch durch den verursachten Lärm erschreckt, flüchtig geworden wären. Am 27. September überquerte vor dem Auto, wie schon erwähnt, der zweite Bär die Fahrstraße. Am 2. Oktober wechselten drei Bären auf 50 Gänge

Der 14-Ender des Verfassers. (Foto: Oberst v. Spieß)

in das dritte Treiben hinein. Am 3. Oktober zog gemächlichen Schrittes auf etwa 120 m ein hochläufiger schwarzer Bär durch ein Waldtal, indes am 6. Oktober, als ich mit einem Jäger zu einem Hochstande ging, ein Bär durch das Knistern des dürren Blattwerks aufmerksam geworden, vor uns absprang. Und als wir 17 Uhr 15 frierend auf dem Hochstand saßen, wo ich am Morgen den 14-Ender geschossen hatte, wechselte, durch die Wittrung angelockt, eine Bärin mit zwei Jungbären herbei, die am Rande der Dickung lange im Zweifel war, ob sie gänzlich austreten sollte oder nicht, bis sie schließlich langsam kehrtmachte und im Waldbestand unseren Augen entschwand. Als wir, mein Jäger und ich, am 7. Oktober, morgens, keinen Aufbruch mehr auf der Stelle fanden, wo ich am Vortage den 14-Ender erlegt hatte, entschlossen wir uns, am Nachmittag schon, um 15 Uhr, den Hochstand zu beziehen und dort auf den Bären anzusitzen. Um 16 Uhr 10 zog tatsächlich bei hellem Tage gemächlich ein rotbrauner Bär heran, verhoffte öfter, nahm Witterung und stand etwa 50 Gänge sichernd auf einer kleinen Lichtung breit vor mir. In der Hoffnung, dass er an die Knochenreste herankommen werde und mir dabei Gelegenheit zu interessanten Beobachtungen geben würde, schoss ich nicht, bis er schließlich, durch irgend etwas misstrauisch geworden, in einem dichten Fichtenstreifen unseren Augen entschwand. Ärgerlich, dass ich mir diese gute Gelegenheit entgehen ließ, einen Schuss anzubringen, saß ich nun, klappernd vor Kälte, bis 17 Uhr 25 auf meinem luftigen Hochsitz, als der unweit von mir sitzende Jäger mich leise berührte und „Ursu“ zuflüsterte. Ich legte den Stutzen auf den schmalen Ausschnitt des Hochsitzes und wartete auf dessen Erscheinen. Und richtig! Langsam schob sich aus der nahen Fichtendickung ein starker Bär hervor, der vertraut heranzog, um öfter verhoffend sich der Stelle zu nähern, wo ich am Morgen einige Laufknochen des Hirsches hingelegt hatte.

Als der Bär auf 40 Schritt, erneut Wind nehmend, breit dastand, versuchte ich zu zielen. Doch die Schießscharte zwischen den beiden Balken war zu schmal, so dass ich mit dem aufgesetzten Fernrohr nichts sehen konnte. Ich entzog daher die unterlegte Hand dem Schaft, so dass Holz auf Holz lag, zielte ruhig aufs Blatt, gab Feuer und weg war er. Es krachte noch einiges Fallholz im Fichtengewirr, und dann war Ruhe. Mein Rumäne und ich starren uns stumpfsinnig an, und ich glaube, in meinem ganzen Leben kein dümmeres Gesicht gemacht zu haben als eben damals. Die breite Körpermasse dieses vertraut dastehenden Recken war glatt überschossen. Ich hätte bei der Vertrautheit des heranwechselnden Wildes ganz gut noch aufstehen und frei über den Schartenbalken hinweg, ebenso aufgelegt, schießen können, doch in der gespannten Aufmerksamkeit, die auf das heranschreitende Wild gerichtet war, kam mir leider der gute Gedanke nicht, und so hatte ich alter Ballistiker den unverzeihlichen Fehler begangen, hart auf hart aufzulegen, was zur Folge hatte, dass die Kugel aus meiner ausgezeichneten 8-mm-Büchse, mit der ich fast nie einen Fehlschuss kannte, über den breit dastehenden Bären hinweg ging. Man sieht eben, dass selbst der erfahrenste Jäger, wenn es drum und dran geht, immer noch Dummheiten macht und das man im Weidwerk niemals auslernen kann.

Jagdhütten im Hirschrevier Tăușor.

Die Strecke der Brunft 1937 im königlichen Leibgehege Gurghiu betrug diesmal 17 Hirsche, qualitativ schlechter als in allen vorhergehenden Jahren, eine Klage, die von fast allen Revieren gleichlautend einlief.

Meine Ansicht ging von jeher dahin, dass eine so absolute Schonung des Kahlwildes und selbst der schwachen Kälber nur eine beschränkte Dauer haben darf.

Die gute Absicht der staatlichen Jagddirektion, mit der Schonung solange durchzuhalten, bis alle Reviere mit der, seinem Flächeninhalt und den Äsungsverhältnissen entsprechenden Zahl Rot- oder Rehwild versehen sind, habe ich stets für richtig und löblich gehalten, nun aber, wo dieser Wunsch reichlich erfüllt ist, muss endlich dieser Sparsinn ein Ende nehmen, und zwar: um so mehr, als durch die allgemein rationelle Vertilgung der Wölfe der entsprechende Geschlechterregulator fehlt, da doch diese Räuber stets mehr weibliches, als männliches Wild reißen.

Wenn jemand aber behauptet: „Ja, wir haben noch immer sehr viel Wölfe“, so hat dies allerdings insofern seine Berechtigung, als Wölfe und sonstiges Raubwild sich ja vorwiegend dort einstellen, wo ihnen der Tisch reichlich gedeckt ist. Wir suchen auch ein billiges, gutes und reiche Kost bietendes Gasthaus lieber auf als ein schlechtes. Warum sollen es die Wölfe anders machen, wenn sie in einem überhegten Revier den Tisch reichlich gedeckt finden. Dafür fehlen sie in schlechter besetzten Revieren gänzlich oder sie sind nur auf dem Durchzuge. Wo also dieser natürliche Geschlechterregulator fehlt oder nur im geringeren Maße seinen ihm von der Natur eingeräumten Wirkungskreis ausübt, muss eben die Büchse herhalten. Nicht der Abschuss von Alttieren macht's, denn hier sind sie das erprobte, stets auf die Sicherheit ihrer Sippe und Erhaltung der Art bedachte Element. Weg gehören hauptsächlich schwache oder spät gesetzte Kälber, die entweder nicht durch den Winter kommen oder ihrer schlechten Konstitution wegen Artverderber darstellen, bis sie schließlich doch einmal dem Raubwild zum Opfer fallen.

Verwendung hat man für deren Wildbret reichlich, und da es bei uns noch nicht Regel ist, das Wild zu verkaufen, so entschädige man damit vorerst alle jene Dorfbewohner, deren Vieh vom Raubwild gerissen wurde, oder die armen Leute der an den Bergfüßen gelegenen Dörfer, die sicher dankbar für diese winterliche Beihilfe sein werden. So kann es aber nicht weiter gehen, sieht man doch derzeit schon Rudel zu 20 bis 30 Tieren und Kälbern mit etwa einem schwachen Zehner- oder Achterhirsch. Was soll denn daraus werden? Sicher nichts Gutes! Da sich nun schon Rotwild in Gebieten, wo seit Menschen Gedenken kein solches war, eingebürgert hat, so muss die Überhege des weiblichen Wildes ein Ende nehmen. Kapitalhirsche wird es wohl immer geben, doch wird ihr Verhältnis zu den schwachen und schwächeren Hirschen ein immer geringeres werden, und wenn da nicht rechtzeitig Einkehr gehalten wird, gehen wir hier einem bösen Ende entgegen. Also reduziere man das hochkommen der Wölfe, aber im gleichen Maße auch den Überschuss an schwachen Kälbern und Tieren und denke dabei auch an die arme und notleidende Bevölkerung, der mit einem Wildbretzuschuss über den Winter geholfen werden könnte.

Und nun nach dieser allgemein gehaltenen Abschweifung wieder zurück zu unseren schönen Leibgehegen, die erfreulicherweise von den besten Nachbarn umgeben sind, so dass das Weidwerk daselbst S.M. dem Könige und dessen Gästen jederzeit ein Born der seelischen Erquickung und angenehmen Zerstreuung ist.

Während es dem König gelang, fünf starke Hirsche, und zwar zwei von 16 Enden, einen 14-Ender, einen Zehner und einen Achter zu erlegen, erbeutete der Kronprinz einen 18-Ender, einen 14-Ender und einen 10-Ender. Fürst Friedrich von Hohenzollern schoss einen 16-Ender, der Ministerpräsident G. Tătărescu einen Zehnender und Oberjägermeister von Mocsonyi einen 12-Ender.

Dabei sei ein ganz interessantes Erlebnis S.M. erwähnt, das nur ganz selten einem Waidmann in dieser Art zuteil wird, und zwar die Erbeutung eines sehr starken Wolfes zwischen mehreren schreienden Hirschen, die ein Tier umwarben. Der König war eben daran, einem Hirsch die Kugel anzutragen, als ein grauer Schatten es ebenfalls versuchte, sich an die Hirsche zu drücken. Doch der scheue Räuber hatte alsbald die Jäger entdeckt und scharf wendend wollte er sich flüchtig aus dem Staube machen, doch

Im Gamsrevier Tărâța Podragu im Fogarascher Gebirge

im gleichen Augenblick durchschlug die sichere Kugel dessen Schädel, so dass er wie vom Blitz getroffen in sich selbst zusammenbrach.

Den Abschluss der heurigen Hochgebirgsjagden bildete noch ein Ausflug des Fürsten von Hohenzollern, dessen Oberjägermeister Baron von Hallberg und mir in das herrliche Fogarascher Gebirge auf den Brunftgams, wobei es Sr. Kgl. Hoheit gelang, zwei Böcke und dem Baron von Hallberg einen solchen zu erbeuten.

Während die Hirschbrunft manch starken Regenschauer und trübe Tage brachte, schloss die Gamsjagd mit dem herrlichsten, echt siebenbürgischen Herbstwetter. Ein tiefblauer Himmel überspannte den in viel hundert Farben prangenden Wald, indes die beschneiten, kristallklaren Häupter der Transylvanischen Hochkämme weithin sichtbar hinab zu Tale grüßten. Dankbaren Herzens schieden wir daher von dieser Pracht, voll der besten Hoffnungen für das kommende Jagdjahr 1939.

Radu V. Mija:

Das Schicksal Gurghiu's zwischen 1938 und 1989

Es ist schwer, eine durchgehende Zeitspanne zu erfassen, die voller stürmischer Entwicklungen, voller Ereignisse und Menschen ist, die dieser Gegend durch ihre Erlebnisse und Gefühle und durch ihre Erinnerungen einen unschätzbaren Wert verliehen haben. Die Spuren verlieren mit der Zeit ihre Konturen. Ihre Deutung wird schwierig und es bleiben viele Fragen offen. Ich habe festgestellt, dass auch historische Ereignisse, die eine Epoche geprägt haben, nicht immer helfen können, die Wahrheit über die Zeit zu erkennen und zu entschlüsseln. Das vorliegende Kapitel ist im Wesentlichen eine Zusammenfassung von Fragmenten aus Berichten über die letzten Jahrzehnte des 20. Jahrhunderts. Ihre Autoren sind beredte Zeitzeugen.

Betrachtet man die Jagd in Rumänien im letzten Jahrhundert, so erfüllt sie nicht immer den Anspruch auf ein gerechtes und würdiges Weidwerk. Was geschah, verschwindet größtenteils im Dunkel der Zeit. Übrig bleiben aber die Trophäen, die in den Wirren der Vergangenheit erbeutet wurden.

Im Jahr 1928 erscheint in Hermannstadt (Sibiu) die Monographie „Gurghiu" von August von Spieß, von einem ausgezeichneten und leidenschaftlichen Jäger voller Hingabe geschrieben. Es war das erste Werk, das er als Monographie herausgab und das seine unverkennbare Handschrift trägt. In seinen vielen Dienstjahren hatte er Informationen und Dokumente über das Gebiet um Gurghiu gesammelt und schon unzählige Artikel in den deutschen und österreichischen Jagdzeitschriften veröffentlicht. Eine Besprechung des Buches erschien in der *Revista Vânătorilor*

Nr. 6 des gleichen Jahres.[8] von C.A.V. Popescu, einem Freund des damals sehr bekannten Verfassers. Auf den zwei Seiten fasst der Rezensent seine Darstellung des Werkes zusammen:

„Ich betrachte das Buch in seinem Festtagsgewand. Auf dem dunkelroten Einband, in Golddruck, das von einem Strahlenkranz umgebene Haupt des Hubertushirsches. Darunter das Wort „Gurghiu" und der alte ungarische Name „Görgény-Szt-Imre". Ich sehe mir das Buch mit seinem Einband wie roter Marmor und den Goldbuchstaben lange an. Ich habe den Eindruck vor einer Gedenktafel an einer alten efeubewachsenen Schlossmauer zu stehen. Stille um mich her. Man hört nur das Rauschen des Windes um die alten Türme des Schlosses, der von ruhmreichen und glanzvollen Tagen, aber auch von solchen der Kämpfe und vielen, vielen Leiden erzählt.

Ich stehe mit entblößtem Haupt und lese Buchstaben für Buchstaben die Inschrift der steinernen Tafel, denn das Buch von Oberst von Spieß ist die Gedenktafel, die er auf dem Grabe des großen rumänischen Weidmanns errichtet hat, auf dem Grab unseres unvergessenen KÖNIG FERDINAND I, dessen Gedenken das Buch gewidmet ist.

Gurghiu! Gibt es einen rumänischen oder gar ausländischen Jäger, der unser Land kennt und dessen Herz nicht schneller schlägt, wenn er den Namen dieses Jagdparadieses hört? Unendliche Urwälder, unterbrochen von großen Dickichten, die auf den Schlägen oder auf von Feuer verwüsteten Flächen wachsen. Berge, deren Spitzen sich stolz über die Tannenwipfel erheben, deren Hänge Fichten und Buchen bedecken, ein riesiges Gebiet, bevölkert von mancherlei Wild, vom alten „Meister Petz" bis zum Urhahn, dem Sänger des erwachenden Frühlingsmorgens.

… Im Rahmen einer Buchbesprechung vermag ich nicht viel über den Inhalt dieses Buches zu sagen, aber ich kann allen, die des Deutschen mächtig sind, empfehlen es zu lesen, um sich an dem sehr interessanten

8 Popescu, C.A.V.: Gurghiu, in: Revista Vânătorilor, nr. 6, 1928, p. 110–111.

Inhalt, geschrieben im Stil eines alten Weidmannes, wie Oberst von Spieß ja einer ist, und an der reichen interessanten Bebilderung zu erfreuen.

Es sind 90 Jahre vergangen, seit das Buch erschienen ist. Mit unbestrittener Glaubwürdigkeit und von hohem dokumentarischen Wert erzählt es die mehr oder weniger bekannte Geschichte des märchenhaft schönen Gurghiu-Tales. Ich werde meinerseits von den denkwürdigen Ereignissen berichten, wie sie sich auf Grund bibliographischer Quellen seit dem Erscheinen des oben genannten Buches belegen lassen. Über die Ereignisse der einzelnen Jagdsaisons im Gurghiu-Tal bis zur Pensionierung von Oberst von Spieß, 1938 ist von diesem in den verschiedenen deutschen Jagdzeitschriften berichtet worden. Ich habe meine Informationen auf die Zeit ab 1938 beschränkt, um den Leser nicht zu langweilen und um viele sensible Aspekte zu umgehen. Manchmal bleibt Vergangenes vergangen, aber in gewisser Weise ist es trotzdem da, als Hintergrund für viele Geschichten, die die Zeit überdauern.

In den Nummern Oktober – November der Zeitschrift „Carpații", als im Herbst durch die Wälder die Symphonie des Brunftschreis ertönte,

An seinem Schreibtisch Ionel Pop, Redakteur der Zeitschrift „Carpații", im Alter von 86 Jahren (24.11.1975)

hat Ionel Pop[9] den Berichten über die königlichen Jagden weitgehend Raum gewährt. Das Revier von Dr. Ionel Pop und einigen guten Freunden grenzte an das königliche Leibgehege von Gurghiu. Es war ein zauberhaftes Gebiet, geliebt und gepflegt von dem hochherzigen Schriftsteller. Nach der Abtretung Nordsiebenbürgens[10] an Ungarn wurde Ionel Pop durch seine Artikel zum glühenden Kämpfer für die Jagd und die Jäger der aus seiner Sicht besetzten Gebiete. Leider hat man auf diesen Patriotismus später keine Rücksicht genommen. Er wurde eingesperrt und den Härten des Kommunismus unterworfen, stigmatisiert als Neffe des ehemaligen Politikers Iuliu Maniu[11].

Am 1. April 1938 trat Oberst von Spieß als Kgl. Hofjagddirektor in den Ruhestand und wurde von König Carol II mit der Verordnung Nr. 3 zum „Hofjägermeister ehrenhalber" ernannt.[12] I. Bibi Popescu wurde Generalinspekteur der kgl. Jagden und erhielt die Verwaltung aller königlicher Jagdgebiete auf dem Territorium Rumäniens. Stefan Boer wurde Hofjagddirektor[13].

Ein Artikel aus dem Herbst des gleichen Jahres verrät uns Folgendes: „Gerade zur Brunftzeit erlebte die internationale Krise ihren Höhepunkt und sie konnte jeden Moment zum Ausbruch des Krieges führen. In dieser schwierigen Situation geschah es zum ersten Mal seit seiner Thronbesteigung, dass S.M. der König auf die beruhigende Einsamkeit und die Schönheit der Jagd von Gurghiu zur Hoch-Zeit der Hirsche verzichtete.

9 Pop, I.: (1889–1985), Rechtsanwalt, Politiker, Schriftsteller und Redakteur der Zeitschrift „Carpații".

10 Bei dem 2. Wiener Schiedspruch vom 30.8. 1938 musste Rumänien Nordsiebenbürgen an Ungarn abtreten. Je nach Standspunkt sprach man von der Abtretung Siebenbürgens an Ungarn oder von der Besetzung des Gebietes durch Ungarn.

11 Iuliu Maniu (1873–1953): Führer der Nationalen Bauernpartei, mehrfach in der Zwischenkriegszeit Ministerpräsident, Minister, heftiger Gegner des Wiener Schiedsspruches. Wird 1945 aus der Regierung ausgeschlossen und 1947 zu lebenslanger Zwangsarbeit, resp. Haft verurteilt. Stirbt im Gefängnis.

12 Pop, I.: Schimbări și numiri în înalta conducere a vânătorilor regale. (Änderungen und Ernennungen in der oberen Führung der königlichen Jagden). In: „Carpații" 1938, Nr. 5, p. 143.

13 Pop, I.: Mugetul de cerbi în anul 1938. (Die Hirschbrunft 1938). In: „Carpații", 1938, Nr. 11, p. 330–333.

Generalinspekteur I. Bibi Popescu mit dem Jagd- und Hegepersonal des Leibgeheges Gurghiu, 1928 (Foto: G. Heiter, Reghin)

… Das Schloss von Lăpuşna, die Hochalmen von Sirod, Talian, Poiana Gătii, die Schläge amŢigle, das Tal von Făncel, – das ganze Jagdparadies von Gurghiu wartete diesmal vergeblich auf seinen Hohen Jagdherren. Auf dem kgl. Gebiet Gurghiu wurden vier Hirsche geschossen, der Beste davon durch den neuen Hofjagddirektor, Stefan Boer."

Desweiteren berichtet die Zeitschrift „Carpaţii" Nr. 12 im gleichen Jahr, dass im Revier Ibăneşti im November ein Bär von Herrn Gh. Popescu erlegt wurde. Leider wurde seine Stärke nicht angegeben.

Im Jahr 1939 überschlugen sich weltweit die politischen Ereignisse, was zur Folge hatte, dass kein Mitglied des königlichen Hauses zur Brunftjagd kam.

„Und siehe, schon das zweite Jahr, dass die besten Brunftgebiete Gurghiu's, Schloss Lăpuşna – ihren Herren nicht sahen und ihm nicht Tage voller Frieden und Zufriedenheit bieten konnten – procul negotiis[14]

14 Beatus ille, qui procul negotiis (Horaz 1.Vers d. 2. Gedichtes: Glücklich jener, der fern seiner Geschäfte ist).

König Carol von Rumänien auf der Hahnenbalz im Frühjahr 1940 (Rev. Carpații Nr. 6)

– und auch nicht den erlesenen Schmuck der starken Hirsche. ... Im kgl. Leibgehege Gurghiu wurden sieben Hirsche mit einem Gewicht von 7–9 kg erlegt. Wir nehmen an, dass die Herren Anton von Mocsonyi, Stefan Boer, I. Popescu und der Oberheger Iacob Iacob ihre Waffen von der Schulter genommen und auf einige starke Hirsche gerichtet haben, in der Hoffnung, dass die Hirsche im nächsten Jahr wenigstens wieder so gute Stangen aufsetzen, die eine Kugel des Hohen Jagdherrn würdig seien."[15]

Anlässlich der königliche Jagd im Frühjahr 1940 kamen auf Schloss Lăpușna König Carol II und sein Sohn, der Kronprinzen Mihai, zusammen. Je älter er wurde, umso mehr gab sich der jugendliche Fürst dem

15 „Carpații" 1938, Nr. 12, p. 379.

Zauber der Jagden in den Bergen um Gurghiu hin. Während ersterer zwei Auerhähne schoss, erlegte der Kronprinz Mihai den ersten Auerhahn in seinem Leben. Dies sollte ihre letzte Jagd in Gurghiu gewesen sein.[16]

Wie Herz zerreißend war die Klage von I. Pop, dem Redakteur der Zeitschrift „Carpații", gleich nach dem 2. Wiener Schiedsspruch:

„O! Ihr Berge des gefallenen Siebenbürgens! In deiner Armut stolzes Maramuresch, Rodna der schwarzen Krieger[17], altes Căliman, mit den noch nicht verblichenen Spuren der Wisente in deinen geheimnisvollen Wäldern, undurchdringliches Țibleș, geliebtes Gurghiu und ihr andern alle, die ihr zwanzig Jahre lang die Herzenswärme eurer wahren Herren gespürt habt, wie könnten die Tränen in unsern Augen bis zu einem neuen Sonnenaufgang trocknen und wie könnte in unserm Gedanken euer Bild verblassen?"[18]

Im gleichen Jahr des Herrn, am 2. Oktober 1940, wurde in Rumänien, in Sboina Neagra, Soveja (Kr. Putna – Bacău) ein Hirsch von Forstingenieur Romeo Stănescu geschossen, der für viele Jahre der Weltrekordhirsch sein sollte. Sein Geweih wog 15 kg, und erhielt 227,13 Nadlerpunkte und 243,17 CIC-Punkte. Er war der bis dahin stärkste in Rumänien erlegte Hirsch. Erst nach einem Jahrzehnt ging der Rekord über an den Hirsch von Dr. Kosch aus Sächsisch-Reen (Reghin).

Die Hirsche im Gurghiu Tal gingen wie gewohnt ihrem Treiben nach und begannen ihre Brunft. Sie ahnten nicht was für schwere Zeiten und grausame Heimsuchungen sie und alles Getier im Tale von dem Moment an noch erwartete, von dem das Regime Horthys in Siebenbürgen begann.

Im heißen Jahr 1940, teilt uns Ionel Pop unter der Rubrik „Aus Berg und Tal" das Schicksal der Hirschkuh Zunzi mit, die bereits eine Attraktion im Schloss Lăpușna geworden war.

---

16 Pop, I.: În fruntea vânătoarei românești" (An der Spitze der rumänischen Jagd). In: „Carpații", 1940, Nr. 6, p.153–154.

17 Pop, I.: Mugetul de cerbi în anul 1939. (Herbstbrunft 1939). In: „Carpații", 1939, Nr. 12, p. 363–365.

18 Schwarze Krieger nannte man die Grenzer, da sie schwarze Mäntel trugen.

Frau Prunca Popescu, geb. Pausinger, mit der zahmen Hirschkuh Zunzi vor dem Schloss Lăpuşna (Foto: Spieß)

„In der Nähe des kgl. Jagdschlosses Lăpuşna hat sich eine Familie zahmer Hirsche eingefunden. Gründerin dieser Familie ist die Hirschkuh Zunzi, die von klein auf von den Schlossbediensteten aufgezogen worden war. Alle pflegten sie mit Liebe, kosten sie, streichelten sie, gaben ihr erlesene Happen vom Menü der Hirsche. Zunzi begrüßte alle kokett, die mit dem Auto dort ankamen, kletterte die Treppen hoch, besuchte auch die verschiedenen Zimmer und begleitete manchmal auch die Wagen oder die Reiter ihres Herren. Nach zwei Jahren, zur Brunftzeit, verschwand sie für eine Woche, um im folgenden Frühjahr einem Kalb das Leben zu schenken. So wurden es allmählich drei bis vier Stücke, die in vollkommener Freiheit in der Nähe des Schlosses lebten. Niemand schlug sie, niemand tat ihnen jemals etwas Böses. In diesem Herbst kamen neue Leute hin, mit einer unflätigen Sprache, mit Flüchen und Hieben. Die alten Herren und Heger wurden verjagt. Eines Tages untersuchte Zunzi ausgiebig die Orte, an denen vorher ihre guten Herren gewohnt hatten, aber sie fand nur an Leib und Seele fremde Menschen. Sie sammelte ihre Familie und verschwand im Dunkel der Berge. Sie ist nie wieder gekommen ..."[19]

Der Herbst des Jahres 1940 forderte seine Rechte. Das kgl. Leibgehege wurde andern „Herren" übergegeben. Viel ist nicht überliefert aus der kurzen Zeit der Abtretung von nur einigen Jahren. Admiral Miklos Horthy war ein passionierter Jäger, das Jagdparadies des Gurghiu-Tales war für ihn genau die richtige Spielwiese, um seiner Lust an allen Jagdarten zu frönen. Er und seine Gäste organisierten Jagden auf Bär, Wildschwein und Hirsch. Die Regeln einer weidgerechten Jagd wurden nicht mehr eingehalten, es galt das Prinzip, um jeden Preis Beute zu machen. Leider gibt es keine Angaben über die Größe der Strecken oder den Wert der Trophäen. Der ungarische Abschuss, auch wenn er sich nur über eine begrenzte Zeit erstreckte, kann als sprechendes Beispiel dienen, um zu zeigen, wie zerbrechlich der Wildbestand einer Art ist und wie schnell er dezimiert werden kann. Damals wie heute kann ein Hochwildrevier in 3–5 Jahren durch unvernünftige Jagd ruiniert werden und es braucht mehr Jahre als man glaubt, um sich zu erholen.

Nachdem die ungarischen Regierungsvertreter wieder verschwunden waren, bringt Ionel Pop voller Freude eine andere gute Kunde in der Rubrik „Kleine Nachrichten" der Zeitschrift „Carpații": „... Wir haben eine gute Nachricht aus dem kgl. Leibgehege Lăpușna (Mureș) erhalten... Die alten Heger, an der Spitze mit Gliga, sind wieder auf ihren Posten: der Herr Verwalter I. Popescu hat wieder die Leitung des Jagdgebietes übernommen. Das ist eine Garantie, dass alle Schäden bald wieder geheilt sein werden und dass dieses Revier bald wieder auf der Höhe von 1940 sein wird."[20] Die „Revista pădurilor" (Zeitschrift der Wälder) teilte im Jahr 1945 mit, dass I. Popescu während der Zeit der ungarischen Besetzung auf

19 Pop, I.: A plecat și Țunți. (Auch Zunzi ist gegangen), in: „Carpații", 1940, Nr. 12, p. 317.
20 Pop, I.: „Știri mărunte" (Kleine Nachrichten). In: „Carpații", 1945, Nr. 7–10, p. 125.

der Domäne Săvârşin tätig gewesen sei, wo sich bedeutende Bestände von Damwild befanden. Bis zur Abdankung König Carols, 1947, war I. Bibi Popescu stets mit Hingabe im Dienste seines Souverains für den Schutz des Wildbestandes der königlichen Gehege tätig. In den folgenden Jahrzehnten aber stand sein Schicksal stark unter dem Einfluss der gemeinen Schikanen des Geheimdienstes des neuen Regimes.

Wenn zur Zeit der ungarischen Herrschaft die Zeitschrift „Carpaţii" durch die Stimme des Patrioten Ionel Pop gegen die Missstände in den Jagdrevieren Nordsiebenbürgens ankämpfte, so verhielt sich die „Revista Vânătorilor" in Bukarest moderat, ja fast apathisch. Um Ionel Pop scharrte sich eine Gruppe beherzter Siebenbürger und Bukowiner, die sich für die Wahrheit in jener unsicheren Zeit einsetzte.

So schreibt Simeon Vulcu, ein tüchtiger Jäger und angesehener Mann in Mühlbach (Sebeş): „Heute kennen wir die Situation der Hirsche in Gurghiu nicht oder nur sehr vage. Dennoch habe ich erfahren, dass sich dort zur Zeit der Besetzung viel geändert habe. Der Forstingenieur M., bis 1940 wohnhaft in Mühlbach (Sebeş), von ungarischer Volkszugehörigkeit, war, als Gurghiu jetzt zu Ungarn gehörte, lange Zeit Verwalter des dortigen Jagdgebietes. Als er 1943, vorübergehend mit seiner Frau nach Mühlbach zurückkam, hat er mir vieles über die Jagd des Reichsverwesers Horthy in Gurghiu erzählt. Im Besondern habe ich erfahren, dass viele Schäden durch das ungarische Militär und durch Wilderer verursacht wurden. Es wurden Treibjagden zur Fleischbeschaffung abgehalten. Der Hirsch ist eine Seltenheit geworden."[21]

In der Zeit der ungarischen Besetzung sind die Jagdgebiete Gurghiu von den neuen und zeitweiligen Herren geschändet worden. Sie wussten, dass sie diese nur auf Zeit nutzen konnten, deshalb kann ich nicht glauben, dass eine vernünftige Jagd betrieben wurde. Aber manchmal hat die Natur die Kraft die Wunden zu heilen, die ihr die Dummheit des Menschen zufügt. Horthy Miklos, vielleicht begierig nach Revieren in der Art der von

21 Vulcu, S.: „Cerbul românesc" (Der rumänische Hirsch). In: „Carpaţii" 1946, Nr. 9, p. 171.

Admiral Miklós Horthy (1868-1957), Reichsverweser Ungarns von 1920-1944, auf Jagd in Gurghiu. (Foto: Privatarchiv)

Rominten und Schorfheide, hat sich, nicht weit von Schloss Lăpușna, sogar ein eigenes Schloss von den jüdischen Gefangenen aus dem Lager in Poiana Cristigi bauen lassen. 1957 fiel es den Flammen zum Opfer. So ist das schöne Schloss Horthys vollkommen verbrannt und nur ein paar steinerne Mauerreste sind, von Fichten überwuchert, übriggeblieben. Mag es ein Zufall sein oder nicht, einige Jahrzehnte später behandelt der Schriftsteller Ionel Pop eine verblüffend ähnliche Episode, wie sie sich im Gurghiu-Tal abgespielt haben könnte, als Thema seiner Novelle „Văpaia“ (Die Flamme).[22]

22 Pop, I.: Văpaia“ (Die Flamme). Bukarest 1984.

In dem Artikel „Die Situation der Jagd in dem kgl. Leibgehege Gurghiu“ stellt der Forsting. Vasile Cotta die Lage jener Jahre in dem 45.000 ha umfassenden Gebiet, so viel hatte das kgl. Revier, wie folgt dar: Im Jahr 1945, nachdem die rumänische Forstverwaltung wieder eingerichtet worden war, konnte man den von den vorherigen Inhabern verursachten Niedergang feststellen und bewerten, insbesondere was den Rückgang des Hirschbestandes betraf. Von Juli bis Oktober wurden dringende Maßnahmen zur jagdlichen Wiederbelebung ergriffen. Hier ein paar Passagen aus dem genannten Artikel:

„... Im Juli 1945, als die rumänische Forstverwaltung wieder eingerichtet wurde, fand sie weder eine funktionierende Jagdverwaltung, noch eine wirksame Aufsicht im kgl. Gehege vor, so dass diese sich auch darum kümmern musste. Wie man weiß, haben im Herbst 1944 im Gebiet Gurghiu heftige Kämpfe stattgefunden. Wegen der Kriegshandlungen hatte das Wild schwer zu leiden. Die Bevölkerung kam in den Besitz von Waffen und Patronen. Die Wilderei nahm solche Ausmaße an, dass von dem ehemaligen Bestand von 3000 Hirschen, bis zum Juli 1945, als die rumänische Jagdverwaltung wieder eingerichtet wurde, nur noch ca. 250 Hirsche aller Altersklassen und beider Geschlechter übrig waren, d.h. 90 % des Bestandes waren umgekommen. Es gab mehr männliche als weibliche Tiere; Wölfe gab es in großer Zahl. Das Erste, was das Forstamt Lăpuşna unternahm, war, das alte Personal von vor 1940 wieder einzuberufen. Ohne dass es gelang, vollständige Ordnung zu schaffen, bewirkten doch häufige Patrouillen und die Opferbereitschaft des Personals, dass mehrere Wilderer gefangen wurden und es zu einem merklichen Rückgang der Wilderei kam. Kritisch ist jedoch die Situation der Bären, die auf Nahrungssuche ins Tal herabkommen und so den Kugeln der hier noch intensiver tätigen Wilderer ausgesetzt sind. Am meisten hat die Forelle unter den unterschiedlichsten Formen der Wilderei mit der Angel bis zum Dynamit zu leiden. Was die weiteren Maßnahmen betrifft, sind von der Verwaltung der C.A.P.S[23]. die notwendigen Gelder zur Verfügung

23 C.A.P.S. – Casa Autonomă a Pădurilor Statului (1930–1949) – Autonomes Institut zur Verwaltung des forstlichen Besitzes des rumänischen Staates –, jetzt Romsilva.

gestellt worden, sodass das nötige Winterfutter, das Salz für die Salzlecken mitten im Terrain, wo sie besser bewacht werden können, und das nötige Material zur Bekämpfung der Wölfe gekauft werden konnte. Letztere sind im wahrsten Sinne des Wortes eine Landplage."

„Für die Teichwirtschaft wurden zwölf Brutkästen gebaut, die Trennwände der Becken repariert und die Brutanlage wieder in Betrieb genommen, indem die notwendige Zuchttiere gefangen wurden. Die Aufsicht, die Bekämpfung der Wölfe, das Auslegen von Salz und Futter während des Winters sind die ersten und notwendigsten Maßnahmen der Bewirtschaftung. Für das Frühjahr ist die Reparatur der Jagdhütten, Hochsitze und Steige, usw. vorgesehen. Es wird viel Arbeit und Geld nötig sein, um das Gehege wieder auf den Stand vom August 1940 zu bringen, als die rumänische Jagdadministration gezwungen war, es zu verlassen."[24]

Im Rahmen der Diskussionen vom 22–23. Mai 1948, anlässlich der Mitgliederversammlung der „Föderation der Heger und Jäger des Hirsches in Rumänien" (Federația protectorilor și vânătorilor de cerbi din România) in Kronstadt (Brașov) wird eine interessante Statistik über den Hirschbestand in verschiedenen Gebieten Rumänien vorgelegt. Der Sekretär der Vereinigung ist der bekannte Forstingenieur Otto Witting, der Bruder des Hermannstädter Schriftstellers Emil Witting. Demnach sieht die Situation im Kreis Mureș wie folgt aus: „... Wir haben vier Gebiete mit Hirschbestand: Sovata mit einer Flächen von 29.000 ha, aktuelle Dichte 1 Stück auf 1000 ha; das Gurghiu-Gebirge, Fläche 46.000 ha, gegenwärtige Dichte 1 Hirsch auf 250 ha; linke Seite des Mureș 55.000 ha – 1 Hirsch auf 500 ha; rechte Seite des Mureș, Căliman – 36.000 ha – 1 Hirsch auf 500 ha. Der Bestand an Hirschen im Jahr 1940 war – 1000 Hirsche und 3320 Hirschkühe (1 Hirsch auf 50 ha). Der gegenwärtige Bestand ist 100 Hirsche und 350 Hirschkühe. Der Grund für den Zusammenbruch: Ein zu hoher Abschuss während der ungarischen

24 Cotta, V.: „Situația vânatului pe terenul regal Gurghiu" (Die Situation des Wildes in dem kgl. Jagdgehege Gurghiu). In: Revista Pădurilor, 1945, Nr. 10–11, p. 265–266.

Besetzung, Kriegsereignisse, Wilddieberei, Vermehrung der Wölfe und fehlende Bekämpfung derselben, Überweidung, 2 m hoher Schneefall im Jahr 1946. Zur Zeit zunehmender Bestand, vollkommene Einstellung der Wilderei, außer auf den Gebieten der Dörfer Filea und Sovata, wo noch gewildert wird."[25]

Das waren sicher für Mensch und Tier in den Bergen von Gurghiu schwere Zeiten in jenen tristen Jahren. Die obengenannten Ursachen führten insgesamt zur drastischen Verringerung der Bestände bei den wichtigsten Wildarten.

In den folgenden Jahren, in denen der Kommunismus in Rumänien immer weiter eindrang und sich verfestigte, ist auch ein reger Wechsel von zahlreichen Politruks[26], d. h. von politischen Führungskräften, an der Regierung, von Vasile Luca und Anna Pauker bis zu Niculae Ceaușescu, zu beobachten. Die Geschichte sollte nach den Ideen und Plänen jener, die an die Spitze des Landes gekommen waren, umgeschrieben werden.

Von der gefügigen Camarilla des egozentrischen Königs Carol II bis zur proletarischen Bourgoisie, von den Kronen der Monarchie bis zu den proletarischen Baskenmützen war es nur ein Schritt. Ein kleiner, aber entscheidender Schritt. Die unwiderstehliche Anziehungskraft der Jagd, die die sagenhaften Reviere Gurghius boten, erreichte auch die Häupter mit den proletarischen Baskenmützen. Die tödlichen Waffen, früher in vornehmen Händen, kehrten jetzt wieder in die Wälder Gurghius zurück, diesmal aber in den Händen der Genossen Proletarier. Es ist bekannt, dass viele von den wertvollen königlichen Waffen, die beschlagnahmt worden waren, in den Besitz verschiedener kommunistischer Funktionäre gelangten. Diese Waffen sind nach 1989 wiederum an andere Besitzer gekommen, mit andern Eigenarten und andern Gelüsten. Bedauerlich ist auch

25 Witting, O.: „Adunarea generală a Federației protectorilor și vânătorilor de cerbi din România" (Generalversammlung der Föderation der Heger und Jäger des Hirsches in Rumänien). In: Revista vânătorilor 1948, Nr. 6, p. 142–146.

26 Politruk – kommt aus dem sowjetischen Militär: Politkommissar. Hier in übertragenem Sinne für politische Führungskräfte.

dieser Aspekt nach der politischen Wende von 1989, der das Ausmaß des Eigennutzes neuer Machthaber verdeutlicht. Allerlei oportunistische Politiker gaukelten dem Volk eine Demokratie vor, nährten die Illusion eines Aufschwungs, waren aber nur an ihrem eigenen Profit interessiert. So hat man es zugelassen, dass berühmte Waffen bekannter Hersteller verkauft wurden, statt sie in einem Jagdmuseum zu sammeln. Es ist doch offensichtlich, dass anhand der Seriennummer der Waffe der neuen Besitzer identifiziert werden kann. Doch wer will das machen? Es gibt so viel Schuld und moralisch Verwerfliches aus diesen Jahren aufzuarbeiten, dass das Schicksal von ein paar Waffen für die heutige Gesellschaft nicht von Interesse ist.

Die hemmungslose Gier der Mächtigen hat schon so vielen Menschen das Urteilsvermögen gekostet und die Gelüste anderer ins Unermessliche wachsen lassen!

Der Geist des „Vorbildes“, der aus dem Osten gekommen war, hat sich als eine weitgehende Depersonalisation[27] bei den Politikern jener Zeit durchgesetzt. Es war nur eine Frage der Zeit, bis die Clique der kommunistischen Politruks nach einem „harmonischen“ Miteinander suchte und dieses dann in der Jagd fand. N. Ceaușescu war bei weitem der hochmütigste und gierigste Schießer in unserm Land. Viele haben ihn verabscheut, gerade weil sie nicht wie er sein konnten, weil sie sich nicht wie er grenzenlos von allem, was sie wollten, in unserem Land bedienen durften. N. Ceaușescu wird weiter seinen Titel „der größte Schießer von Tieren“ behalten. Er schuf ein echtes Muster von Waldfrevler, den Ökotyp eines kommunistischem Nimrods der Karpathen. In den 90er Jahren folgten instinktiv viele dem Vorbild des großen Diktators nach. Während der kommunistischen Zeit und in den Jahren nach 1989 ist der Zauber der echten Jagd verloren gegangen und ersetzt worden durch eine Gier der

27 Mankurtisierung – Entpersonalisierung, Depersonalisierung, totale Unterwerfung: Der Betroffene (namens Mankurt) wird so lange der Tortur unterzogen, bis er alles vergisst und ein gefügiger Sklave wird. S. Cinghis Aimatov: Ein Tag länger als ein Jahrhundert. Roman

Kugel nach möglichst hohen Punktezahlen bei den Trophäen. Dennoch kann ich nicht unerwähnt lassen, dass die Jahre des Kommunismus auch einige positive Auswirkungen auf die Jagd hatten. So bedeutend hohe Bestandzahlen bei einigen Wildarten wie in der kommunistischen Ära, wird es in unserer Fauna, glaube ich, nie wieder geben. In der Epoche „der traurigen Erinnerungen" hat die Gesetzeslage, sowie die Ernsthaftigkeit im Umgang mit dem forstlich-jagdlichen Bereich zur Entwicklung des Wildbestandes im ganzen Land geführt.

Für die Kommunisten, die das Schicksal des rumänischen Volkes in der Hand hatten, stand die anhaltende Begeisterung für die Jagd im gleichen Verhältnis zu den stattfinden Jagden auf Hochwild, besonders auf Bären. Diese Aktionen waren nichts anderes als einfaches Scheibenschießen auf große Tiere, die von Hunderten von Personen zur pathologischen Befriedigung der „braven" Schießers herbeigetrieben wurden. Denkwürdig sind die beindruckenden Strecken von erlegten Bären, die wie Kartoffelsäcke der Größe nach aufgereiht lagen, und dem krankhaften Stolz des obersten Führers, N. Ceaușescu, schmeichelten. Wahre Gemetzel, voller Barbarei, die in die Geschichte der rumänischen Jagd eingegangen sind.

Um den großartigen Erfolg der Herbsttreibjagden sicherzustellen, wurde eine Unmenge von Treibern aufgeboten, zu der nicht nur das Forstpersonal, sondern auch Soldaten herangezogen wurden. Das ganze rumänische Volk hatte den alten und neuen Genossen zu Diensten zu sein.

Zu den ersten interessierten kommunistischen Politruks, die ein Monopol auf das Gurghiu-Tal beanspruchten, gehörte Vasile Luca[28]. Er konnte sich aber nur kurz dieses egoistischen Privilegs erfreuen, da er nach wenigen Jahren von der politischen Bühne beseitigt wurde.

Der verstorbene Forst ing. Constantin Dominic schrieb in seinem Buch im Jahre 2000:

28 Luca, V. – geboren als László Luka (1898–1963) Szekler, politischer Aktivist, Vorsitzender des Ministerrates (1947–1952), Finanzminister. Beschuldigt des Verrates, stirbt im Gefängnis Aiud.

„… der erste unter ihnen und der passionierteste war Vasile Luca. Er hatte das berühmte königliche Hirschrevier Gurghiu ganz für sich beansprucht. … ebenso auch das ehemalige Hirschrevier Căliman, sowie das berühmte Revier am Fuße des Căliman in der Nähe von Bistritz (Bistrița), in dem sich die Bären im Herbst sammelten.“[29]

In den 50er Jahren arbeitete Dominic auch mit den alten königlichen Hegern aus den Bârgău – Bergen zusammen, ein Gebiet, das auch schon Oberst von Spieß bejagt hatte. Im Herbst 2000 erzählte mir Ing. Dominic, dass die königlichen Heger zur Zeit der Hirschbrunft in eine Flasche urinieren mussten, um durch den Geruch der Flüssigkeit die Hirsche nicht zu stören. Das verlangte der strenge Oberst von Spieß und alle Heger hielten sich brav an das Gebot.

Ion Gh. Maurer[30] begann seine Lehrzeit als Jäger zunächst im Groß-Kokler-Gebiet (Târnava Mare), in den Wäldern um die Stadt Schäßburg (Sighișoara). Er wusste von dem Potential der Reviere um Sächsisch Reen (Reghin), einschließlich des Wildreichtums im Gurghiu-Tal. Ein diplomatischer Kopf, traditionsbewusst und ethischen Werten verpflichtet, war Maurer ein ausgezeichneter Jäger, mit einer tadellosen Erziehung in allem, was die Jagd betrifft. Absolut zielsicher, bewies er unzählige Male seinen unverwechselbaren Stil als Herrenjäger. Mit verstecktem Sarkasmus sagte Gh, Gheorghiu-Dej[31] von ihm: „Er ist ein Bürgerlicher, der sich in die kommunistische Bewegung verirrt hat.“[32]

Eine Zeit lang bestand zwischen Maurer und Ceaușescu ein echter und vielleicht quälender Wettstreit die Jagd betreffend. Maurer selbst erklärte in einem Interview mit Lavinia Betea, das in dem Buch „Maurer și lumea de ieri“ (Maurer und die Welt von gestern) übernommen wurde:

29 Dominic, C.: „O jumătate de secol de vânătoare în Carpații României“ (Ein halbes Jahrhundert Jagd in den Karpathen Rumäniens). Cluj 2000, p.24.

30 Maurer, I.Gh. (1902–2000) – Premierminister Rumäniens, 1961–1974.

31 Gheorghiu -Dej, Gh. (1901–1965). Seit 1945 Sekretär der rumänischen Arbeiterpartei, resp. Kommunistischen Partei. Ab 1948 verschiedene Ministerien,1952–1955 Ministerpräsident, 1961–1965 Vorsitzender des Staatsrates.

32 Betea, I.: „Maurer și lumea de ieri“ (Maurer und die Welt von gestern). Ed. Dacia, 2001, p.17.

Ion Gheorghe Maurer (1902–2000), Premierminister Rumäniens von 1961–1974 (Foto: Perivatarchiv)

„Ceaușescu war ein passionierte Jäger. Er schoß zwar schlecht, aber das störte ihn nicht. Er organisierte sich ganze Trupps von Waldarbeitern und Geheimdienstlern, die ihm das Wild brachten und schossen. Er ließ ganze Haufen von Wild auftürmen und lobte sich dann, alles selbst geschossen habe. Er verhielt sich hier wie in der Politik: Er log, dass alles, was er von andern erhalten hatte, sein Verdienst sei. – Und die andern um ihn herum stimmten ihm zu und du konntest sie nicht davon abbringen, auch wenn du es versucht hast.“[33]

33 idem, p. 240.

Eine erwähnenswerte Episode mit Maurer und der Bevölkerung im Gurghiu-Tal hat der Forst-Ing. Ștefan Dumitrescu beschrieben: „Es war im vorigen Herbst, als man in Răchitaș im Gurghiu-Tal eine Ausstellung von Forstgeräten organisierte. Es passte kalendermäßig gut mit der Hirschbrunft zusammen, zu der auch Ceaușescu eingeladen war. Sie kamen beide mit verschiedenen Fahrzeugen. Maurer kam etwas früher an und als das Auto auftauchte, begann die Menge „Maurer, Maurer, Maurer" zu skandieren. Maurer hielt an, stieg aus und begann, so laut er nur konnte: „Ceaușescu, Ceaușescu, Ceaușescu!" zu schreien und nur schwer gelang es ihm die ehrliche Äußerung der versammelten Menschen zu ändern.

Auch Maurer erinnert sich mit Vergnügen an einen Zufall, bei dem er zwei Wölfe erlegte. „... Der Trieb hatte begonnen und die Sache lief gut. Es war viel Wild dort in Cașva. Als ob man es aus dem ganzen Landkreis dort zusammengetrieben hätte. Ich war auf einem Stand in der zweiten Reihe, oben, Richtung Spitze geblieben als ich plötzlich, zwei Wölfe, ruhig herankommend, vor mir hatte. Ich habe, wie bei den Hasen, das Gewehr von der Schulter gerissen und beide aufs Korn genommen. Bravo, bravo, Maurer! – habe ich mir gesagt. Und weil man in seinem Jägerleben selten das Glück hat eine Wolfsdoublette zu kriegen, habe ich bis zum Ende der Jagd nichts mehr geschossen und in Ruhe und in Schweigen meine Bravour genossen."[34]

Das Schauspiel, das bei den Treibjagden die kolossalen Bären oder die stürmischen Keiler boten, wenn sie vor den Ständen vorbei paradierten, hat die Lust auf diese Jagdart gefördert.

Ein paar Worte sollte man auch über das traditionell sehr an das Gebiet Gurghiu über Generationen gebundene Forst- und Jagdpersonals sagen:

Im Herbst 1979, auf einer Bärenjagd, gab es im Revier Cașva einen Zwischenfall, dem der Techniker Mândru Miron zum Opfer fiel. Nach einem Aufenthalt im Spital kehrte er in den Jagddienst des Gurghiu-Tals zurück. Jetzt im Alter freute er sich, dass auch seine beiden Söhne der Tradition von

34 Dumitrescu, St.: „Vânătoarea intre pasiune și decepții" (Jagd zwischen Leidenschaft und Enttäuschung). Ed. Tipomur, 1996, p. 85–87.

Gurghiu treu geblieben sind, der eine als Leiter des Forstlyzeum Gurghiu, der andere im Dienst des Schutzes von Wild- und Fisch.

Sehr verdienstvoll für seine Professionalität und Hingabe in der Bewirtschaftung der Reviere im Gurghiu- und im Mureș-Tal ist auch die Tätigkeit von Galaftion Cotta., einem Mann von einer so großen Bescheidenheit, wie man sie selten antrifft.

Um schnell und wirksam handeln zu können, wurde für N. Ceaușescu gleich neben den Brunftplätzen am Sirod und Seaca ein Landeplatz für Helikopter gebaut. Man wusste, der Genosse ist stets in Eile. Die Hochsitze für den Ansitz auf die Bären waren geschlossene Räume, wie kleine Wohnungen eingerichtet. Das Futter an den Kirrplätzen war so reichlich, dass sich bald an jedem dieser Plätze zahlreiche Bären einfanden. Es gab nach 1990 Überlegungen diese Kirrplätze für die Bären zu „Beobachtungspunkten" umzuwandeln. Alter Wein in neuen Schläuchen! Die Bären sind damals von den geschlossenen Hochsitzen aus geschossen worden und werden auch jetzt noch so erlegt, leicht und ohne Kopfzerbrechen, für die Gäste mit der dickem Brieftasche.

Da die politischen Herrschaften stets in Eile waren, häufig mit Helikoptern und Geländewagen transportiert wurden, überließ man die reichen und ausgiebigen Gastmähler den Gastgebern und auch der weidmännische Brauch, sich andächtig vor der gelegten Strecke zu versammeln, wurde nicht eingehalten. Was blieb, war die unbegrenzte Bewunderung der willfährigen Suite und der Wunsch der „Auserwählten" nach vielen und starken Trophäen, die ihr Ansehen mit Tapferkeit und Allmacht verbrämen sollten. Solche Homunculusse waren und sind auch in der Jagd nach 1990 allgegenwärtig und tauchen, in den Karpathen zyklisch immer wieder auf.

Viele Abläufe der Jagden im Gurghiu – Tal, die in allen Einzelheiten aufgezeichnet wurden, sind beispielhaft für die Art und Weise, wie die Jagden zum Vorteil der kommunistischen Herrschaften organisiert wurde. Meist herrschte bereits schon während der Vorbereitung eine gespannten Atmosphäre. N. Ceaușescu war von Natur aus ein mistrauischer und wenig

Nicolae Ceaușescu (1919-1989) Generalsekretär der KPR, an der Spitze des Staates, als „Conducător" von 1962-1989 auf der Jagd (Foto: Privatarchiv)

nachsichtiger Charakter, aber einmal an die Spitze des Staates gekommen, wurde er immer despotischer, ehrgeiziger, egozentrischer und größenwahnsinniger, Eigenschaften, die alle nur möglichen krankhaften Formen aufwiesen. Es war offensichtlich, dass diese von der servilen Umgebung auch noch kultiviert wurden.

Ing. Ștefan Dumitrescu skizziert in seinem Buch mehrere Episoden mit Gästen von der Sorte eines A. Gromyko, T. Jivkov oder M. Gaddafi, die alle von Ceaușescu in das legendäre Tal eingeladen wurden. Aber die Hauptfigur war, unverbesserlich und unersättlich, der „erste und größte Karpathenjäger" N. Ceaușescu: ... „er kam nach Seaca, wo er 2–3 Hirsche schoss, die natürlich Goldmedaillen-Hirsche sein mussten ... Er kam bis an die Zähne bewaffnet mit der „großen Baitz"[35] über der Schulter eines Begleiters und einer Doppel-Express „Holland & Holland" bei einem anderen, beides Hochpräzisionsgewehre. Er hat nie die Schönheit der

35 Anlässlich einer offiziellen Jagdeinladung schenkte Berthold Beitz drei Gewehre Holland & Holland im Werte von 40.000 Dollar dem Staatschef N. Ceaușescu. Das großkalibrige Gewehr für Bären und Hirsche nannte Ceaușescu immer den „Großen Baitz". Aus: Dinca L.: „Vanatori cu Ceausescu si nomenclatura",. 1994, Tg. Mureș, ed. Tipomur, p. 54.

Hirschbrunft genossen, hat sich nie an dem herbstlichen Orgeln des Karpatenhirsches erfreut, er hat nie die Geduld gehabt, den gerechten Kampf, bei dem der stärkere gewinnt, abzuwarten. Er hat nie Lehrer gehabt, die ihm das Gefühl dafür hätten vermitteln können, und die es gekonnt hätten, wurden von ihm fern gehalten.... Er kam auf die Idee, die Hirsche vom Helikopter aus zu schießen, wobei das laute Motorengeräusch das Wild in Angst und Schrecken versetzte. Mit zwölf Schüssen gelang es ihm ein einziges männliches Tier zu erlegen."

„Auch das herrliche Schauspiel der Hahnenbalz hat ihn nicht fasziniert, trotzdem zollte er nicht sehr ruhmreich der Vernichtung der edlen Hähne seinen Tribut: Eines Morgens, auf dem Weg zwischen zwei Brunftplätzen, tauchten im Lichte der Scheinwerfer auf der Straße ein Auerhahn und zwei Hennen auf, die gerade Steinchen für ihren Kropf aufnahmen. ... Wir haben angehalten, um sie zu bewundern.... Ich habe dem Präsidenten erklärt, dass dies ein Auerhhn und zwei Hennen seien und dass sie um diese Jahreszeit gesetzlich geschützt wären. Als Antwort hob er die Waffe und schoss sie tot. Das rief bei seinen Begleittroß Heiterkeit hervor und Genugtuung bei den Notabilitäten. Sie beglückwünschten ihn und schrieben sich selbst einem Teil dieses ersten Erfolges des angehenden Tages zu. Es war, als ob er mich getroffen hätte. Im Straßenstaub lagen drei Kadaver, zerrupft von der unerbittlichen Patrone ... Bis wir in Troci ankamen, hat er noch zwei Auerhähne geschossen ... Ja! Er ist der Präsident des Landes. Ihm ist alles erlaubt. Alles steht ihm zu. In unserm Auto machte sich eine bedrückende Stille breit."[36] Die Berichte über solche für den Geist und den Verstand eines Jägers erschütternder, untypischer Ereignisse sagen alles.

Nach dem Fall des kommunistischen Regimes kamen die Jagdreviere unter der Verwaltung von Romsilva. Unter der Betreuung von beherzten und professionellen Leute war das Hauptanliegen der Erhalt des Wildbestandes. Die Zulassung ausländischer Jäger hat den glücklichen

36 Idem p. 180–181.

Das Geweih des Zwanzigenders, erlegt von Fürst Friedrich von Hohenzollern-Sigmaringen am 20.9.1931 in Sirod, Lăpuşna

Hubertusjüngern viele gute Trophäen gebracht, einschließlich den Rekord Rumäniens beim Rothirsch.

Die Trophäen der Hirsche aus dem Gurghiu-Tal sind das Ergebnis eines reichen und strengen genetischen Erbes, aus der Entwicklung in der freien Wildbahn des vulkanischen Gebirges, aber auch das Ergebnis einer natürlichen, jedoch feindlichen Auslese. Ich glaube, dass viele tatsächlich wertvolle Trophäen, die das immense Potential dieses Gebietes belegen, im Laufe der Zeit ohne böse Absicht verloren gegangen sind, aber ebenso glaube ich, dass es sich in den meisten Fällen um eine gezielte Nachlässigkeit ganz bestimmter Interessengruppen handelt. Wie schön wäre es, wenn die Trophäen von Gurghiu in einem Museum vereinigt wären. Einen Trost bieten einige Fotografien davon, die Spitzenstellen der Jagdkataloge zieren, wie z.B. bei Lotze[37].

37 Lotze, C., Sartorius, F.: Stärkste Rothirsche der Welt. Ed. M&H Schaper, Hannover, 1963.

Drei kapitale Hirsche: links: C. Sautermeister, Mitte: I.Bibi Popescu, beide 1932 und rechts C. Kosch, 1929 (aus : Iglody, Gy.: Im Jagdparadies der Karpathen. München 1961, p. 209)

Die Trophäe des Zwanzigenders, die Fürst Friedrich von Hohenzollern-Sigmaringen am 20.9.1931, erlegt in den Wäldern von Lăpuşna, in Sirod, galt zunächst als einer der stärksten Hirsche, die je in den Bergen von Gurghiu geschossen worden sind, mit einem Gewicht von 8,6 kg und einer Punktzahl von 206,38 nach Nadler, resp. 220,48 CIC-Punkte. Er wurde bei der Ausstellung 1937 in Berlin und 1954 in Düsseldorf gezeigt.

Die Trophäen von C. Kosch, 1929, C. Sautermeister und I. Bibi Popescu, 1932 sind ebenfalls drei Hirsche von hohem Wert.

Der Hirsch links, den C. Sautermeister am 29. September 1932 in Sovata, in den Gurghiu-Bergen erlegte wog 9,90 kg. Der Hirsch erhielt 213,10 Nadlerpunkte, resp. 225,16 CIC-Punkte. Er wurde auf den Ausstellungen in Köln 1933, Berlin 1937 und Düsseldorf 1954 gezeigt und befindet sich heute im Jagd- und Fischereimuseum München.

In der Mitte steht Herr I. Bibi Popescu mit dem am 27. September 1932 auf dem Punkt Brădețel Căpriana erlegten Hirsch. Gewicht 10,07 kg, 209,95 Nadlerpunkte, resp. 223,56 CIC-Punkte. Bei der Jagdausstellung 1937 in Berlin erweckte er Aufsehen durch seine majestätische Stärke. Ionel Pop beschreibt ihn wie folgt: "Dicke schwarze Stangen, wunderbar geperlt, vereinigen sich zur Krone hin wie zwei drohende Arme, bereit zum Kampfe."[38]

Rechts, (von einem Präparator gehalten) der Hirsch von C. Kosch, ein ungerader 24-Ender, erlegt in Toplița, Căliman-Gebirge, am 27. Oktober

Zweiundzwanzigender, erlegt von Kurt Nolte im Revier Lăpușna am 23.9.1961.

38 Pop, I.: Patru trofee excepționale (Vier außergewöhnliche Trophäen). In: Carpații 1933, Nr. 2, p. 14.

1929, mit einem Gewicht von 11,6 kg und 234,15 CIC-Punkten. Bei der Jagdausstellung Leipzig 1930 wird ihm der Weltrekord zuerkannt. Nach Berichten von C. Kosch hat er den Hirsch sechs aufeinander folgende Jahre beobachtet, bis es ihm schließlich in der Brunftzeit gelang, nach einer mühseligen Pürsch, den Hirsch zu erlegen.[39]

Die Trophäe von Kurt Nolte[40], ein 22-Ender, wurde am 23. September 1961 im Revier Lăpuşna erlegt. Gewicht 11 kg, Länge der rechten Stange 127,0 cm, Länge der linken Stange 120,5 cm. Die Augsprosse rechts (leider abgebrochen) 25 cm und links 45,8 cm, die Mittelsprossen rechts 44,2 cm, links 45,5 cm, Umfang der Rosen rechts 27,5 cm, links 27,4 cm. Gesamtpunktzahl 243,59 CIC-Punkte. Ein außergewöhnliches Geweih,

Die Trophäe von Claude Hettier de Boislambert, erlegt am 26.9.1961 in dem Revierteil Seaca, Lăpuşna.

39 Der deutsche Jäger, 1930 Nr. 24, s. auch: Heck, L.: Der deutscher Edelhirsch, P. Parey, 1935, p. 107.

40 Kurt Nolte, Köln – Rodenkirchen, deutscher Jäger.

das bis zu jenem Zeitpunkt, als des stärkste jemals offiziell im Gurghiu-Tal geschossene galt. Das Geweih wurde das Emblem auf der Medaille der Jagdausstellung Mülheim/Ruhr (1964).

Die Trophäe von C. Hettier de Boislambert, erlegt am 26. September 1961 in Lăpuşna, ist ein anderes bemerkenswertes Geweih, von 10,9 kg und 232,51 CIC-Punkten. Ein majestätisches Geweih, das an Mächtigkeit mit allen anderen wertvollen Hirschen auf der Welt konkurieren kann.

Der ehemalige CIC-Präsident schreibt 1974 in einem Aufsatz: „... von allen meinen Erinnerungen an den Sport sind die mit Rumänien verbundenen die schönsten. Das abwechslungsreiche Gelände, die Schönheit und Qualität eines gut ausgewählten und geschützten Wildes, die außergewöhnliche Organisation der Jagden stellen in unserm Sport Rumänien an die erste Stelle in der Welt. Hätte ich die Wahl unter allen Jagdarten, die es auf der Welt gibt, so würde ich ohne Zögern die Brunftjagd in den Karpaten wählen. Die Jagd ist schwer, die Wege lang, die Berge oft voller Schluchten, die Wälder und Schläge schwer zu durchdringen. Aber für einen echten Jäger sind es gerade diese Schwierigkeiten, die eine Pürsch wertvoll machen, schön machen. Außerdem, zählt der Karpatenhirsch für denjenigen, der das Glück hat, ihn in seiner wilden, noch ursprünglichen Umgebung kennenzulernen, zu den wichtigsten Trophäen, die sich ein Jäger nur wünschen kann. Um einen guten Karpatenhirsch zu erlegen, muss man viel Geduld, viel Ausdauer und Willen haben, um nicht zu schießen, bevor man den ersehnten Hirsch vor sich hat. Oft ist man versucht, einen guten Hirsch zu schießen, der aber doch nicht einer der ganz starken ist. Eine echter Karpatenhirsch mit einem Geweih von 11 kg, in der vollen Pracht seiner Stärke, stellt für einen echten Jäger die Trophäe seines Lebens dar."[41]

Die Trophäe von N. Ceauşescu, erlegt 1965 im Gebiet Seaca, Jagdrevier Lăpuşna, erhielt 231 CIC-Punkte. Der Hirsch von Seaca war der erste

41 Hettier de Boislambert, C.: „Dacă ar fi să aleg" (Wenn ich wählen sollte). in: Almanah V.P.S., 1974, p. 16–18.

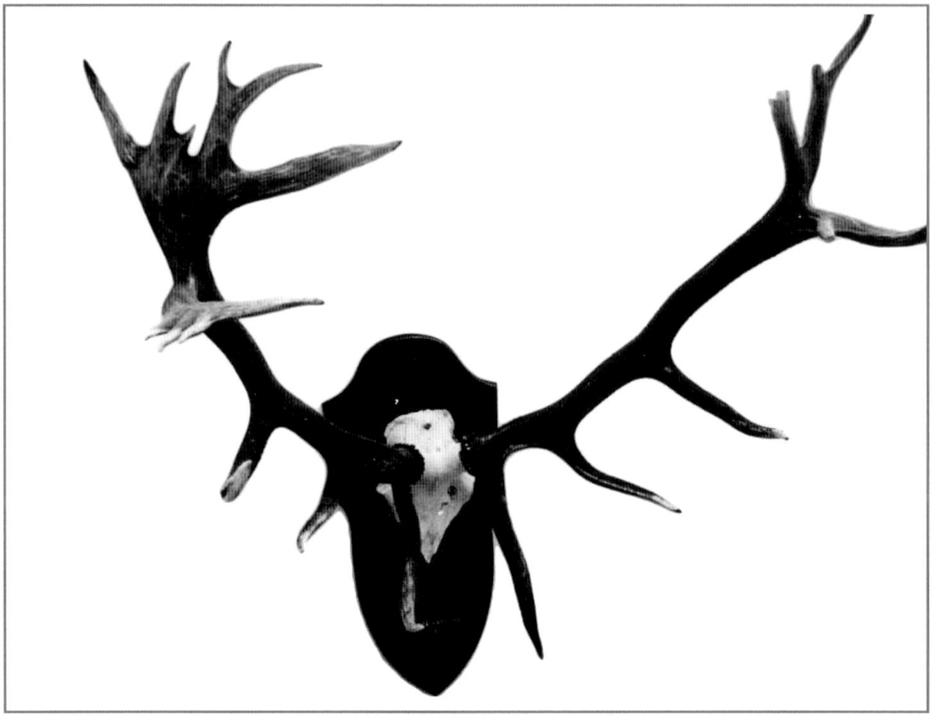

Trophäe von Nicolae Ceaușescu, erlegt 1965 im Revierteil Seaca, Lăpușna

Kronenhirsch, der den ehemaligen Diktators sehr erfreute. Vielleicht war er seither so sehr auf Hirsche fixiert, die eine reiche Krone aufwiesen, ein Geweih wie einen Kandelaber hatten. Die Trophäe wurde bei der Geweihausstellung in Novisad 1967 und in Budapest 1971 ausgestellt und erhielt viele Medaillen. Im „Catalogul Trofeelor" (Katalog der Trophäen) der Nationalen Jagdausstellung in Bukarest 1997, stand der Hirsch von Seaca an der 32. Stelle. Aber der Führer des Landes war noch mit zwei weiteren Hirschen auf den ersten Plätzen in der Ausstellung vertreten, beide im Valea Gurghiului (Gurghiu-Tal) erlegt.

Die Trophäe von Ronald Philipp steht immer noch an der Spitze der in den Karpaten erlegten Rothirsche. Dieser ausgezeichnete Hirsch wurde im Revier Fâncel am 24. September 2003 geschossen. Mit dem offiziellen

Der Vierundzwanzigender von Ronald Philipp, erlegt am 24.9.2003 im Revier Fâncel.

Stempel Nr. 0051 b (-Sonderzeichen) erhielt er bei der ersten Bewertung 270,67 CIC-Punkte. Sein Gewicht betrug 14,300 kg. Eine erneute Bewertung brachte 264,51 CIC-Punkte. Somit steht der Hirsch an erster Stelle in der Hierarchie der guten Hirsche Rumäniens. Das Geweih wies 24 Enden auf, die Länge der rechten Augsprosse betrug 59,0 cm, die der linken 64,0 cm. Die Gesamtlänge der rechten Stange betrug 119,2 cm, die der linken 120,5 cm. Die Trophäe hat jedoch einen wesentlichen Fehler, es fehlen ihr die Eisprossen.

Nach 1990 nimmt die Jagd im Gurghiu-Tal durch die Macht des Finanziellen neue Ausmaße an. Aber auch die Zeit bringt die Auswirkungen rascher Veränderungen mit sich. Finanzstarke Geschäftsleute, Nachkommen alter Adelsfamilien, Politiker, leidenschaftliche Jäger durchstreifen die

Steige in den Bergen von Gurghiu auf der Suche nach dem edlen Hirsch, dessen prächtige Krone sie mehr schätzen als alles andere, als die Balz des heimlichen Hahnes, als den Bären mit seinen kraftvollen Pranten, als das Schwein mit seinen blankweißen Hauern.

In den zwei Jahrzehnten der Demokratie ist der gesetzliche Rahmen immer wieder mehr oder weniger sinnvoll geändert worden. Nach dem Jahr 2010 sind Teile der Reviere von Gurghiu, durch einige schlaue Anordnungen von „gescheite Jungs“ vom Zentrum, andere unter dem Druck gewisser politischer Kreise, in eine neue Verwaltung übergegangen. Bei Romsilva sind nur zwei verblieben, die restlichen sind unter andere Verwalter gekommen[42]. Ob das gut oder schlecht war, wird die Zeit zeigen, so wie sie uns

Auch eine gute Trophäe von 2013 aus dem Revier Sovata. (Foto: Privatarchiv)

42 Stand 2020: Das Revier Mociar untersteht dem Forstlyzeum; die Reviere Lăpuşna und Fâncel dem RNP, Forstdirektion Mureş, die Reviere Sirod, Tireu und Caşva der Jagdgesellschaft „Valea Mureşului“ (Muresch-Tal).

immer zeigt, wer Fehler gemacht und wer recht gehabt hat. Die Berge von Gurghiu bewahren einen Wildbestand von großer Bedeutung nicht nur für die Region Mureş, sondern auch für die benachbarten Gebiete.

Ich habe immer geglaubt und werde es auch in Zukunft tun, dass die Jagd der archaische Widerhall einer edlen Tradition und Kultur ist. Die Art wie sie ausgeübt wird, zeigt unser Entwicklungsniveau. Und so bestimmt die Kultur, nicht der Krieg, die Identität einer Nation. Ein Volk ohne Kultur ist leicht zu manipulieren, sagt schon I. Kant. Es könnte zu weit führen, einige längst vergangene Dinge hervor zu holen, aber wenn man sie kennt, kann man die Gegenwart besser verstehen und der Zukunft vielleicht zuvorkommen.

Mit Bedauern muss ich feststellen, dass manche die Jagd nur als einen simplen Sport zur täglichen Entspannung ansehen, dabei vergessen sie deren Zauber mit allen Sinnen zu erleben. Jagd ist nicht nur ein uraltes Handwerk, das die Grenzen der Zeit überstanden und überwunden hat. Sie war und wird es auch bleiben – ein grundlegender Teil der Kultur und der Zivilisation. Weit weg vom Lärmen der Welt ermöglicht sie unvergleichliche Erlebnisse, voller Gefühle, die aus dem Inneren des Jägers hervorbrechen, die mit geheimnisvoller Macht unvergängliche Prinzipien erkennen lassen.

Die Jagd ist mehr als eine Flucht in den Wald, vielmehr wird sie zu einer Lebenseinstellung. Die Jagd ist nicht nur der Moment des ehrfurchtvollen Trauerns vor dem erbeuteten Tier, ist nicht nur das, was sich uns nach dem Schuss offenbart und uns erwachen lasst, es ist ein Echo, das erschallt und fortdauert, länger als alle Schüsse. Die Jagd ist eine Mischung aus Tränen der Freude und der Trauer. Sie bietet uns viele Lehren, etwa den Größenwahnsinn zu unterdrücken oder einige primitive Gewohnheiten, wie die Lust ohne Überlegung zu töten, abzulegen.

Stärker denn je hat sich die rumänische Gesellschaft in den letzten Jahrzehnten schleichend verändert und zugleich eine andere Auffassung von der Jagd an sich entwickelt. Auch der entsprechende gesetzliche Rahmen hat sich verändert. Die entstandene Instabilität hat einige schwer wieder zu kittende Risse mit sich gebracht. Die Natur führt uns nicht von Anfang an auf den Weg des Lasters, sie hat uns ursprünglich rein und frei geschaffen. Die menschliche Natur ist bei allen gleich, aber wir unterscheiden uns durch unsere Unarten und durch die Art, wie wir sie beherrschen. Viele versuchen ein Parallelleben zu führen, eines mit der Jagd und eines im Salon. Sie werden keines von beiden erleben. Das wahre Glück besteht bei der Jagd nicht nur im Erlegen des Tieres, sondern in dem Eintauchen in eine andere Dimension, im Verschmelzen mit der Natur. Schon in frühester Jugend habe ich verstanden, dass das wahre Glück der echten Jagd seinen Ursprung im Eintauchen in die Welt des Waldes hat, in der Symphonie des Waldes und der seiner Lebewesen. Auf der Jagd vergisst man allen Ärger, aber das ist nicht alles. Um mit sich ins Reine zu kommen, muss man den ursprünglichen Weg in den natürlichen heiligen Raum finden.

Wahrhaft großartige Wesen zahlen den höchsten Preis mit ihrem Leben, um für einen Augenblick das höchste Glück eines leidenschaftlichen Anhängers Dianas sein zu können. Die Jagdtrophäen dauern länger, als jene, die sie erlegt haben. Und auch die Legenden, die sich um sie ranken, bleiben erhalten.

Aber nur ein Teil, von dem was man gegenwärtig weiß, konnte in diesem Buch erfasst werden.

Die ganze Arbeit von Oberst von Spieß war wertvoll. Es ist anerkennenswert, in welcher Art und Weise er die Details und Informationen sammelte und niederschrieb.

In seinen Zeilen sind viele Aspekte und Nuancen zu erkennen, die den kommenden Generationen nützliche Grundlagen sein werden.

Dennoch, wird die Wahrheit oft vergessen und schwindet im Nebel der Zeit. Vielleicht ist das auch gut so. Die Zeiten kommen nicht trübe, sie werden von den Menschen trüb gemacht. Nichts ist wahrer. Aber ein Teil von dem Geiste der vergangenen Zeiten überlebt. Gurghiu ist vielleicht so ein Stern im Diadem der Jagd, in unserm teuren Siebenbürgen. Hoffentlich bleibt dieser gesegnete Ort ebenso wild, ebenso geheimnisvoll, für unsere Nachkommen erhalten.

Franz von Pausinger: Kronprinz Rudolf und der Prinz of Wales auf der Bärenjagd in Gurghiu, Oktober 1888. Kohlezeichnung, 1890 (22,5 x 32,5 cm) Original unbekannt. (Fotografische Reproduktion im Salzburgmuseum Inv. Foto 42111)

ANHANG

Franz von Pausinger: Kronprinz Rudolf und der Prinz of Wales auf der Bärenjagd in Gurghiu, o. J. (1888). Kohlezeichnung. Original unbekannt. (Fotografische Reproduktion im Salzburgmuseum Inv. Foto 42114)

Die Bärenjagden des Kronprinzen Rudolf

(1880–1888)

Die Bärenjagden des Kronprinzen Rudolf in Gurghiu, im nordöstlichen Teil Siebenbürgens, sind legendär und wurden wie alle Aktivitäten der Mitglieder des Kaiserhauses minutiös verfolgt. Aus den täglichen Berichten in den Tageszeitungen und Unterhaltungsblättern kann man den Erfolg oder Misserfolg der einzelnen Jagden, resp. der Triebe sehen, so wie besondere Zwischenfälle rekonstruieren. Ebenso erhalten wir an einem Beispiel, der Jagd von 1884, einen Einblick über den enormen Aufwand, der bei den Vorbereitungen für den Aufenthalt der allerhöchsten Gäste betrieben wurde. Bei allen Jagden – auch in späteren Jahren – an denen höher gestellte Personen teilnahmen, war die Bevölkerung von Gurghiu und Sächsisch-Regen stets mit Ovationen beteiligt. Dabei sollte aber auch erwähnt werden, dass für die Jagden des Kronprinzen Rudolf stets vom Hofmarschallamt des Tronfolgers die Ordre herausgegeben wurde: der Kronprinz wünsche keinen großen Empfang! Das wurde aber von den örtlichen Honoratioren gerne missachtet.

So verfolgt das „Siebenbürgisch-deutsche Tageblatt!" die Ereignisse zum Teil aus Mitteilungen örtlicher Berichterstatter, zum Teil aber auch aus überregionalen Zeitungen. Etwas anders sind die Darstellungen in dem ungarischen Gesellschaftsblatt „Vasárnapi Ujság" (Sonntagsblatt) aus Budapest. In dessen Berichten über die Jagden spielt die damalige Politik des ungarischen Königreichs eine nicht zu übersehende Rolle. Grund dafür ist nicht nur die Anwesenheit ihres königlichen Kronprinzen und der ungarischen Magnaten, als auch die betonte Vorliebe der Kronprinzessin für ungarische Volkslieder. Die abendlichen Streckenlegungen, insbesondere der Abschiedsabend, gaben Gelegenheit zu ausführlicher Darstellung der Szekler, Rumänen und Sachsen mit ihren schönen Trachten und Tänzen. Die reichbebilderte Zeitschrift, enthält zahlreiche Ansichten von Gurghiu und Umgebung von bekannten Malern. Einige interessante Passagen und Zeichnungen beziehen sich auf die rumänischen Bärenjäger, vor allem auf den alten Vasil, bez. Nechita Blos in den Zeichnungen von V. Melka, damals Professor an der Kunstakademie in Klausenburg. In der siebenbürgischen Literatur wenig bekannt sind die Darstellungen der Jagden von Franz von Pausinger, dem Bruder Joseph von Pausingers, des erprobten Jagdleiters der Gurghiuer Jagden.

Die Zeitungsberichte gehen auf die Jahre 1881, 1884–1888 ein. Für das Jahr 1882 liegt der persönliche Bericht des Kronprinzen vor. Im Jahr 1883 hat offensichtlich keine Jagd stattgefunden. Die in der Originalfassung des Buches wiedergegebenen Briefe des Kronprinzen an den Oberforstrath Joseph von Pausinger und Darstellungen der Jagden von Franz von Pausinger runden das Bild ab.

Leider sind die Ortsbezeichnungen, der Zeit entsprechend in der ungarischen Version, oft von den Berichterstattern nicht korrekt wiedergegeben, wie z. B. die Bezeichnung Fâncel, die in den verschiedensten Varianten erraten werden muss. Einige Ortsbezeichnungen konnten wir in der heutigen rumänischen Schreibweise identifizieren, andere nicht: Kasva – rum.: Cașva; Dombrava – rum.: Dumbrava; Dundaia Wälder – rum.: Pădurea Dundaia; Fundujaer Revier – rum. Fundoia; Ißticso –rum.: Isticeu; Istisco-Facse – rum.: Fața Isticeului; Karbonas - rum.: Cărbunar; Libanfalva – rum.: Ibănești; Loposnya – rum.: Lăpușna; Oroßier Wald – rum.: Pădurea Orșova; Rakottyas – rum.: Răchitaș; Tiris oder Tirio – Waldungen – rum.: Pădurea Tireului. Um Missverständnisse zu vermeiden, haben wir diese in der vorhandenen Schreibweise wiedergegeben.

Die Jagd vom 14.–19. November 1881

Siebenbürgisch-deutsches Tageblatt, Hermannstadt:
14.11.1881:

… schon seit Anfang des Monats (werden) die umfassendsten Vorbereitungen für den Empfang des kronprinzlichen Paares getroffen. Etwa 10 Zimmer des Schlosses (Bornemisza) werden vollständig möblirt. Das Jagd- und Küchenpersonal ist schon am 8. d. M. eingetroffen. Die Ankunft wird am 14. d. M. erwartet und es wird sich, obgleich der Obergespan v. Beldy von M.-Vasarhely vom Ministerpräsidenten amtlich verständigt wurde, dass der Kronprinz sich jeden officiellen Empfang verbeten habe, da er nur zum Jagdvergnügen nach Görgény reise, doch auf dem Bahnhofe in M.-Vasarhely über Einladung des Obergespans ein gewähltes Publikum, darunter auch Mitglieder des Stadtmagistrates und der Comitatsrepräsentanz aus S.-Reen zum Empfange des hohen Reisenden einfinden …

… Der Aufenthalt in Görgény ist auf vier Tage in Aussicht genommen und werden täglich vier Treiben stattfinden; doch hat sich schon ein großer Teil der Bären, welche im Herbste fortwährend die Kukurutzfelder bei Görgény, Eidisch und Umgebung unsicher machten, in die Winterquartiere zurückgezogen. Immerhin sollen sich noch 10 Stück im Görgényer Revier aufhalten …

15.11.1881:

… In Görgény gab um 3 Uhr Nachts der Oberjägermeister das Zeichen zur Vorbereitung der Treibjagd. Um 4 ½ begab sich der Kronprinz in die Kapelle zum Gebet, um 5 Uhr wurde das Frühstück eingenommen, um 6 ½ begab sich der Kronprinz über Podu – Vadu Saßului ins Gebirge. Die Treibjagd begann in dem siebenten Treibkreis. Die Waldwächter signalisirten 4–8 Bären. Die Jagden arrangirt Pausinger und Weßter …

18.11.1881:

… Am 15. d. M. hatte der Kronprinz mit seiner Jagdgesellschaft eine erfolglose Jagd. Nachmittags wurde in den oberen Parzellen der Fauczal-Alpe ein zweites Treiben veranstaltet. Um 1 Uhr wurden zwei rumänische Treiber eines mächtigen Bären ansichtig, welcher jedoch den Kreis der unbewaffneten Treiber durchbrechend, im Gehölze verschwand. Der Kronprinz war von 6 Uhr Morgens bis 7 Uhr Abends auf den Füssen; Die Jagdgesellschaft kehrte Abends 9 Uhr bei Fackelschein zurück …

… Am 16. November brach die Jagdgesellschaft schon um 7 Uhr Früh auf; die Jagd selbst begann um 9 Uhr zwischen Görgény und Pacsál. Auch diesmal blieben beide Triebe erfolglos. Die Rückkehr erfolgte um 5 Uhr Nachmittags, woran sich die Tafel schloß, zu der auch Graf Béldy und Teleki, sowie Prinz Walden hinzugezogen waren. Eine Zigeunerkapelle aus S.-Reen spielte während derselben auf …

19.11.1881:

… Die Jagd am 16. d. M. wurde, den Dispositionen entgegen, zeitlich beendet, schon um 5 Uhr langte Kronprinz Rudolf im Kastell an. In seiner Begleitung befanden sich Herzog Friedrich von Koburg und die Grafen Teleki und Wilczek. Aus dem Revier der Pagonyer Waldungen entfernten sich die Bären wegen Mangels an Nahrung. Vier Waldhüter meldeten dem Grafen Teleki, dass mehrere Bären bei Sebespatak gesehen wurden. Eine Bärin mit zwei Jungen wurde in Adorjan unter den Apfelbäumen bemerkt.

21.11.1881:

… Am 17. November wurde die Jagd im Adorianer Walde abgehalten. Im Trieb befanden sich zwei riesige Bären. Erzherzog Friedrich gab zwei Schüsse, Graf Wurmbrand ebenfalls einen, doch traf keiner. Am 18. war die Jagd wieder auf Adorianer Gebiet verlegt und zog sich bis gegen die Sattelburg hin; es zeigte sich kein Bär. Um 5 Uhr fand die Rückkehr statt …

22.11.1881:

In Görgény erfahren wir, daß dieselben ohne Ergebnis geblieben sind.

Aus ***„Vasárnapi Ujság“*** *(„Sonntagsblatt“),* Budapest, 11.12.1881, p. 795, berichtet P.I. in dem Artikel „Gurghiu“(aus dem ungarischen übersetzt):

... Jetzt wollen wir noch auf einige Dinge eingehen, die nicht allzu lange her sind, wie die Zeichnungen V. Melkas von dem alten Vasil, dem Bärenjäger, der noch heute lebt. Alle in der Familie von Vasile waren Bärenjäger, der Großvater, der Vater, die Brüder und seine Söhne werden auch Bärenjäger sein. Es gibt in den Dörfern um Gurghiu keinen Mann, der nicht irgend eine Begegnung mit Bären hatte und unter ihnen gibt es viele, die ein bis zwei Bären getötet haben, aber Vasile wird von ganz

Nechita Bloș, Holzstich nach dem Gemälde von V. Melka. (Aus Vasarnapi Ujság, 1881, p. 795

Gurghiu respektiert. Er hat eine Büchse mit einem Lauf. Manchmal geht er alleine in die Berge und nicht selten trifft er das Bärchen. Er ist ein kräftiger, muskulöser Mann und wenn er mit einem Bären ringen sollte, würde er ihn sicher niederwerfen. Das zottelige Haar auf seiner Stirn war vor ein paar Jahren noch schwarz, und wie die Leute sagen, sei jener weißer Schopf über der Stirn bei einem Kampf mit dem Tier in wenigen Minuten weiß geworden. In einer Nacht, als er mit den riesigen Bären kämpfte, habe er Augenblicke erlebt, die ihm Jahre seines Lebens gekostet haben. Andererseits sind solche Abenteuer, wie Vasiles, in jener Gegend nicht selten. Vor gar nicht so langer Zeit, der alte Graf Teleki, auch ein bekannter Bärenjäger, hatte auf einen Bären geschossen. Auf einmal richtet sich das Tier auf zwei Beinen auf um, ihn zu zerreissen. Doch dieser packte ihn mit bloßen Händen an den Ohren und hielt ihn so lange fest, bis der Jäger das Messer in ihn rammte. Was sagen Sie dazu? Fünf solche Minuten sind sicher ebenso viele Jahrzehnte.

Vasile ist muskulös, massiv, aber nicht unkontrolliert. Er hat breite Schultern, die Schienbeine sind kräftig und scheinen ein bisschen lang, die Arme sind riesig und stark. Sein Gesichtsausdruck ist mürrisch, aber nicht abstoßend. Alles an ihm zeigt Kraft. Sein Gesicht ist das eines Menschen von einer Reinheit, wie man sie nur bei den Leuten in den Bergen findet. Es sind Gesichter, die es verdienen gezeichnet und auf Postkarten und in Zeitschriften wiedergegeben zu werden. Die Frau Kronprinzessin hat nicht nur eines dieser Gesichter gezeichnet …

Die Jagd von 21.9.–2.10.1882

Jagden und Beobachtungen von Kronprinz Erzherzog Rudolf Wien 1887

Jagdschilderungen aus Ungarn Bärenjagden in Siebenbürgen

p. 449–459
Herbst 1882.

Am 21. September trafen wir, eine kleine Jagdgesellschaft, im neben dem Dorfe Görgény St. Imre liegenden Schlosse ein.

Leider fanden wir vollen Sommer in jenen Gegenden, große Hitze und üppig belaubte, noch grüne Bäume und Gesträuche.

Für die Bärenjagd schien es daher für einige Tage zu früh zu sein.

Der 22. war als erster Jagdtag bestimmt.

Die Einkreiser hatten in einem nahe von Feldern und Dörfern gelegenen Revier zwei bis drei Bären aufgespürt.

Es regnete in Strömen; die ohnedies fast undurchdringlichen Dickungen jener Vorwälder trieften von Nässe, der Boden war sehr aufgeweicht. Die Treiber gingen demzufolge recht schlecht und üblicherweise blieb im ersten besonders dichten Triebe ein Bär ganz unbehelligt liegen. Drei Dickungen wurden nacheinander abgejagt, alle mit dem gleichen negativen Resultate. Die Fährten von zwei schwachen Bären sah ich auf den Wegen, doch dabei blieb es auch für diesen Tag.

Ein heftiges Gewitter, gefolgt von einem auffallenden Temperaturwechsel, bildete den Schluss des Sommers; kühle Tage folgten; das Laub änderte die Farbe, der Herbst stellte sich rapid ein.

Schon am darauffolgenden Morgen des 23. beobachteten wir mit Vergnügen die stark gesunkene Temperatur; auch kamen günstige Spurberichte aus den verschiedenen Districten und die ersten Schnepfen wurden im Görgény-Tale gesehen.

Anstoßend an die Jagd des vorhergegangenen Tages nahmen wir einen ziemlich kurzen, doch mit sehr dichtem Jungholze bestandenen Trieb; die Schützen postirten sich auf einem schmalen, wie immer auf diesen Jagden in den Vorwäldern, sehr wenig Ausschuss gewährenden Weg. Ohne das Mindeste gesehen zu haben, kommen die Treiber in der Mitte und an dem rechten Flügel der Schützenlinie heraus; am linken sind sie noch in der Dichtung und erheben plötzlich ein auffallendes Geschrei. Ein junger Schütze, Herr von M., hält den Trieb für schon beendet und verlässt seinen Stand; kaum hat er jenen seines Nachbarn erreicht, als auch schon knapp vor den Treibern ein schwarzer Hauptbär über den eben verlassenen Posten auf den Weg herausbricht, einen Augenblick inmitten desselben verhofft, doch ehe die erstaunten Schützen ihre schon geschulterten Büchsen in Anschlag bringen, in der entgegengesetzten Dickung verschwindet.

Nun wurde rasch berathschlagt, was zu thun sei; wir beschlossen, uns an einer Berglehne in ziemlich lichtem Stangenholze aufzustellen und den Trieb, in den der Bär eingewechselt war, längs des Hanges treiben zu lassen. Leider kannten viele der Treiber und selbst die Heger jenen Bestand nicht, da er schon über der Grenze im Reviere des Baron K. lag und sonst auch anders gejagt worden war, und kamen in Folge eines Irrthumes nach einer anderen Richtung heraus; dadurch wechselte der Bär auch in einer falschen Direction und wurde von den letzten Schützen am äussersten Flügel nur gehört, aber nicht gesehen. Die drei folgenden Triebe dieses Tages, welche bei strömendem Regen genommen wurden, waren leer, trotzdem wir auf den durchnässten Wegen die frischen Fährten dreier Bären spürten.

Am 24. unterhielten wir uns in den Mittagsstunden mit einer kleinen Schnepfenjagd.

Die in jener Gegend von den Langschnäbeln am liebsten aufgesuchten Plätze sind eigentlich lange, nur mit einzelnen Birken- und Erlengebüschen bewachsene feuchte Hutweiden; nirgends findet man eine vollkommene Dickung, denn jeder einzelne Strauch ist vom andern durch einige Schritte Wiesenboden getrennt. Da das Terrain ausserdem noch sehr uneben ist, fällt es recht schwer, jene Districte in Triebe einzutheilen und die Schützenlinie zu postiren.

Die Schnepfen fliegen selten höher als die mannshohen Gebüsche, und so muss sowohl wegen der Treiber, als auch wegen der Nachbarschützen grosse Vorsicht angewendet werden, und gar manches Wild kommt unbeschossen durch.

Wir trafen an diesem Tage beiläufig 30 bis 40 Schnepfen an, von denen nur 10 auf die Strecke kamen, außerdem wurden noch 2 Hasen, ein in Siebenbürgen seltenes, vielumworbenes Wild, und 2 Nusshäher erlegt; 1 starker Schelladler, der in einem Triebe ganz gemüthlich dahergezogen kam, erhielt eine tüchtige Portion Schnepfenschrotte, konnte sich aber dennoch – arg zerzaust – in die Ferne retten.

Am 25. wurde beschlossen, in einem unmittelbar bei Görgény mündenden Seitenthale auf Bären zu jagen. Es ist dies eine der leichtesten Jagden in jener Gegend; die Natur selbst theilte diesen District in Triebe ein. Der linke langgestreckte, ziemlich steile, aber nicht hohe Thalhang ist mit dichtem Walde bedeckt; in der Thalsohle hindern Wiesen und Dörfer und am Bergkamme ein weites mit Hutweiden und Feldern bedecktes Plateau den Bär, bei Tage aus dem Walde zu entweichen; wenn gut getrieben wird, muss er vor die Schützen kommen.

Wir theilten das Terrain in drei Triebe ein und nahmen den mittleren, als den dichtesten, zuerst.

Die Schützen standen längs eines Weges, theils zwischen Gebüschen, theils auch im Stangenholze.

Eine frische Fährte, die des Morgens noch nicht gefunden war, sahen wir, doch rührte sie von einem stärkeren, gesunden Bär her, der wahrscheinlich durch den Lärm aufgescheucht, sich aus dem Waldcomplexe empfohlen hatte. Mit anbrechender Dämmerung kehrten wir von dieser interessanten, aber unglücklichen Jagd zurück.

Dem Wunsche mehrerer Herren folgend, zogen wir am 26. früh in die höher gelegenen Urwälder hinaus.

Herrliche Waldpartien bekamen wir zu sehen, jedoch keine Bären.

Drei Triebe im wunderbarsten Buchenurwald wurden genommen; ein Wildschwein, einen Hirsch, einen Rehbock und mehrere Haselhühner trafen theils wir, theils die Treiber an, desgleichen einige Bärenfährten.

Auch der 27. galt noch dem Urwalde, doch zum Glücke näher an dem Rande der Felder gelegenen Districten.

Der erste Trieb war ganz leer, der zweite, der viele Haselnussgebüsche aufwies und vom Waldrande an genommen wurde, hatte einen glücklicheren Verlauf.

Wir standen in einem mit wundervollem Urwalde bedeckten Graben; gegen Ende des Triebes strich ein starker Uhu ganz nahe bei mir vorüber, bald darauf kam ein dunkler zweijähriger Bär längs des Abhanges zwischen Graf M. und Baron J. herunter und verhoffte in der Thalsohle; im selben Momente bekam er vom Baron einen tiefen Blattschuss, worauf er direct gegen den Grafen wechselte, der ihn in voller Flucht fehlte. Da der Bär seine Richtung unaufhaltsam beibehielt, der Schütze aber beim raschen Umdrehen zum Gewehrwechseln ausrutschte, sah sich der am Stande befindliche Jäger veranlasst, Meister Petz durch einen hohen Blattschuss zu roulieren; kaum wieder auf den Läufen, erhielt er eine Postenladung in den Hals, die in der Entfernung von höchstens fünf Schritten seinem zähen Leben ein Ende bereitete.

Der erlegte Bär wurde nun im Triumphe nach Hause geführt.

Am 28. jagten wir, da wieder sehr günstige Berichte eingetroffen waren, in den Vorwäldern in demselben Thale, doch auf der entgegengesetzten Seite, wie am 25.

Als erster Trieb wurde eine nahe von Wiesen, Hutweiden und hochstämmigen Eichenwäldern gelegene Dickung genommen.

Wir standen auf einem nicht allzuviel Ausschuss bietenden Fahrwege.

Gleich zu Beginn des Triebes kam ein sehr starker Rehbock zu mir, den ich selbstverständlich passiren ließ. Bald darauf fielen zwei Schüsse rasch nach einander am rechten Flügel der Schützenlinie.

In den letzten Augenblicken des Triebes hörte ich zwischen mir und meinem Schwager flüchtiges Wild trollen, gleich darauf erhoben die Treiber einen fürchterlichen Lärm; es waren zwei Wölfe, die wahrscheinlich von der Schützenlinie Wind bekommen hatten und trotzdem die Leute Mann an Mann gingen, doch lieber zurückbrachen, als vorzuwechseln.

An den rechten Flügel eilend, erfuhr ich, dass Graf N. zuerst und hierauf Baron J. B. auf einen Bären geschossen hatten, vom ersten Anschusse an fanden wir reiche Rothfährte.

Nahe hinter der Schützenlinie lag der beiläufig zwei- oder zweieinhalbjährige dunkle Bär schon vollkommen verendet; beide Kugeln saßen am Blatte.

Als zweiten Trieb nahmen wir einen etwas höheren und lichteren Bestand; abermals standen die Schützen auf einem nicht sehr breiten Wege.

In der Hälfte des Triebes kam ein ziemlich starker, grauer Bär anfänglich wieder gegen Graf N. gewechselt, änderte, ehe dieser noch schiessen konnte, die Richtung, passirte vor Baron J., doch dermassen durch Gebüsche verdeckt, dass kein Schuss angebracht werden konnte und sprang endlich beim jungen Herrn v. M. über den Weg, der ihm eine Kugel, doch leider nicht an einer tödlichen Stelle, applicirte.

Gegen Ende des Triebes brach ein starker Bär an einer der engsten Stellen, wo von beiden Seiten die Dickungen nur eine schmale Gasse liessen, beim Grafen T. heraus, der nur einen höchst unsicheren Schuss anbringen konnte und aller Wahrscheinlichkeit nach fehlte oder blos schwach anschoss.

Nun beschlossen wir den Trieb, in den der Bär eingewechselt war, nehmen zu lassen. Es ist dies der weiteste an jenem langgestreckten Höhenzuge und ein ziemlich licht bewaldeter Bergrücken verbindet ihn mit den eigentlichen großen Waldcomplexen.

Die Schützen wurden am Kamme postirt, während die Treiber auf dem Wege, an dem die Stände des früheren Triebes sich befanden, insolange warten mussten, bis die nach der Uhr bestimmte Zeit abgelaufen war.

Da ich glaubte, dass Graf T. den Bär vielleicht doch angeschossen hatte, gab ich den Befehl, meine siebenbürgischen Brakierhunde mit Beginn des Triebes gleich zu lösen. Gar bald entspann sich ein fröhliches Jagen nach allen Richtungen, die Hunde vertheilten sich hinter Füchsen, die auch in reicher Menge an der Schusslinie erschienen; die Treiber und Heger, den kranken Bär vor sich vermuthend, erhoben ein fürchterliches Geschrei, das sich mit dem Klange der Hörner zu einem wilden Concerte vermengte. Die Hälfte des Triebes mochte wohl schon überschritten sein, als aus dem gewöhnlichen Lärm einige kreischende Rufe, die Nähe eines Bären sicher verrathend, zu uns herüber drangen.

Gleich darauf vernahm ich das Trollen eines schweren Wildes, doch alsbald war es mir auch klar, dass das betreffende Stück die Richtung gegen meinen auf höchstens fünfzig Schritte weit postirten Schwager genommen hatte, von dem mich nur ein kleiner Rücken trennte. Wenige Secunden darauf fiel auch schon ein Schuss, nach dem ich nichts als einige plumpe Sätze hörte; eine Minute gespanntester Aufmerksamkeit verlief, darauf krachten in rascher Folge zwei Schüsse um einige Stände tiefer an der Schützenlinie; bald danach erhoben die Treiber einen Höllenlärm.

Als der Trieb zu Ende war, erfuhr ich, dass der von Graf T. beschossene starke, schwarze Bär nicht mehr angetroffen wurde, er musste, bevor wir noch auf unsere Stände gekommen waren, schon über den Bergrücken nach den zusammenhängenden Urwäldern gewechselt sein; doch ein schwächerer, lichter Bär kam in der Hälfte des Triebes zu Graf T., der ihn zurückjagte, damit er einem der anderen Herren zum Schusse komme, dasselbe taten auch Herr von P. und Maler M.[1]

Der mehrmals verstochene Meister Petz brach hierauf zu den Treibern zurück, die ihn aber glücklich wendeten und nun erst kam er, schon sehr außer Athem, mit heraushängendem Lecker zu meinem Schwager, der ihm aller Wahrscheinlichkeit nach einen tiefen Blattschuss gab. Von da, einen kleinen Bogen in den Trieb beschreibend, erschien er vor Baron S., der ihn mit zwei Schüssen fehlte; jetzt hatte er aber genug des Unangenehmen erfahren und sauste, gefolgt von einem meiner Hunde, den steilen Berg hinab, mit Ungestüm durch die Treiberlinie brechend.

Am ersten Anschusse beim Stande meines Schwagers fanden wir ziemlich viel Schweiss, und nun folgte ich mit einigen anderen der Rothfährte, die uns hinab bis in das Thal, dort sogar über eine Wiese, wo arbeitende Landleute den Bär gesehen hatten und dann leider wieder bergauf bis an den an diesem Tage zuerst genommenen Trieb führte.

Eine weitere Verfolgung wäre unnötig gewesen und so hofften wir, das kranke Stück nochmals in einem Treiben zu Schuss zu bekommen.

Da die vielen Menschenspuren dem nicht schwer geschossenen Bären den Aufenthalt im ersten Triebe wohl unleidlich machen mussten, nahmen wir den letzten Wald dieses gegen das Hauptthal vorgeschobenen Höhenzuges; doch leider blieb der Trieb erfolglos, desgleichen der erste dieses Tages, den wir nun vorsichtshalber wiederholten.

Nach dem Triebe verfolgten wir die ziemlich ausgiebige Rothfährte, anfänglich fanden wir selbst einige Knochensplitter.

Der kranke Bär wechselte zuerst bergab, dann über einen Bach und von da steil bergauf; als wir das sahen, gaben wir die Nachsuche auf und schickten zwei Kreiser nach, die aber abends auch unverrichteter Dinge zurückkehrten.

Der dritte Trieb war leer; im vierten, einer nicht sehr großen Dickung wechselte ein Bär außer Schussweite und von Gebüschen öfters gedeckt

1 Maler Vinenz Melka (1834–1911).

beim Baron K. vorbei; das schlaue Thier musste dann eine mit Schützen nicht besetzte Stelle gefunden haben, denn ungesehen verließ es den Trieb.

Am 29. jagten wir desgleichen in den Vorwäldern. Als ersten Trieb nahmen wir denselben, in den am 23. der Bär unbeschossen eingewechselt war; nur standen wir diesmal nicht am Berghange, sondern oben auf dem Hauptwege.

Ich war noch kaum eine Viertelstunde auf meinem Stande, als auch schon in einer Entfernung von höchstens zwanzig Schritten ein Bär langsam vor mir vorüberwechselte; ich lag im Anschlage, fuhr mit, hatte stets Meister Petz wie einen Schatten vor mir, doch nicht auf eine Handbreite Raum war frei; Alles mit kleinen Aesten und Blättern verdeckt, daher von einem sicheren Schusse keine Rede. Für einige Minuten hatte ich ihn aus den Augen verloren und hörte nur seine schweren Schritte vor meinem Nachbar. Gleich darauf kam er aber nochmals und diesmal etwas rascher an mir vorüber, wieder war es mir unmöglich zu schiessen; als er zum zweiten Male verschwunden war, tröstete ich mich mit dem Gedanken, er werde schliesslich doch bei meinem Stande über den Weg springen, leider erfüllten sich meine Wünsche nicht.

Gegen Schluss des Triebes brach ein starker schwarzer Bär durch die Treiber zurück und ein schwacher zweijähriger sprang beim übernächsten Schützen, links von mir, Baron S. über den Weg, der ihn mit einer wohlgezielten Kugel durch den Schädel im Feuer roulirte.

Im nächsten Triebe, einer angrenzenden Dickung, wechselte ein mittlerer Bär beim Baron A. B. über den Jagdsteig und bekam eine Kugel, wahrscheinlich waidwund; mit lautem Gebrülle beantwortete er den Schuss.

Da es ziemlich stark regnete, konnte die ohnedies nur schwache Rothfährte nicht lange verfolgt werden und so beschlossen wir, die daranstossende Dickung treiben zu lassen.

Der kranke Bär wurde nicht angetroffen, doch ein gesunder, etwas stärkerer wechselte bei meinem Nebenschützen Graf M. nahe von ihm über den Weg, verhoffte sogar am Rande der entgegengesetzten Dickung, doch leider in der Richtung des nächsten Schützen, so dass unmöglich geschossen werden konnte.

Vier Bären hatten wir an diesem Tage angetroffen.

Am 30. regnete es in Strömen, die Nebel hingen bis tief herab und eine graue Wolkenschicht bedeckte den Himmel. Trotzdem fuhren wir hinaus, um in demselben Thale dieselben Triebe zu nehmen, in denen am 25. auf zwei Bären geschossen worden war.

Die Kreiser hatten neue Spuren gemeldet.

Als ersten Trieb nahmen wir diesmal den gegen das Hauptthal und die Felder zunächst liegenden.

Die Schützen standen am Berghange im Stangenholze und auf kleinen Wiesen. Leider hatten wir gründlich schlechten Wind und so kam es, dass schon zu Beginn des Triebes die letzten Schützen des rechten Flügels ein Stück, das sie nicht sehen konnten, sich trollen hörten. Bald darauf erschien vor dem äussersten Schützen des linken Flügels, dem alten Herrn von M., ein Bär ziemlich flüchtig ausser Schussweite, verliess aber nicht den Trieb, sondern wechselte über Wiesen wieder in denselben zurück.

Bei dem trostlosen Wetter, wo alle Büsche vor Nässe trieften, gingen die Treiber schlecht, die Kette riss in der Mitte ab und bei uns langten die Leute um eine Viertelstunde zu früh an.

Wir waren schon mehrere Herren beim Stande meines Schwagers vereinigt, als am linken Flügel ein großes Geschrei erhoben wurde, gleich darauf sprang ein starker Wolf, von unten kommend, zwischen all' den schon versammelten Treibern durch, um gleich wieder im Gebüsche zu verschwinden, so nahe, dass einer der Leute mit einem Stocke nach ihm schlug.

Nun nahmen wir noch einen Trieb, doch da der Regen immer zunahm und die ganz durchnässten Treiber in einzelnen Gruppen aus der Dickung hervorkamen, brachen wir die Jagd ab und kehrten nach Hause zurück.

Am 1. Oktober beschlossen wir auf Schnepfen zu jagen, das kühle Wetter hatte sie von den Gebirgen herabgedrängt und in der That fanden wir sie in großer Menge; wohl über hundert trafen wir auf engem Raume an; wo man ging, flogen Schnepfen auf, doch leider war das hügelige Terrain, die Schwierigkeit des Schießens und Aufstellens der Schützen noch größer als bei der ersten Jagd, und so brachten wir nur 29 Schnepfen, 2 Hasen, 1 Sperber, 1 Ziegenmelker und 3 Nusshäher auf die Strecke.

Am 2. Oktober konnte leider nur Vormittag ganz kurze Zeit hindurch gejagt werden, da wir Nachmittag abreisen mussten. Deshalb wählten wir das näher liegende Terrain, in dem das erste Mal gejagt worden war. Diesmal fanden wir sehr viele Schnepfen und es wurden deren 17, 1 Hase und 1 Sperber erlegt.

Somit war unsere damalige Jagdzeit in Siebenbürgen zu Ende.

Leider hatte ich nicht ganz den richtigen Moment gewählt, wir waren um wenigstens eine Woche zu früh gekommen und hätten bis gegen Mitte Oktober statt dessen bleiben sollen, denn an unseren letzten Jagdtagen begannen ja erst die Bären aus den höher liegenden Urwäldern in die Vorwälder herabzukommen; ganz genau liess es sich beobachten, wie von Tag zu Tag mehr Bären wechselten, mehr von den Kreisern gemeldet, mehr von uns gespürt und mehr angetroffen und gesehen wurden.

Ein Telegramm, das ich am 12. Oktober aus Siebenbürgen erhielt, bestätigte noch meine Ansicht. Am 11. hatte nämlich mein Nachbar Baron K. in einem einige Stunden von meiner Grenze befindlichen Vorwalde eine Jagd veranstaltet. Sieben Bären wurden an diesem Tage angetroffen. Eine mittlere und eine starke Bärin erlegte Graf T., einen jungen Bären der alte Herr von M., eine mittlere Bärin ein Jäger, zwei Bären wurden gefehlt und einer entkam unbeschossen.

Doch auch mit unserem, damals leider verfrühten Jagdséjour konnten wir recht zufrieden sein; denn 3 Bären wurden erlegt, 4 angeschossen, 4 an der Schützenlinie gesehen, doch unbeschossen durchgelassen und einer ging zwischen den Treibern zurück.

Die Bärenjagd vom 30.9–9.10.1884

Siebenbürgisch-deutsches Tageblatt, Hermannstadt
1.10.1884:

Kronprinz Rudolf und Kronprinzessin Stefanie sind morgens 6 Uhr 45 Minuten mittelst Separat-Hofzuges der kön. Ungarischen Staatsbahnen von Koncsard in Maros-Vasárhely eingetroffen. Die „Ung. Post“ berichtet hierüber das Folgende:

Den Separathofzug, welcher 15 Minuten früher als der ordentliche Personenzug hier anlangte, führte General-Direktor Ludwig Tolnay und befanden sich auf demselben seitens der kön. ung Staatsbahnen Oberinspektor Berenyi, die Inspektoren Viranyi und Szentgyörgyi, Sektions-Ingenieur Petrovich und Inspektor Julius Balogh. Am Perron des Bahnhofs, welcher mit ungarischen und belgischen Fahnen, Draperien, Guirlanden und Blumen reich und sehr geschmackvoll dekoriert war, hatten sich zum Empfange des kronprinzlichen Paares Obergespann Baron Banffy, Vicegespan Sandor in glänzender nationaler Gala, Bürgermeister Borosnyay, Stadthauptmann Lazar, Abt-Pfarrer Kovacs, die Stations-Kommandanten Honved-Oberst Janky und Oberstlieutnant Grosschmidt der gemeinsamen Armee, eingefunden. Graf Teleki befand sich rechts von den offiziellen Persönlichkeiten vor dem Eingang in den Hof-Wartesalon in der Uniform eines Honved-Kavallerie-Majors. Das Kronprinzenpaar, den Wagen verlassend, näherte sich vorerst dem Grafen Teleki, welchem der Kronprinz die Hand reichte, dann auch die Kronprinzessin, welcher Graf Teleki die Hand küsste. Der Kronprinz wendete sich sodann an den Obergspan und nahm die im Namen des Maros-Tordaer Komitats und der Stadt Maros-Vasárhely zum Ausdruck gebrachte Huldigung aus Anlaß des Besuches des Kronprinzenpaares entgegen und sprach der Reihe nach mit sämtlichen Herren. Auch die Kronprinzessin richtete an mehrere Herren Fragen und bediente sich hierbei bald der ungarischen, bald der deutschen Sprache. Obersthofmeister Graf Bombelles überreichte dem Kronprinzenpaar eine Depesche des Erzherzog

Franz, worin dieser seine Ankunft anzeigt. Graf Teleki traf sofort Maßregeln zum Empfange des Erzherzogs. Generaldirektor Tolnay geleitete sodann das Kronprinzenpaar in den Hof-Wartesalon. Das mittlerweile im Bahnhofe angesammelte Publikum begrüßte mit stürmischen Eljenrufen[2] die hohen Gäste. Der Kronprinz trug die Uniform eines Feldmarschall-Lieutenants, die Kronprinzessin ein knapp anschließendes graufarbiges Reisekleid, mit beiderseits abwärtsgebogenem Hute. Im prachtvoll geschmücktem Hof-Wartesalon war zum Frühstück gedeckt; es wurde Kaffee, Thee, Kalbsbraten, roter und weißer Wein serviert. Für die Suite war in einem Nebensaal gedeckt. Im Bahnhofe warteten drei Viererzüge des Grafen Teleki, der Viererzug des Barons Banffy und mehrere Equipagen auf die hohen Gäste und deren Begleitung. Die Ordnung ist eine musterhaft. Vom Bahnhofe bis zur Stadt bewegt sich ein zahlreiches Volk. Die Straßen und Häuser sind festlich geschmückt. Oberst Herzog Wilhelm von Nassau, der schon früher eintraf, hat sich nach Görgény begeben. Dreissig Bagagewagen gingen gestern nach Görgény, heute gehen weitere zwölf dahin ab, welches alles für den Hofe Erforderliche dorthin transportieren. Zum Empfang der hohen Gäste sind in Görgény-Szt.-Imre alle Vorbereitungen getroffen.

Während das Frühstück genommen wurde, konversierten Kronprinz Rudolf und Kronprinzessin Stefanie mit den im Bahnhofe erschienen Herren in der anregendsten Weise, worauf die bereitstehenden Wagen bestiegen wurden. Im ersten offenen Wagen saß das kronprinzliche Paar, im zweiten hatte Obersthofmeisterin Gräfin Palffy und Obersthofmeister Graf Bombelles Platz genommen, in den folgenden Wagen saßen Graf Samuel Teleki, die Suite, Obergespan Baron Banffy und Vicegespan Sandor. Als das Kronprinzenpaar durch die Stadt fuhr, wurde es von einer überaus zahlreichen Volksmenge mit begeisterten Ovationen empfangen.

Aus Saßregen wird berichtet: In allen Gemeinden, namentlich Nagy-Ernye, Szent-György, Saromberke, Gernyeßeg, Körselyfaja, Petele und Radnotfaja war das Kronprinzenpaar Gegenstand überaus herzlicher Ovation.

2 Eljenrufe – ung. Hochrufe.

Die gesamte Bevölkerung harrte der Ankunft des Zuges, um das Kronprinzenpaar zu begrüßen. Der Magistrat der Stadt Saßregen ist auf erhaltene Weisung zur beabsichtigten Begrüßung in Radnotfaja nicht erschienen. Die Stadt wird gelegentlich der Vecser Hofjagden während der Durchreise dem Kronprinzenpaare ihre Huldigung darbringen.

Die vom Gebirge herunter kommenden Bären haben in den Maisfeldern großen Schaden angerichtet. Die beschädigten Parteien haben beim Stuhlrichteramt und bei der Görgényer Forstdirektion ihren Schaden angemeldet, welcher auf Grund vorgenommener Schätzung vom Hofe ersetzt wird.

Die Jagden des Kronprinzen begannen – wie man uns aus Sächsisch-Reen schreibt – gestern in den Waldungen der Gemeinde Adorian …

2.10.1884:

… Bei der Ankunft des kronprinzlichen Paares in Görgény war die Gemeindestraße mit Tannen und Birkenbäumchen und mit trikoloren Fahnen geschmückt, und die Ortsbevölkerung wie auch diejenigen der Umgebung bildete bereits grüßende Gruppen. Im Hofe des Kastells waren zum Empfang die bereits angelangten Gäste des Hofes, die Geistlichkeit der umliegenden Gemeinden, die Forstbeamten mit Ministerialrat Girsik an der Spitze, der Stuhlrichter und die Post- und Telegraphen-Beamten erschienen.

Kronprinz Rudolf und Kronprinzessin Stefanie verließen nach der Ankunft sofort den Wagen, der Kronprinz trat zu den Gästen, reichte jedem Einzelnen die Hand und sprach mit ihnen in huldvollster Weise. Dann wendete er sich zu den erschienen Geistlichen und erkundigte sich bei denselben über die Verhältnisse ihrer Gemeinden. Dem Forstdirektor Girsik reichte Se. Hoheit gleichfalls die Hand und ließ ihn über verschiedenen Jagdangelegenheiten referieren. Unterdessen konversierte die Kronprinzessin mit den Gästen des Hofes, worauf dann das kronprinzliche Paar sich in die Appartements zurückzog.

Nach dem Gabelfrühstück unternahm Se. Hoheit der Kronprinz in Begleitung des Jagdarrangeurs Oberförster Pausinger einen Ausflug zu der Ruine der Burg Rakozy's, um Eulen zu schießen. Der Ausflug blieb nicht ohne Erfolg, indem Oberförster Pausinger zwei Uhus aus ihrem Versteck aufscheuchte, welche der Kronprinz mit zwei Schüssen erlegte.

Bei dem nachmittags um 6 Uhr stattgefundenen Diner besorgte die Klausenburger National-Musikkapelle Salamon die Tafelmusik. Das Diner hatte 10 Gänge. Um halb 9 Uhr abends hielt Graf Teleki und Oberförster Pausinger über den Plan der Jagden eine Besprechung. Laut dieser fand der erste Trieb am 30. September früh in den Adorjaner Waldungen statt, wohin die Treiber um 6 Uhr früh beordert wurden. Der Kronprinz brach samt seinem Gefolge um 7 Uhr auf. Um 8 Uhr begann der erste Trieb, später noch um 10 Uhr folgte ein zweiter und um 2 Uhr ein dritter Trieb, später noch ein vierter. In den Adorjaner Wäldern sollen sich nach der Meldung der Waldheger vier Bären aufhalten, doch ist kein Bär zum Schusse gekommen.

Am 1. Oktober wird in Sürüpatak, am 2. in Palpatak, am 3. am Ißticso, am 4. am Karbonas gejagt werden. Für den 5. ist im Oroßier Wald eine Schnepfenjagd geplant. Am 6. wird weiter am Uevegcsur, am 7. am Dose und am 8. in den Tiris-Waldungen gejagt.

4.10.1884
Unter 1.10 wird berichtet:

Kronprinz Rudolf begab sich heute morgens 7 ½ Uhr, von der ganzen Jagdgesellschaft begleitet, mittelst Wagens zur Jagd ins Kasvaer Thal, wo die Gesellschaft um 8 ½ Uhr eintraf, worauf mit dem Trieb sofort begonnen wurde. Kronprinzessin Stephanie machte um 9 ½ Uhr vormittags in Begleitung der Obersthofmeisterin Gräfin Palffy einen Ausflug in den sogenannten „Mocsarer" Eichenwald, woselbst die Kronprinzessin in die von der Obersthofmeisterin mitgebrachte Mappe eine Skizze von Görgény und dessen Umgebung aufnahm. Nach zweistündigem Verweilen in dem prachtvollen Urwalde kehrte die hohe Frau ins Kastell zurück. Dann macht sie nachmittags um 1 ¾ Uhr in Begleitung der Gräfin Palffy mittelst Wagen einen Ausflug auf das heutige Jagdterrain. Von der Gemeinde Kasva fuhr der Wagen nur im Schritt weiter und war die Kronprinzessin von dem großartigen malerischen Anblicke entzückt, den das Kasvathal bietet. – Bei der heutigen Jagd fanden vier Triebe statt; im Bezunyilier Revier kamen drei Bären zum Vorschein, von denen der eine direkt auf den Kronprinzen zurannte, der jedoch durch das dichte Gestrüpp verhindert war, einen Schuss abzugeben. Zwei Bären gelangten ohne Schuss ins Freie, ein dritter Bär stürzte sich gegen den Maler Melko, der zwei Schüsse auf den Bären abgab. Es gelang aber nicht, denselben zu erlegen. Der Schuss hatte Meister Petz eine große Wunde beigebracht und fand man auf dem Platze eine ganze Blutlache. Die Hoffnung auf ein günstiges Jagdergebnis ist hierdurch wieder erwacht. Um 6 Uhr fand im Kastell das Diner statt, an welchen sämtliche im Kastell untergebrachten Kavaliere teilnahmen. Die Musikkapelle Salamon's besorgte die Tafelmusik. Auf Wunsch der Kronprinzessin mußten der Rakoczi-Marsch und mehrere ungarische Volkslieder wiederholt werden.

6.10.1884
Unter 2. Oktober wird berichtet:

Die Jagdgesellschaft begab sich heute morgens 8 Uhr ins Carbunarer Jagdrevier, woselbst man nach einstündiger Fahrt anlangte. Jagdarrangeur Pausinger und Forstdirektor Girsik waren eine Stunde früher eingetroffen und die Treiber hatten bereits ihre Plätze eingenommen.

Die Jagd war von glänzendem Erfolge begleitet. Kronprinz Rudolf schoß einen prächtig ausgewachsenen Bären im Gewichte von 150 Kilogramm. Es waren drei Triebe veranstaltet worden, während welchen zwei Bären aufgescheucht wurden. Der Kronprinz schoß aus einer Distanz von 80 Schritten und traf die Bestie unterhalb des Schulterblattes. Der Schuss streckte das Tier, welches sofort verendete. Allgemeiner Jubel ertönte. Der erlegte Bär wurde nach dem Schlosse geschafft, wo ihn auch die Kronprinzessin besichtigte. Von der Szene wird dass Bild angefertigt, welches im Görgényer Kastell aufgestellt werden soll. Das Fell des erlegten Tieres läßt der Kronprinz zum Gerben und Zurichten nach Wien senden.

Nachmittags fuhr die Kronprinzessin dem Kronprinzen entgegen. Die Jagdmütze des Kronprinzen war mit Eichenlaub geziert, welches in das Blut des erlegten Wildes getaucht worden. Als Graf Samuel Teleki dem Jagdherrn das Laub an die Mütze steckte, brachen die Jagdgenossen und die Treiber in stürmische Eljen-Rufe aus.

Nach dem Diner besichtigten Kronprinz Rudolf, Kronprinzessin Stefanie und die ganze Jagdgesellschaft das erlegte Wild nochmals bei Fackelbeleuchtung. Die Salomon'sche Kapelle spielte unterdessen ungarische Weisen. Die ohnehin vorherrschende freudige Stimmung erreichte ihren Höhepunkt, als die Kronprinzessin einige ungarische Lieder vortrug, nach denen die ganze Gesellschaft in nicht endenwollende Eljen-Rufe ausbrach. Unter den Klängen des Rakoczi-Marsches zogen sich sodann Ihre Hoheiten in ihre Gemächer zurück.

3.10.1884:

… Der erste Trieb fand heute in Tyrio statt, wobei auf sehr kurze Distanz bei freier Aussicht von Baron Theodor Bornemißa ein starker Bär verfehlt wurde. Der zweite Trieb, der erst gegen 12 Uhr mittags begonnen wurde und im oberen Tyrio stattfand, brachte nach kurzer Zeit dem Kronprinzen einen mächtigen Bären vor den Schuß, der Kronprinz legte auf bedeutende Distanz mit seinem einläufigen Stutzen an und in der nächsten Sekunde stürzte das Tier ins Rückgrat getroffen, kopfüber den Abhang hinab. Es herrschte großer Jubel über das glückliche Jagdergebnis. Der Bär wurde sofort nach dem Schlosse geschafft, wo er auf der Wage ein Gewicht von 185 Kilogramm aufwies.

Im Parke fand sodann unter Hornsignalen die „Strecke“ statt. Die Treiber erschienen mit zahlreichen Fackeln, ebenso die Jagdgesellschaft, die an dem Diner teilgenommen hatte. Das Kronprinzenpaar kam in den

Das Bärenfest, 1884. Nach einer Zeichnung von Nemes Ödön (1847-1902) („Vasárnapi Ujság" vom 18.10.1885, p.673; „Uber Land und Meer", Bd. 53, Oktober 1885, Nr. 20, p. 446-447; 441)

Park hinunter um den daselbst auf grünen Zweigen aufgebahrten Bären zu besichtigen, welchen die Fackelträger, Jäger, Treiber und Hornisten mit ihren Jagdhunden umringten. Der Kronprinz erschien in leichtem Salonanzug mit einem Jägerhute, die Kronprinzessin in einem braunen Mantelett mit einem weißen Spitzentuche auf dem Kopfe. Die Hofdame Gräfin Palffy trat zum Primas der Musikkapelle und hieß ihn ungarische Volkslieder, den Donau-Walzer und den „Boccaccio-Marsch" vortragen. Die Kronprinzessin wandte sich später selbst an Salomon und bezeichnete ihm die ungarischen Volkslieder, die sie vorgetragen zu haben wünsche. Um halb 9 Uhr zog sich das Kronprinzenpaar unter Eljen- und Setreasca-Rufen[3] in seine Gemächer zurück.

7.10.1884
Unter 4.10 wird berichtet:

... Kronprinzessin Stefanie besuchte heute den Wochenmarkt in Görgény, zeigte lebhaftes Interesse für das Treiben auf dem Markte und

3 „Să trăiască!" – Er lebe hoch!

erkundigte sich bei den Hüttenbesitzern um die Preise; das Landvolk folgte in respektvoller Entfernung zu Hunderten der hohen Frau. Als die Kronprinzessin schließlich von einer Bäuerin, die Töpferwaren feilbot, einen Wasserkrug um 20 Kreuzer kaufte, wurde die Verkäuferin vom Publikum mit hundert Fragen bestürmt und beglückwünscht. Nachmittags um 2 Uhr unternahm, die Kronprinzessin in Gesellschaft der Hofdame Gräfin Palffy eine Spazierfahrt, von der sie um 3 ½ zurückkehrte. – Die heutige Jagd des Kronprinzen und seiner Gäste wurde, obwohl der Regen fortwährend drohte, durch die Witterung nicht gestört, verlief aber resultatlos. Es wurde in Doß gejagt und vier Triebe genommen, die alle leer ausfielen. Im vierten Triebe, in Dombrova, wurde ein starker Rehbock angetroffen. Um 6 Uhr kehrte die Jagdgesellschaft in Schloß zurück, worauf das Diner eingenommen wurde. Zum Hofdiner, das täglich zwischen 12 und 20 Gedecken wechselt, sind stets alle Jagdteilnehmer geladen …

8.10.1884
Unter 5.10 wird berichtet:

… Die heutige Jagd im Kasvaer Revier nahm einen günstigen Verlauf. Die drei gemeldeten Bären wurden aufgefunden, und nachdem der erste Trieb leer geblieben war, wurde im zweiten ein starker Bär aufgetrieben, der vom Grafen Teleki angeschossen wurde, aber im Dickicht entkam. Im dritten Triebe. Im Fundujaer Revier, zeigten sich zwei Bären, ein schwacher und ein starker. Infolge der ungünstigsten Windrichtungen lief das starke Tier der Schützenlinie entlang, auf einen am äußersten Flügel stehenden Forstpraktikanten zu, der es gegen die Schützen zutrieb. Beide Bären entkamen schließlich. Im ganzen wurden bisher 13 Bären gesehen. Kronprinzessin Stefanie beschäftigte sich vormittags mit Zeichnen und machte nachmittags eine Spazierfahrt gegen Kasva, – Morgen findet die Jagd im Isticzoer Revier statt, wo die Waldheger drei Bären aufspürten. In den Forsten des Barons Kemeny haben zwei Romänen einen Steinadler gefangen, der lebend hierher befördert wurde.

9.10.1884
Unter 6. 10. wird berichtet:

... Die heutige Jagd in Isticso, bei welcher zwei Triebe genommen wurden, nahm einen interessanten spannenden Verlauf. Der erste Trieb in Doß erweckte sofort zu Beginn in allen Jägern die Überzeugung, dass in demselben mehrere Bären bergauf vorwärts dringen. Nach wenigen Minuten – und es kracht beiläufig in der Mitte der Jägerkette der erste Schuß; die meisten der Jäger glaubten es sei dies wieder die sichere Kugel des Kronprinzen. Nach einigen Sekunden folgte ein zweiter, schnell darauf ein dritter Schuß, gleichzeitig am anderen Ende der Kette hintereinander zwei Schüsse. Nach wenigen Minuten tauchten die Treiber aus dem Dickicht hervor und rufen laut, dass ein Bär niedergestreckt wurde; und nun stellt sich heraus, das den ersten Schuß auf einen 4–5 jährigen Bär Erzherzog Franz Ferdinand abgegeben, der Bär aber, mit einer Kugel im Leib seitwärts weiterlief, worauf Baron Theodor Bornemißa einen Fangschuß abgab. Den dritten Schuss hatte, von größerer Entfernung, Graf Bethlen abgegeben. Der Kronprinz sprach den Bär dem Graf Boernemißa zu, da dessen Schuß erst das Tier auf die Decke brachte. Auf einen zweiten Bär hatte Graf Bombelles geschossen; mit einem mächtigen Sprung verschwand aber der Bär nach dem Fehlschusse im Rücken der Jägerkette im dichten Wald. Ein dritter Bär, der ebenfalls aufkam, wusste seitwärts auszubrechen. – der zweite Trieb, im Istisco-Facse blieb resultatlos. Nach dem Diner wurde der erlegte Bär auf die „Strecke“ gebracht. – Morgen wird in dem von Baron Koloman Kemeny gepachteten „Ficzko“ genannten Waldgebiete gejagt werden. Die Jagdgesellschaft wird sich morgen durch Saßregen, Vecs und Magyaro nach diesem vierthalb Stunden entfernten Jagdrevier begeben, zum Diner jedoch ins Schloß zurückkehren.

Kronprinzessin Stefanie machte am 6. d. M. vormittagshalb 10 Uhr einen Ausflug in die Iancsal-Alpe, von wo sie eine Fußpartie in der Richtung Loposnya machte und stellenweise von der wildromantischen

Gegend Skizzen aufnahm. – Am 4. d. M. machte Kronprinzessin mittelst Wagen einen Ausflug nach Libanfalva und nahm im Rückwege von der in der Mitte der Gemeinde stehenden Mühle eine Skizze auf. Vor der Mühle spielten an zwanzig romänische Kinder; die Kronprinzessin trat auf die Kinder zu, verteilte unter sie Geldstücke und sah ihren Spielen zu.

Aus Sächsisch-Regen wird unter 6.10. berichtet:

Heute früh 7 Uhr hat k. u. k. Hoheit Kronprinz Rudolf mit seinem Jagdgefolge auf seiner Fahrt zu einer Bärenjagd in die Waldungen der Gemeinde Magyaro unsere Stadt passiert. Obgleich jeder offizielle Empfang untersagt war, hatten sich doch die Mitglieder des Stadtmagistrats, die hiesige Geistlichkeit, der Kommandant des hier stationierten Honvedbattaillons, und die Spitzen der übrigen Behörden, sowie eine unzählige Volksmenge auf dem Hauptplatze eingefunden, und es wurde Se. k. u. k. Hoheit bei seiner Fahrt über den Hauptplatz unter „Hoch“ und „Eljen“- Rufen der Versammelten begrüßt. Auch wurde bei der Anfahrt auf den Hauptplatz von der ebenfalls ausgerückten städtischen Musikkapelle die Volkshymne intoniert. Auf der heute stattfindenden Rückfahrt nach Görgény wird Se. k. u. k. Hoheit um 7 Uhr abends in unserer Stadt erwartet. Die öffentlichen Gebäude der Stadt sind beflaggt und abends wird die Stadt illuminiert.

10.10.1884

Unter 7. 10 wird berichtet:

Die heutige Jagd im Magyaroer Revier hatte ein glänzendes Resultat. In vier Trieben wurden fünf Bären gesehen, von welchen zwei auf die Decke gebracht wurden. Im ersten Trieb zeigte sich ein schöner Bär, der aber wegen ungünstiger Windrichtung ausbrechen konnte; der zweite und der dritte Trieb blieben leer. Im vierten Triebe wurden vier Bären angetroffen. Den ersten streckte Graf Leo Wurmbrand mit einem Kernschusse nieder, einen zweiten Bären schossen zuerst der Kronprinz, dann

Graf Ferdinand Wurmbrand an, und auch dieser kam auf die Decke. Den dritten Bären schoß Graf Bombelles an, doch entkam das Tier, deine starke Blutspur zurücklassend, im Dickicht; dem vierten Bären gelang es auszubrechen. Die Jagdgesellschaft kehrte in frohester Laune um 6 ½ Uhr ins Schloß zurück. Die Feier des glücklichen Jagdresultats wurde abends in gemütlichster Weise begangen. Die Jagdgesellschaft erschien um halb 9 Uhr im Parke, wo die zwei erlegten Bären auf grünem

Walachische Bärenjäger in Siebenbürgen. Zeichnung von V. Melka. – Holzstich in dem Artikel „Walachische Bärenjäger in Siebenbürgen" und Arbeitszeichnung (Arhiva BCU Cluj).

Laube aufgebahrt waren. Unter Hornsignalen legte der Kronprinz den Grafen Leo Wurmbrand auf den von letzterem erlegten Bären und schlug ihn mit dem Jagdmesser zum Bärenjäger. Auf Wunsch des Kronprinzen musste die Salomon'sche Musik-Kapelle ungarische Volkslieder vortragen, die von der Kronprinzessin sehr beifällig aufgenommen wurden. Der Kronprinz überließ den Bären, auf welchen er den ersten Schuß abgab, dem Grafen Ferdinand Wurmbrand. Die erlegten Bestien wogen 150, respektiv 90 Kilogramm.

Der Szekler Frauenverein wird morgen früh durch eine Deputation die Kronprinzessin Stefanie um die Übernahme des Protektorates ersuchen und ein prachtvoll gebundenes Exemplar der Vereinsstatuten überreichen. Kronprinz Rudolf ließ unter die hiesigen Armen mehrere hundert Gulden verteilen und traf Verfügungen in betreff der Verteilung von Präsenten an die diensthuenden Beamten.

Am 8. d. M. erlegte Erzherzog Franz Ferdinand in Rakottyas eine Bärin.

11.10.1884

Der letzte Jagdtag in Görgény-Szent-Imre, der 8. d. M. war vom Glücke begünstigt. Gleich beim ersten Trieb wurden in der „Barga-Karbonas"-Waldung ein zweijähriger Bär aufgescheucht und von Baron Koloman Kemeny auf die Decke gebracht. Im zweiten Triebe gelangten zwei Bären in Sicht, von welchen das größere Exemplar sich ohne Schuß durch die Treiberkette salvierte, während der zweite zweijährige Bär durch den Erzherzog Franz erlegt wurde. Die Jagdteilnehmer gratulierten dem Erzherzog zum Jagdglücke und steckten demselben die Trophäe aus blutigen Blättern an die Jagdmütze. Der dritte Trieb in den Dundaja-Wäldern hatte keine Erfolg. In den bisherigen Jagden wurden insgesamt 23 Bären aufgescheucht, von denen sieben erlegt und sechs verwundet wurden, während zehn ohne Schuß entkamen. Kronprinz Rudolf erlegte zwei und Baron Theodor Bornemißa, die Grafen Ferdinand und Leo

v. Wurmbrand, Baron Koloman Kemeny und Erzherzog Franz erlegten je einen Bären. …

… Am 8. Oktober um 8 Uhr abends begab sich das kronprinzliche Paar mit den Jagdgästen in den Park, wo die Jagdbeute des Tages – zwei Bären – auf grünem Laubwerk gebettet lagen. Die Beute umstanden die Treiber und Waldheger mit Fackeln. Als das kronprinzliche Paar erschien, erschollen Fanfaren der Jagdhörner und die Salomon'sche Musikkapelle stimmte den Rakoczi-Marsch an. Hierauf wurde Erzherzog Franz, welcher den trophäengeschmückten Hut auf dem Haupte und das Jagdmesser in der Hand auf dem von ihm erlegten Bären das rechte Knie beugte, durch den Kronprinzen mittelst dreier Streiche zum Bärenjäger geweiht. Nach der herkömmlichen jagdmäßigen Feier des Tages hörte das hohe Paar einige Weisen der Musikkapelle an und unterhielt sich mit der Jagdgesellschaft.

Aus Görgény-Szent-Imre, 9. Oktober, wurde berichtet: Die für heute in Aussicht genommene Schnepfenjagd unterblieb und blieb das kronprinzliche Paar bis zur Abreise im Schloße. An dem Dejeuner um 8 Uhr nahmen alle hier anwesenden Gäste teil, der Kronprinz hatte den Jagdanzug mit dem Zivilrock vertauscht und die Herren von Militär erschienen in Uniform. Um 11 Uhr wurden dem hohen Paare und seinen Gästen die Landleute dieser Gegend in den Volkstrachten Szekler, Romänen und Sachsen vorgeführt, dieselben führten in dem geräumigen Schloßhofe ihre Nationaltänze auf und bildeten malerische Gruppen. Um 1 Uhr wurde das Diner eingenommen und nach herzlicher Verabschiedung von den Gästen – nur Graf Teleki und Hofrat Ehmig begleiteten das hohe Paar nach Nagy-Karoly – bestieg das kronprinzliche Paar den Wagen und fuhr nach Maros-Vasárhely. Dem Jagdleiter Forstrat Pausinger und Güterdirektor Girsik dankte der Kronprinz wiederholt für das vortreffliche Jagd-Arrangement. Die Bevölkerung bereitete dem kronprinzlichen Paar bei der Abfahrt eine stürmische Ovation.

Die Bärenjagd vom 14.10–19.10.1885

Siebenbürgisch-deutsches Tageblatt, Hermannstadt
14.10.1885:
Aus Görgény-Szt.-Imre wird berichtet:

Das kronprinzliche Paar trifft hier am 14. d. M. zwischen 8 und 9 Uhr zu Wagen ein. In Maros-Vasarhely werden die Hoheiten vor dem Aufbruch ein Dejeuner nehmen. Forst-Direktor Girsik ist zur Vorbereitung des Empfanges hier bereits angekommen. Ein Teil des Hofpersonals und das Gepäck ist auch schon hier. Das Schloß wurde ganz neu eingerichtet. Nach den bisherigen Dispositionen werden mit dem Kronprinzen auch die Erzherzöge Otto und Franz (Söhne des Erzherzogs Karl Ludwig), ferner Oberhofmeister Graf Bombelles und drei Grafen Wurmbrand erwartet. Die Jagden versprechen erfolgreich zu werden, da bisher schon 20 Stück Bären aufgespürt worden sind. Die unter das Treiben kommenden Gebiete hat Graf Samuel Teleki in Gesellschaft des die Jagden arrangierenden Oberförsters Pausinger bereits eingehend besichtigt und alles in Ordnung befunden. Die ersten Treiben werden in den Forsten von Also-Köher stattfinden, wo sich bisher die meisten Bären gezeigt haben. Das kronprinzliche Paar wird den bisherigen Verfügungen gemäß zehn Tage in Görgény-Szt. Imre verweilen. Zum Empfange des hohen Paares werden auch seitens der Gemeinde umfassende Vorbereitungen getroffen. Bei der Ankunft ihre Hoheiten erwartet dieselben am Eingange der Gemeinde eine hübsche Triumphpforte und wird die Hauptgasse des Ortes hinauf bis zum Schlosse mit Laubfestons dekoriert sein. Man erwartet hier die Ankunft Ihrer Hoheiten in festlicher Stimmung und wird dieselbe als allgemeines Freudenfest feiern. – der Zigeuner–Primas Salamon aus Klausenburg, dessen Spiel das Kronprinzenpaar auch im vorigen Jahr gehört hat, ist auch zu den heurigen Jagden samt seiner Kapelle hieher beordert worden.

15.10.1885:

Die heurigen Bärenjagden des Kronprinzen Rudolf haben vielversprechend angefangen. Gestern vormittags 10 Uhr schon begab sich die Jagdgesellschaft in den Larga-Forst. Im ersten Trieb erlegte Kronprinz Rudolf mit einem Meisterschuß einen großen Bären, in demselben Trieb schoß auch Graf Samuel Teleki einen, im zweiten Trieb schoß der Kronprinz einen zweiten Bären, sonach an einem Tage zwei Bären.

16.10.1885:

... Die gestrigen Görgényer Jagden in den Köherer Forsten hatten wieder ein glänzendes Ergebnis. Bis zum Schluß des Tages wurden vier Bären auf die Strecke gebracht. Den ersten schoss der Oberhofmeister Graf Bombelles, den zweiten der Kämmerer des Kronprinzen, Beck, die beiden anderen Bären wurden am Schluß des Triebes erlegt.

17.10.1885

Unter 16.10 wird berichtet:

Heute wurden drei Bären geschossen. Erst drei Stunden nach dem Aufbruche kam die Gesellschaft heute zum Jagen, nachdem der entfernteste Trieb im Köherer Revier genommen wurde. Im ersten Trieb kam verschiedenes Wild vor, das durchgelassen wurde, ein Bär zeigte sich nicht. Im zweiten Trieb jedoch waren drei Bären, die auch alle auf die Decke kamen. Graf Hugo Wurmbrand schoß von demselben Stand aus innerhalb drei Minuten zwei Bären, einen kleinen und einen sehr großen; rechts neben ihm schoß Baron Samuel Teleki ebenfalls einen kleinen Bären. Im dritten Trieb war kein Bär. Die Witterung ist fortwährend sehr günstig. Die Jagdgesellschaft kehrte heute erst um 7 Uhr ins Schloß zurück. Nach dem Diner wurde im Parke die „Strecke“ gefeiert, wobei Graf Wurmbrand, der heute um ersten Male einen Bären erlegte, in üblicher Weise zum Bärenjäger geschlagen wurde.

Der alte Bärenjäger Nechita Bloşu von V. Melka. Aquarell auf Karton. (Privatbesitz)

20.10.1885:

... Das heurige Ergebnis der kronprinzlichen Jagden in Görgény-Szent-Imre ist als ein überaus günstiges zu bezeichnen. Am Freitag der abgelaufenen Woche sind noch drei, am Samstag ebenfalls drei und gestern Sonntag fünf Bären und zwei Wölfe zusammen, also in fünf Tagen neunzehn Bären und zwei Wölfe erlegt worden. Seine kaiserliche Hoheit Kronprinz Rudolf hat von diesen allein vier erlegt. Heute nachmittags 4 Uhr verläßt das Kronprinzenpaar samt Jagdgesellschaft Görgény.

Aus Görgény-Szt-Imre wird unter 17. d.M. berichtet:

Eine so aufregende und gefährliche Jagd wie die heutige, hat es in Görgény noch nicht gegeben. Es wurden heute wieder in einem Trieb drei Bären auf die Decke gebracht, während zwei durchkamen. Im Pataker Forst, in dem Jagdrevier des Baron Koloman Kemeny, war seit längerer Zeit das Vorhandensein von sechs Bären gemeldet worden. – Die Jagdgesellschaft war zuerst zu Wagen, sodann zu Pferde und zuletzt eine halbe Stunde lang zu Fuß fortwährend aufwärts gestiegen, überall die Spuren breiter Bärentatzen verfolgend. Der erste und zweite Trieb blieben leer, was aber die hoffnungsfreudige Stimmung der Jagdgesellschaft nicht beeinträchtigen konnte. Im dritten Trieb kam die ganze Bärentruppe vor die Schützenkette. Die Bären hatten ohne Zweifel sofort Wind bekommen und trieben sich parallel der Aufstellung der Jäger im Dickicht umher, noch bevor die Treiber ihre Hörner erschallen ließen, wobei die Thiere gerade vor dem Stande des Kronprinzen im raschelnden Laub großen Lärm machten. Als die Treiber zu lärmen begannen, wollten die Bären zuerst rechts, dann links ausbrechen; da dies nicht möglich war, versuchten sie, ruhig im Walde zu verbleiben, und erst als die Treiber ganz in ihre Nähe kamen, suchten sie zwischen den einzelnen Schützenständen durchzubrechen. All' das hörten die Jäger ganz genau, ohne jedoch die Bären zu Gesicht zu bekommen. Endlich waren die Treiber den Bären bis auf fünfzig Schritte nahe gekommen, sahen sie und begannen einen ungeheuren Spektakel zu machen. Die Bären rannten vom äußersten rechten Flügel ungemein schnell durch Dick und Dünn an den Schützenständen vorüber, knapp bei Baron Koloman Kemeny – dem linken Nachbar des Kronprinzen – auf dem Weg hinaus, so dass Baron Kemeny plötzlich drei Schritte vor sich drei mächtige Bärenköpfe auftauchen sah. Er schießt den mittleren, kleinsten, nieder, auf dessen Gebrüll die zwei anderen zähnefletschend übereinander herfielen. Baron Kemeny schoß in diesem Momente den größeren der beiden in die Brust, der aber noch den andern mit der Tatze niederhaute, worauf dieser sich mit einem gewaltigen Sprung in das Dickicht rettete. Baron Kemeny schickte ihm eine Kugel nach, war aber froh, ihn flüchten zu sehen, denn schon erhob sich abermals der zuerst angeschossene Bär. Baron Kemeny jagte ihm noch eine Kugel in den Leib, lud dann rasch das zweite Gewehr auf's neue und trat einige Schritte zurück. Doch jetzt ging ihm der zweite, große Bär an den Leib. Der Jäger gab aus nächster Nähe zwei Schüsse auf ihn ab, worauf das Tier in riesigen Sätzen die Flucht ergriff. Der Baron nahm erst jetzt wahr, dass er seine letzte Patrone verschossen habe und rief den Kronprinzen an, der, in der Meinung, sein Nachbar sage, die Bären seien erlegt, ihm eine Gratulation zurückrief. Gleichzeitig gab der rechte Nachbar, Graf Bombelles, auf den sich bewegenden Bären einen Fangschuß ab, da er vernommen hatte, dass Baron Kemeny keine Patronen mehr besitze.

Eine nicht minder aufregende Szene spielte sich auch auf dem linken Flügel ab. Stefan Macskassi, der die sieben Schüsse gehört hatte und die Treiber in nächster Nähe hörte, glaubte, der Trieb sei schon zu Ende; da sprang plötzlich eine mächtige Bärin aus dem Walde heraus und wollte sich auf den Schützen werfen – noch eine Sekunde, und Herr Macskassi hätte nicht mehr schießen können; doch gelang es ihm noch, mit zurückgezogenem Gewehr einen Schuß abzugeben und das Tier in die Weiche zu treffen. Die Bärin sprang mit gewaltigem Brüllen seitwärts ab, erhielt noch eine Kugel nachgesandt und verschwand dann spurlos. Eine halbe Stunde später fanden Treiber die Schweißspuren des Tieres und drei Jäger begaben sich mit Spürhunden auf die Suche; in kurzer Zeit trafen sie das Tier, bei einem Wassertümpel liegend. Kaum erblickte die Bärin die Jäger, als sie sich aufrichtete und ihnen entgegenging. Erst nachdem sie noch zwei Kugeln erhalten hatte, verendete sie. Ein fünfter großer Bär war rechts von Grafen Teleki ausgebrochen, der im vierten Trieb nicht mehr vorgefunden wurde. Die drei erlegten Bären wurden später auf einem freien Platz zusammengetragen. Der Kronprinz tauchte ein grünes Reis in das Blut und reichte es als Brauch den beiden glücklichen Schützen. Um 9 Uhr traf die Gesellschaft wieder in Szt. Görgény ein, worauf das Diner eingenommen wurde. Später versammelte sich die ganze Gesellschaft zur fröhlichen „Strecke“ im Parke.

22.10.1885
Unter 18. Oktober wird berichtet:

… Nach der Messe begab sich die ganze Jagdgesellschaft auf Viererzügen durch das Kasvathal in den Rakottyaser und Ostojer Wald zur Jagd …

… Kronprinz Rudolf und die ganze Gesellschaft kehrten um 4 Uhr nachmittags mit reicher Beute von der Jagd heim. Nicht weniger als fünf Bären und zwei Wölfe wurden durch Se. Hoheit den Kronprinzen, durch den Grafen Karolyi, Baron Koloman Kemeny, Baron Andreas Bornemißa und durch den Hofjäger Bodiczka erlegt …

Am 19. d. M. haben die hohen Gäste Siebenbürgen verlassen

Bärenjagd 1886

Siebenbürgisch-deutsches Tageblatt, Hermannstadt
4.10.1886

Die Görgényer Jagden vertagt. Aus Maros-Vasarhely wird berichtet: Das Obersthofmeisteramt des Kronprinzen verständigt telegraphisch den Revierförster von Görgény, dass die für die nächsten Tage anberaumt gewesenen Jagden vertagt werden.

Bärenjagd vom 6.10.–13.10.1887

Siebenbürgisch-deutsches Tageblatt, Hermannstadt

8.10.1887

Vom 7. d. Mts. wird uns geschrieben:

Die gestrige Bärenjagd in den Görgényer Revieren ist von einem günstigen Erfolge begleitet gewesen. Im ersten Triebe wurden vom Fürsten Ludwig Eßterhazi zwei Bären und im zweiten Triebe von Sr. k. u. k. Hoheit Kronprinz Rudolf ein 95 Kilo schwerer Bär zur Strecke gebracht. Ein weiterer Bär wurde vom Grafen Gabriel Bethlen angeschossen, es gelang ihm jedoch die Kette zu durchbrechen und sich seinen Pelz für spätere Zeiten aufzubewahren.

Die heutigen Triebe ergaben nur ein geringes Resultat, indem nur ein Bär erlegt und einer angeschossen wurde; ersterer vom Fürsten Esterhazi, letzterer von Herrn von Macskasy. 5 Bären gelang es zu entkommen. Die morgige Jagd berechtigt zur Hoffnung auf einen größeren Erfolg, da aus diesem Revier 21 Spuren angemeldet sind. Welch leidenschaftlicher Jäger der Kronprinz ist, erhellt auch aus dem Umstande, dass derselbe sich in eben nicht sehr zahlreicher Begleitung auf die Suche nach dem angeschossenen Bären begab, und erst viel später als der größere Teil der Jagdgesellschaft heimkehrte.

11.10.1887

Vom 8. d. Mts. wird uns geschrieben:

Heute wurden von Baron Andreas Bornemißa zwei und von Graf Wurmbrand und Graf Stefan Karoly je ein Bären erlegt. 2 Bären wurden gefehlt. Im Triebe waren 12.

12.10.1887

Vom 9. d. Mts. wird uns geschrieben:

Unter strömendem Regen fuhr heute die hohe Jagdgesellschaft aus, gewiß mit geringen Erwartungen auf ein günstiges Jagdresultat. Und in der That mißglückte auch der Trieb in so ferne, als alle drei im Triebe befindlichen Bären entkamen, da bei dem heftigen Regen und dichtem Nebel die Treiber ihrer Aufgabe nicht nachkommen konnten, und nur ein Wildschwein durch den Prinzen Leopold erlegt wurde. Den neuesten Dispositionen zufolge, verläßt der Kronprinz Görgény schon Mittwoch abends.

13.10.1887
Vom 10. d. Mts. wird und geschrieben:

Auch heute war das Glück dem Prinzen Leopold hold, indem es demselben vorbehalten war, den einzigen im Triebe befindlichen Bären zur Strecke zu bringen und zwar ein selten schönes Exemplar. Der Bär mißt in der Länge 185 Zentimeter und wiegt 211 Kilogramm. Bei der in üblicher Weise abends abgehaltenen feierlichen Strecke erhielt der glückliche Schütze durch den Kronprinzen die Weihe als Bärenjäger. Große Heiterkeit erregte, dass ein Kutjapeczér[4], einem unwiderstehlichen inneren Drängen folgend, bei dieser Gelegenheit eine, allgemeine Heiterkeit erregende Rede von Stapel ließ, in welcher er den Jagdherren sowie Seine Gäste zu den bisherigen Resultaten beglückwünschte.

14.10.1887
Vom 11. d. Mts. wird uns geschrieben:

Erzherzog Friedrich hat es heute bewiesen, dass Ausdauer zum Ziele führt. Seine k. Hoheit, der stete Begleiter des Kronprinzen auf seinen hiesigen Jagden, war heute so glücklich, den einzigen im Triebe befindlichen und seinen Erstlings-Bären zu erlegen, und erhielt auch abends bei der feierlichen Strecke durch den hohen Jagdherren die Weihe als Bärenjäger. Sowohl der gestern durch Prinz Leopold erlegte, als auch der heute gefallene Bär werden nach Wien zum Ausstopfen geschickt. Der

4 Hundeführer

Kronprinz ist durch das Jagdergebnis vollkommen befriedigt. Schade, dass die Jagden, nicht wie anfangs projektiert war, länger dauern und sich nicht speziell auch auf Wildschweine erstrecken, denn diese haben sich außerordentlich vermehrt und verursachen großen Schaden.

15.10.1887
Vom 12. d. Mts. wird und geschrieben:

In beiden heute abgehaltenen Trieben wurde kein Wild aufgefunden, was wohl darin seine Ursache haben muß, daß in diesem Reviere schon gejagt wurde und die Bären sich zurückgezogen hatten. Für Görgény wäre es übrigens von großem Nachteile, wenn Petzens gar so schnell ausgerottet würden. Hoffen wir, dass dies noch lange nicht der Fall ist.

¾ 7 Uhr abends verließ der Kronprinz mit seinen Gästen, 3 Tage früher als anfänglich geplant, Görgény. Die Bewohner hatten ihr Möglichstes gethan, um dem hohen Gaste einen glänzenden Abschied zu bereiten, indem sie die Gasse gegen S.-Regen zu beleuchteten, und wenn diese Beleuchtung nicht so glänzend ausfiel als verwöhnte Augen vielleicht erwarten, so muss man eben den guten Willen für die That nehmen.

Das Ergebnis an geschossenem Wilde während der siebentägigen Jagden sind zehn Bären und ein Wildschein und zwar sind zur Strecke gebracht worden: von Se. k. u. k. Hoheit Kronprinz Rudolf ein Bär, von Prinz Leopold von Baiern ein Bär und ein Wildschwein, von Erzherzog Friedrich ein Bär, von Fürst Ludwig Esterhazi drei, von Baron Andreas Bornemißa zwei Bären, von Graf Leo Wurmbrand ein Bär und von Grafen Karoly ein Bär.

Franz von Pausinger: Kronprinz Rudolf und der Prinz of Wales auf der Bärenjagd in Gurghiu, Oktober 1888. Kohlezeichnung, o.J. 99,5 x 153,8 cm. (Royal Collection Trust / All Rights Reserved Inv. RS 544129/450242; Fotografische Reproduktion (22,5x32,5 cm) im Salzburgmuseum, Inv. Foto 42112)

Franz von Pausinger: Heimkehr von der Bärenjagd in Görgény-Szt.-Imre (Siebenbürgen). Kohlezeichnung 22,5 x32,5cm.Orighinal unbekannt.
(Fotografsfische Reproduktion im Salzburgmuseum Inv. Foto 42113)

Bärenjagd vom 8.10.–11.10.1888

Siebenbürgisch-deutsches Tageblatt

8.10.1888

… Kronprinz Rudolf trifft heute morgens in Görgény ein und begibt sich nach eingenommenem Dejeuner mit der ganzen Jagdgesellschaft zur Jagd in Adorjaner Revier, wo die Berichte der Wildheger das Vorhandensein mehrerer Bären signalisieren. Zur Einrichtung des Appartements sind aus Wien mehrere Hofbeamte in Görgény eingetroffen. Graf Samuel Teleki hat den hohen Herrschaften zwei prachtvolle Vierergespanne zur Verfügung gestellt. Das für die Zeit der Anwesenheit des Kronprinzen etablierte Post- und Telegraphenamt begann bereits seine Thätigkleit, zu welchem Behufe die Hermannstädter Direktion das entsprechende Personal beordert hat. Aus Ofenpest wurde die Berke'sche Zigeunerkapelle bestellt …

12.10.1888

Aus Görgény-Szt.-Imre wird dem „Pester Lloyd“ berichtet:

Die Jagdgesellschaft kehrte erst um 5 Uhr nachmittags nach Görgény zurück, nachdem alle vier Triebe des Pataker Distrikts, leider ohne günstiges Resultat, genommen wurden. Die heutige anstrengende Jagd ergab als ganz außer Zweifel stehend, dass infolge der Hitze der letzten Tage die Bären, die hier vor kurzer Zeit gespürt wurden, sich in nordöstlicher Richtung zurückgezogen haben. Bloß einige Füchse, Rehe und Wölfe waren in den Trieben, auf die aber nicht geschossen wird. Im Hofe des Kastells hatten sich mehrere Hundert Bauern und Bäuerinnen: Ungarn, Sachsen und Walachen in vollem Sonntagsstaate versammelt und im Halbkreise Aufstellung genommen. Kronprinz Rudolf ließ einige Gruppen derselben photographieren. Prinz Wales zog sich zurück, um – wie alltäglich – Aufzeichnungen über den Verlauf der Jagd zu machen. Um 7 Uhr versammelte sich die Gesellschaft zum Diner, dem auch Obergespan Baron Zoltan Banffy und Oberstuhlrichter Körösi beigezogen waren. Nach dem Diner führten die Bauern im Hofe bei Fackelschein Tänze auf, denen die Jagdgesellschaft kurze Zeit zusah. Die Walachen tanzten ohne viel Bewegung, die Sachsen nahmen wenig an dem Tanze teil, bloß die Ungarn tanzten lebhaft Csardas.

15.10.1888

… Am 11. d. Mts. brach die Jagdgesellschaft um halb 9 Uhr zum Also-Köherer Jagdrevier auf, von wo die Wildheger das Vorhandensein von vier Bären meldeten. Es wurden zwei Triebe genommen. Kronprinz Rudolf hatte am 10. d. Mts. an den Dörfern Also-Fancsal und dessen näherer Umgebung so großen Gefallen gefunden und diesen Platz als so geeigneten Ausgangspunkt für die Bärenjagd erkannt, dass er Baron Koloman Kemeny mit der Ausarbeitung der Pläne eines dort zu erbauenden Jagdkastells betraute, welches aus zwei Zimmern für den Kronprinzen, aus neun Gastzimmern und einem großen Speisesaale bestehen sollte. Der Kronprinz reiste am 11. d. Mts abends von Görgény ab und traf um 7 Uhr abends am 12. d. Mts. in Wien ein.

Aus: „*Vasárnapi Ujság*“, 14.10.1888, p. 681

… Jahr für Jahr kommt S.H. der Kronprinz um dort einige Tage zu verbringen und die ruhmreichen Zeiten wieder zu beleben. Herzlich willkommen! …

… Der alte Nechita war ein großer Bärenjäger. Er jagte mit einem einfachen Gewehr, mit einem Messer und mit einem Beil. Er war ein sehr starker Mann, er hatte einen Stiernacken und sein Haupt war wie das von Jupiter. Von Jugend an durchstreifte er die Wälder, er wusste alles über die Bären. Er wusste, wo sie einfielen, er wusste, wo sie zum Wasser gehen. Vor fünf Jahren (1883), als der Kronprinz zur Jagd gekommen war, ging in den Cărbunari Wald zur Jagd….

… Die Organisatoren der Jagd hatten Nichita beauftragt, für S.K.H. einen entsprechenden Ansitz auszuwählen. Der Alte setzte den jungen

VASÁRNAPI UJSÁG

42. SZÁM. 1888. BUDAPEST. OKTÓBER 14. XXXV. ÉVFOLYAM.

A TRÓNÖRÖKÖS GÖRGÉNYBEN

A GÖRGÉNY-SZENTIMREI kastély, hol most a királyfi ismét lakik, egy rég elpusztult vár köveiből épült. A vár az erdélyi fejedelmeké volt. Onnan járták be vadászva őszönként a rengeteg szűz havast, űzve a bölényt, medvét és szarvast. A «Mozsár»-ban tulajdon azon tölgyek lombja vet árnyat az aszu fűre, melynek ágain Rákóczi madárűző sólyma pihent.

A vár védelmében hősök vére folyt. A labanczok ellen védte Rákóczi jó kapitánya, Rátonyi uram. A romok északkeleti felén a földnek nagy púpja alatt sok jó labancz és kurucz alszik örök álmot.

A Görgény vize partján, felső és alsó Köhérben, Podákon és Libánfalván, Kincsesen, Hétbükkön, Oroszon, beszédes emlékek szólnak az elmult időkről. Libánfalván laknak a Jancsók, a Harsányok, Kürtösök, Baloghok, Rákócziak, Ambrusok, Farkasok. Ott birtak a Kendiek, a Matskásiak, a Telekiek.

Mindez csak tegnap volt. Ma a várból házat épitettek; a «Monostor»-ból egy pár elvadult egres-bokor maradt meg, a Kürtöst Kirtesunak, a Rákóczit Rakoczának, Hétbükköt Hábsiknak hivják. A falvakban magyar szót mondani nem is tudnak, nem is mernek. A Kurucz-halom felett tapodván, a kaszás oláhul énekel, Adorjánon és Szent-Imrén idegen szóval dicsérik az Istent.

S akkor eljön a fenséges úr esztendőről esztendőre, ott tölt nehány napot és visszahozza a dicsőséges mult időket. Isten hozza!

A kastely ablakain a Rákóczi-induló hangja hallszik ki. Magyar nótákat muzsikálnak. Akkor feláll valaki és áldomást mond. Mind «éljent» kiáltanak. Ugy tetszik nekünk ott lenn, mintha az éjszaka megvilágosodnék e hangokra.

És ha estére medvét hoznak haza a hosszú keskeny havasi szekeren, ravatalt raknak a vadnak s a nagyúri vadászok körbe állják. A kürtök szólanak s a czigány tust húz. Azután magyar dalra gyújtanak mind. Az erdélyi urak ismét összegyülnek ott, a hol őseik űzték a kemény vadat és a falvakban ismét magyar élet foly.

Az ott mondott szó elhallszik mindenfelé itt nálunk.

Azt a képet, melyhez a görgényi medvevadászatokról néhány sort jegyzek ide, ezelőtt négy esztendővel rajzolta Melka kolozsvári festő. Az előtérben rengeteg medve fekszik, melyet a fenséges ur ejtett el. Ez volt az első medve,

A TRÓNÖRÖKÖS A GÖRGÉNYI ERDŐKBEN. Melka Vincze festménye.

Titelseite der Zeitschrift „Vasárnapi Ujság" vom 14.10.1888 „Der Kronprinz im Wald von Gurghiu".

Bauernjäger zu Pferde, Kohlezeichnungen von Franz von Pausinger. (Salzburgmuseum, Inv. 1379-2015_b3)

Prinzen an den Rand einer Lichtung. „Kommt heute hier auch irgend ein Bär hier vorbei?" fragte S.K.H. „Sicher!" antwortete der Alte ruhig. „In einer halben Stunde ist er hier! Zielt gut!" Es war gerade eine halbe Stunde vergangen, da kam er. Das von den Treibern aufgestörte Tier, kam wütend über die Wiese. Der Kronprinz erlegte ihn mit einer Kugel. Alle Jäger kamen zusammen und gratulierten ihm zu dem Glück. Auch der alte Nechita näherte sich und sagte: "Ich sehe Eure Hoheit kann schießen!" Diese Lobesworte gefielen dem Kronprinzen und er befahl, dass man diesen Moment zur Erinnerung malen sollte. Die Kopie dieses Bildes veröffentlichen wir in dieser Nummer. Der alte Jäger ist nicht zum ersten Mal gemalt worden. Dem Kronprinzen hat der kräftige Alte mit seinem schönen Haupt gefallen und Melka hat ihn auf seine Bitte hin mehrfach gemalt. Auf einem andern Bild sitzt er auf einem Bären. Auch diese Bild ist in „Vasárnapi Ujság" veröffentlicht worden.

Lasst mich auch von dem Ende des alten Jägers erzählen. Er, der unerschrockene, mit noch nie gesehener Kraft, der sich jedem wilden Tier stellte, wurde von einem Stier getötet. Als 1885 der Kronprinz von der Jagd kam, ging er zu Nechita und klopfte ihm auf die Schulter und sprach lobende Wort zu ihm. Der Alte war sehr glücklich. „Wenn ich jetzt sterben würde!" sagte er, „Der Prinz ist mit mir zufrieden!". Und so geschah es. Der Prinz erhielt die Nachricht von seinem Tode. Er telegrafierte an Pausinger, dem örtlichen Jäger, „Mit großem Bedauern habe ich von dem Tode unseres guten Nechita erfahren; ich bitte mein Beileid sowohl der Familie als auch seinen Jaggefährten und den Förstern zu übermitteln!" Des weiteren veranlasste er, dass die Begräbniskosten, sowie die Errichtung eines Grabsteines von ihm übernommen wurden. So denkt der Prinz auch an die Geringsten unter seinen Dienern …

Bärenjagd in Gurghiu vom 12.–22.10.1889

Siebenbürgisch-deutsches Tageblatt

3.10.1889

Der Beginn der Bärenjagden in Görgény-Szt-Imre, an welchen sich einige Erzherzöge beteiligen werden, soll für die nächste Zeit beschleunigt werden. Anlaß hiezu gab ein Rapport aus Görgény, wonach die Bären, durch das unwirsche Wetter von den Bergen in die Niederungen gedrängt, hier schon häufig gesehen werden. An einem Tage bestätigten die Waldheger im Umkreise der Kukurutzfelder nicht weniger als 16 Bären.

16.10.1889

Sächsisch-Regen. … Auf den mit dem gestrigen Tage in den Görgényer Forsten begonnen Bärenjagden ist in den ersten Trieben ein dreijähriger Bär von dem Grafen Teleky zur Strecke gebracht worden.

18.10.1889

(Die Görgényer Jagden) veranstaltet von Grafen Teleki, haben am 12.d.M. begonnen. Zur Deckung der Kosten geruhten allerhöchst Se. Majestät 1400 Fl nach Görgény gelangen zu lassen. Am ersten Tag wurden im Kasva-Thal sechs Bären aufgetrieben, fünf brachen durch, einer erlag der Kugel des Grafen Teleki. Die Treibjagd vom 16. d.M. im Felsö-Oroßer Forst führte, obwohl sechs Bären in dem Trieb kamen, zu keinem Ergebnis, was seine Ursache zum Theil in dem großen Waldbrand finden mag, welcher seit zwei Tagen den Köherer Forst verheert. Auch auf dem Uevegcsurer Hattert brennt es in Wäldern des Aerars, der Gemeinde und der Besitzer Urnanzi und Müller. Der Komitats-Oberförster Desider Pech ist bemüht, mit den verfügbaren Dorfinsassen den Brand zu begrenzen, was ihm indessen bislang nicht gelungen ist.

27.10.1889

(Bei den Görgényer Bärenjagden) im Waldteile Doß wurden anläßlich des letzten Treibens vom 22. d. M. drei Bären geschossen.

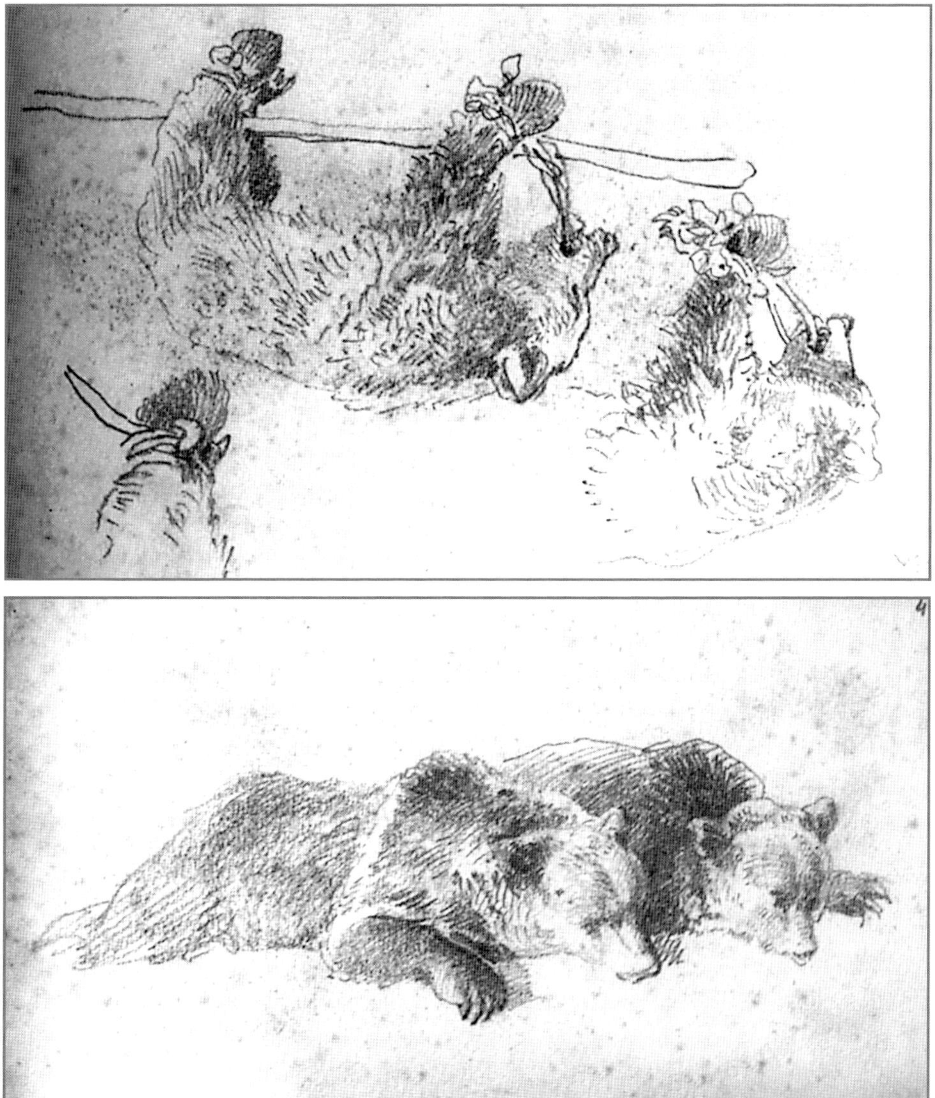

Bleistiftskizzen der Bärenjagd von V. Melka (Muzeul de artă, Cluj)

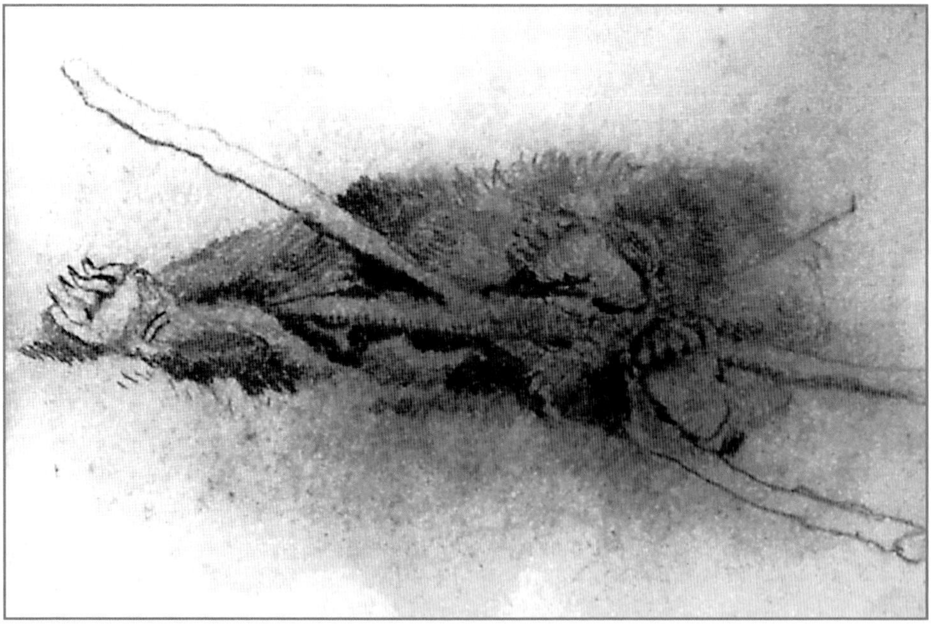

Bleistiftskizzen der Bärenjagd von V. Melka (Muzeul de artă, Cluj)

Die Jagdmaler Kronprinz Rudolfs: Vinzenz Melka (1834–1911)

Melka ist in Jägerkreisen bekannt als der Maler der Gams- und Bärenjagden des Kronprinzen Rudolf. In Büchern und Zeitschriften verbreitet sind die Nachdrucke der „Jagdgesellschaft am Zănoaga-See“ im Retezat-Gebirge und die Darstellungen der Bärenjagden in Gurghiu.

Vinzenz oder Venceslav Melka wurde 1834 in Neu-Benetek in Böhmen geboren und verstarb 1911 in Klausenburg. Seine Studien absolvierte er in Prag und Wien. Dem Zeitgeschmack entsprechend beschäftigte er sich mit der Historienmalerei. Öl, Aquarell und Pastell waren zunächst die bevorzugten Techniken. Längere Zeit verbrachte zu Studienzwecken in Dresden. Hier lernte er Graf Samuel Teleki und Graf Josika kennen. Sie weckten in ihm das Interesse an Siebenbürgen, so dass er es ab 1860 mehrmals bereiste und in zahlreichen Schlössern gastlich Aufnahme fand. Ab 1870 wird er in Klausenburg seßhaft und übernimmt die Professur für das Fach Zeichnen an der Franz-Joseph-Universiät Klausenburg. In dieser Zeit veränderte er seinen Stil. Natur, Jagd und Beobachtung des Volkslebens treten in den Vordergrund. Er macht sich als ausgezeichneter Porträtist und Zeichner einen Namen. Kronprinz Rudolf findet Interesse an ihm und zieht den Maler, der selbst auch Jäger ist, bei allen seinen Jagden in Siebenbürgen hinzu. Er beauftragt ihn nicht nur besondere Momente, sondern auch besondere Typen, wie z. B. seinen Leibjäger Nichita Bloşu, selbst ein bekannter Bärenjäger, mehrfach zu zeichnen. Seine meist auf großen Kartons ausgeführten Bleistiftzeichnungen werden gerne als Holzstich in den deutschen, österreichisch und ungarischen illustrierten Zeitschriften übernommen. Eine Retrospektive 1914 zeigt 160 seiner Werke. Da die meisten Bildes sich jedoch in den verschiedenen Schlössern Siebenbürgens befanden, dürften sie als verloren gelten. Dennoch besitzen einige Museen in Deutschland, Österreich, Ungarn und Rumänien vereinzelte Bilder. Sein schriftlicher Nachlass (Korrespondenz) befindet sich im Klausenburger

Nationalarchiv, neun Bilder und drei Skizzenbücher sind im Kunstmuseum Klausenburg; zwei große Kartons mit Bleistiftzeichnungen, davon die bekannte Jagdgesellschaft am Zănoaga-See im Retezat, sind aus dem Nachlass Ionel Pop im Jagdmuseum „August von Spiess“ in Hermannstadt erhalten, einige weitere bei einem Privatsammler in Hermannstadt. Im Dezember 2019 – Januar 2020 fand eine Ausstellung „Die Werke des Malers Venceslav Melka (1834–1911)“ im Kunstmuseum Klausenburg statt. Diesem ist auch für die Überlassung der hier wiedergegebenen Skizzen ist besonders zu danken.

Lit: Beu. O.: România in arte pictorului Venczeslav Melka. In: Carpații 1944, Nr. 11-12, p. 276-271.

Sas, P.: Vince Melka, profesor-pictor de desen din Cluj/Napoca. In: Atelier de cultura, 2009, p. 45-50.

Muradin, J.: Melka,V. (1834-1911), Tinta 2014.

Bordás, B.: Operele pictorului Venceslav Melka (1834-1911) în colecția Muzeului de Artă Cluj-Napoca. Cluj-Napoca 2019.

Franz Xaver von Pausinger (1839-1915)

Der österreichische Tier- und Landschaftsmaler studiert in Wien, Karlsruhe und Zürich. 1881 begleitet er Kronprinz Rudolf als Zeichner auf seiner Orientreise und gewinnt dadurch einen großen Bekanntheitsgrad. Er erklärt sich auch bereit, an dem grundlegenden Werk „Waidmännische Denkwürdigkeiten aus Österreich-Ungarn" mit zu arbeiten, das der Kronprinz zusammen mit dem Grafen Traun plant. Der Bruder des Malers, Josef von Pausinger (1829–1894) war als Forstrat verantwortlich für die Jagden in Gurghiu. Der Maler, vom Kronprinzen sehr geschätzt, wurde 1885 und 1888 eingeladen an den Bärenjagden teilzunehmen. In

(Salzburgmuseum Inv. 1388-2015_a1)

Bauernjäger, Kohlezeichnungen von Franz von Pausinger. (Salzburgmuseum, Inv. 1390-2015_b5 und _b9)

diesem letzten Jahr nahm außer dem Kronprinzen auch Edward, der Prinz von Wales, teil. Franz Xaver von Pausinger erhält den Auftrag Szenen dieser Bärenjagd durch eine Reihe von Kohlezeichnungen zur Erinnerung festzuhalten.[5]

Ob diese Serie jemals fertiggestellt wurde, ist nicht bekannt. Die Skizzenhefte enthalten außer den Tierstudien und den Skizzen der Bauernjäger nur Porträts, die nach dem großen Gruppenbild der Jagd des Budapester Fotografen Gy. Kloesz angefertigt sind. Von den vier Jagdszenen gibt es nur Fotografien. Über den Verbleib der Originale ist nichts bekannt, außer einem das sich in London befindet. Es ist möglich, dass zwei Bilder dieser Serie 1890 im Österreichischen Kunstverein Wien

5 Neue Presse, 23.10.1888, p. 6.

ausgestellt waren unter dem Titel „ Scenen aus den letzten Bärenjagden weiland des Kronprinzen Rudolf in Görgény-Szt-Imre“[6]

Die hier abgebildeten Skizzen Pausingers hat das Salzburg Museum in Salzburg dankenswerter Weise für diese Publikation zur Verfügung gestellt.

Dornig, M.: „My whole concept of the world has changed.“ Der Tier- und Jagdmaler Franz von Pausinger auf neuen künstlerischen Wegen anlässlich der Orientreise des Kronprinzen Rudolf im Jahr 1881, Univ. Diss., Wien 2016.

6 Die Presse, 20.10.1890, p.4.

(Salzburgmuseum Inv. 1385-2015_b1)

(Salzburgmuseum Inv. 1390-2015_a8)

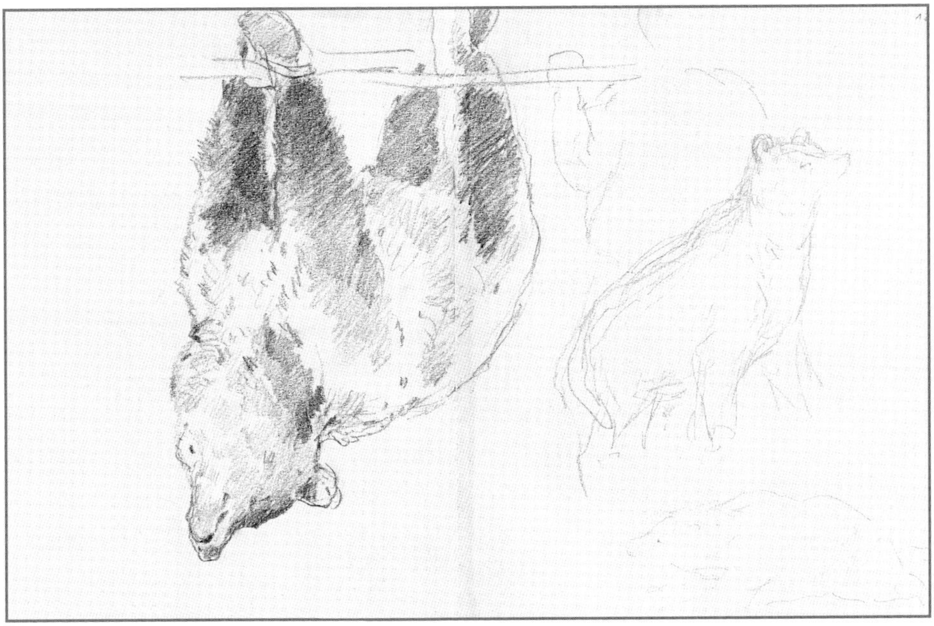

(Salzburgmuseum Inv. 1390-2015_b3)

(Salzburgmuseum Inv. 1395abc-2015)

NACHWORT

„Gurghiu. Görgény-Szt-Imre. Das königliche Leibgehege einst und jetzt" ist die erste Monographie eines königlichen Leibgeheges, die A. R. v. Spiess verfasste hat und die 1928 in Hermannstadt erschien. Eine 2. Auflage erschien 2003 in einer simplen Kopie mit fehlerhaftem Titel im Jagd-und Kulturverlag. Die rumänische Ausgabe in der erweiterten Form erschien 2015 beim Honterus-Verlag in Hermanstadt/Sibiu.

Die zweite Monographie „Die Wildkammern des Retezat-Massivs" veröffentlichte A. v. Spieß 1933 auch in Hermannstadt. 2016 kam im Verlag Neumann-Neudamm in Melsungen eine 2. Auflage heraus. Eine Ausgabe in rumänischer Sprache, übersetzt von Walter Frank, brachte der Hora-Verlag, Hermannstadt unter dem Titel „Caprele negre in masivul Retezat", 2005.

Die Monographie des Leibgeheges Gurghiu war der erste Versuch ein Jagdgebiet von seinen natürlichen und historischen Gegebenheiten zu verstehen. August R. von Spiess trägt darin umfangreiches Material zusammen, angefangen von den ältesten historischen Zeugnissen, den archäologischen Funden, den Wisenten, etc. Er erklärt anschaulich die Entwicklung dieses Jagdgebietes von den berühmten Bärenjagden des österreichischen Thronfolgers Rudolf bis hin zu dem relativ jungen Hirschrevier von Weltruf.

Bei der Bearbeitung des Textes bestanden einige Schwierigkeiten im Bezug auf die Ortsnamen, die sich aus den politischen Veränderungen im Laufe der Geschichte Siebenbürgens ergeben hatten. So haben wir im ersten Teil, der Zeit der k.u.k. Monarchie, zunächst die ungarischen Ortsbezeichnungen, in Fußnoten rumänisch angeführt. Für die Zeit nach 1918, nachdem Siebenbürgen Rumänien zugeschlagen wurde, folgen erst die rumänischen und dann nach 1938 wieder die ungarischen Ortsnamen. Für die letzten Jahre des Hofjagdamtes unter A. R. v. Spieß finden durchgehend nur die rumänischen Namen Verwendung. Diese

Konkordanz kann für die Revierbezeichnungen in den Zeitungsberichten vom Ende des 19. Jahrhundert nicht eingehalten werden, so dass in diesen die originale Schreibweise erhalten ist. Das gilt auch für die Schreibung verschiedener Personennamen wie z.B. des bekannten Bärenjägers Blos, Bloş oder Bloj.

Das Buch erschien 1928 unter dem Eindruck des Todes König Ferdinands von Rumänien, dem großen Förderer und Beschützer des rumänischen Weidwerks. August R. von Spiess berichtet weiterhin bis 1937 dem interessierten Publikum diesseits und jenseits der Grenzen über den Ablauf und die Erfolge der königlichen Jagden in diesem Leibgehege. Daher haben wir es für angebracht gehalten diese Berichte aus den bekannten Jagdzeitschriften „Wild und Hund“ und „Deutscher Jäger“ hier hinzuzufügen.

Das Jagdschloss Lăpuşna, Haupteingang, 2019.

Da das Leibgehege Gurghiu von allen großen Jägern des Landes geschätzt und genutzt wurde, erhob sich folglich die Frage: Was geschah mit diesem wertvollen Jagdgebiet zwischen 1938 bis heute, während es Staatsjagd des ungarischen Reichsverweser M. Horthy und dann des rumänischen Präsidenten N. Ceauşescu war. Ing. Radu V. Mija, versierter Jagdkundler, ausgezeichneter Kenner der Geschichte und der Entwicklung der Jagd in Siebenbürgen war für diese Arbeit eine unerschöpfliche Quelle und konnte so dankenswerterweise mit einem wohl dokumentierten Beitrag und zahlreichen Bildern für diese Zeitspanne beitragen. Aus seinem umfangreichen Wissen konnten wir nur mit einem kleinen Beitrag den Bogen des im Untertitel programmatisch angegebenen „Einst und Jetzt" schlagen. Es wäre zu wünschen, wenn Herr R.V. Mija möglichst bald, das von ihm geplante große Werk über Gurghiu vorlegen könnte.

Es ist durchaus möglich, dass ihnen einige Jagderlebnisse bekannt vorkommen, da diese ganz natürlich auch im Rahmen des Berichtes „Siebzehn Jahre im rumänischen Hofjagddienst", 1.Aufl. 1940, dritte Aufl. 2014, ihren Platz haben.

Der Originaltext von 1928 hat im Grunde drei Ergänzungen: als erstes die nach dem Erscheinen des Buches publizierten Aufsätze A. v. Spiess bis 1937, dann als zweites der Überblick über die Jahre 1938-1989 von R.V. Mija. Und schließlich als drittes eine Rückwendung zu den berühmten Bärenjagden des Kronprinzen Rudolf, die hier am Schlusse angefügt sind, um nicht den Originaltext von A. R. v. Spieß an der entsprechenden Stelle zu zerreißen.

In diesem Anhang konnten wir auf das Werk des Kronprinzen Rudolf von Habsburg „Jagden und Beobachtungen", Wien 1887, zurückgreifen. Da das Buch schwer zu bekommen ist, haben wir uns entschlossen, das Kapitel über die Bärenjagd in Gurghiu 1882 hier wiederzugeben. Die jährlichen Hofjagden fanden auch in der österreichischen, ungarischen und siebenbürgischen Presse ungeteilte Aufmerksamkeit, so dass wir aus diesen einige Abschnitte einfügen konnten.

Das Jagdschloss von Südwesten, 2019.

Parallel zur textmäßigen Bearbeitung des Buches erfolgte auch die Übersetzung ins Rumänische unter dem Titel „Gurghiu. Görgény-Szent-Imre. Domeniul regal de vânătoare în trecut și azi“, Ed. Honterus, Sibiu. In kurzer Folge ergaben sich zwei Auflagen, 2017 und 2018.

Zur Vorbereitung der 2. rumänischen Auflage und einer deutschen Ausgabe konnte zahlreiches unveröffentlichtes Bildmaterial zusammengetragen werden. Doch zunächst mussten einige Fehler korrigiert werden. Aus Wikipedia hatte ich vertrauensvoll ein Foto, bezeichnet S. Teleki, übernommen. Das war ein Fehler, denn das Bild stellte den österreichischen Thronfolger Rudolf dar. Das heißt, es ist nicht ratsam unkritisch das Internet zu benutzen!

Um den Fehler zu berichtigen, wandte ich mich an die Österreichische Nationalbibliothek, Bildarchiv, von wo wir das Foto von S. Teleki, wie auch das Gruppenbild von der Bärenjagd mit dem Prinzen Edward of Wales in Gurghiu, 1888 von Gy. Kloesz, Budapest, erhielten. Durch die Leiterin des Archivs, Dr. M. Dornig wurde ich auf weitere Bilder aufmerksam gemacht, so auch auf den Nachlass des Malers Franz von Pausinger, Reisebegleiter und Jagdmaler des Kronprinzen. Dieser Nachlass befindet sich im Salzburgmuseum in Salzburg. Die Mitarbeiterin des Museums Dr. E. Jörg-Jandl war so freundlich, mir behilflich zu sein in diesen Nachlass einzusehen und die entsprechenden Skizzen und Fotos auszuwählen. Des weiteren hat Karen Lawson vom The Royal Collections Trust, London, vermittelt, ein Foto der im Privatbesitz befindlichen Kohlezeichnungen für die vorliegende Arbeit zu erhalten. Außerdem hat das Kunstmuseum Klausenburg hat uns liebenswürdigerweise die Skizzenbücher von V. Melka kostenlos zur Verfügung gestellt. Als letzte Überraschung konnte Al. Bârsan noch die Kopie des von A.R. v. Spiess beschriebenen Bildes von der Streckenbegehung vor dem Görgényer Schloss von V. Melka in Klausenburg ausfindig machen. Durch diese uneigennützige Hilfe, wenn auch nicht immer kostenlos, ist hiermit eine einmalige und bisher zum großen Teil noch unbekannte Bilddokumentation der Jagden in Gurghiu vom Ende des 19.

Jahrhunderts entstanden. Allen, die dazu beigetragen haben, nochmals meinen herzlichsten Dank.

Doch bevor ich schließe, möchte ihnen meine persönliche Begegnung mit „Gurghiu“ und seinem Schloss Lăpuşna nicht vorenthalten.

Im September 2019 fuhren wir, zwei Kolleginnen aus dem Hildesheimer Museum und ich nach Lăpuşna. In meinem Reisegepäck befanden sich drei Exemplare der rumänischen Ausgabe unseres Gurghiu-Buches. Ich wollte mir zu gerne die beschriebenen Örtlichkeiten ansehen. Ich erwartete eine weitläufige grüne Fläche, auf der sich das Schloss erhob.

Als wir von der Hauptstrasse abbogen, standen wir zunächst vor einem abweisenden hohen Gebäude mit einem großen Tor. Neben der kleinen Kirche von 1779, die 1939 aus der Maramureş nach Lăpuşna umgesetzt worden war, ist 1997 ein Kloster des Hl. Nikolaus entstanden. Von den

Die Originalglasfenster im Haupteingang, 2019.

Eines der alten Nebengebäude, in denen auch schon A.v.Spiess wohnte. Dahinter links ein neueres Gebäude, 2019.

Mönchen, die das Kloster errichtet haben, ist laut digitaler Information, nur noch einer vor Ort.

Nachdem wir das Bauwerk umrundet hatten, einem zerfranzten Drahtzaun gefolgt waren, öffnete sich der Wald und auf einer Wiese verteilten sich zahlreiche Holzbauwerke. Rechts befand sich das Schloss, und im Vergleich zu den Bildern, die ich in Erinnerung hatte, schien es mir, dass der Wald recht nahe gekommen sei und dadurch die berühmte Fotografier-Treppe des Haupteinganges auch in der Mittagszeit sehr verschattet war.

Sehr schnell erschien der Verwalter und ein Forstmann und beide brachen in ein höhnisches Gelächter aus, als wir zu erkennen gaben, dass wir ein Buch über Gurghiu herausgegeben hätten und nun das Schloß ansehen wollten. Nach einigen Erklärungen, wer mein Großvater gewesen sei und was ihn mit Gurghiu verbunden hatte, besserte sich unser Gespräch. Wir erhielten Auskunft über die Glasbilder aus deutscher Manufaktur in der Tür des Haupteingangs, über die aus Österreich stammenden Öfen, natürlich mussten wir auch den Hirsch, den Niculae Ceaușescu 1966 im Harghita-Gebirge geschossen hatte, bewundern. Dann zeigte man uns einige der Nebenräume, das Schachzimmer, den Billardraum und auch in den Speisesaal durften wir einen Blick werfen. In die im Obergeschoß gelegenen ehemaligen königlichen Privaträume führte man uns nicht. Wir vermuteten, dass sie besetzt waren. Über einem Internetlink „Lăpușna“ kann man allerdings einen Eindruck gewinnen.

Das Schloß wird vom Hotel Grant in Târgu Mureș verwaltet und dort kann man eventuell eine Buchung vornehmen. Vor Ort ist nichts zu

Eines der neueren Gebäude, 2019.

machen. Nicht einmal Essen war möglich. Da der Verwalter, ein ausgemachtes Schlitzohr und seine nette Frau etwas freundlicher geworden waren und zugegeben hatten, dass sie über die Geschichte Lăpuşnas so gut wie nichts wussten, bot ich ihnen an, zwei rumänische Exemplare dieses Buches zu überlassen, wenn wir etwas zu Essen bekommen. Selten haben wir auf die Schnelle so gut gegessen. Auf der Terrasse hinter der großen Küche haben wir einen sehr gemütlichen Mittag verbracht und meine Kollegin Dr. Andrea Nicklisch hatte Gelegenheit zahlreiche Aufnahmen zu machen. Im Gespräch erfuhren wir, dass alles von Târgu Mureş aus gelenkt werde, dass es zu viele Chefs gäbe und dass dadurch vieles zu wünschen ließe.

Auf der großen Wiese vor dem Haus ist eine ganze Reihe von Bauten hinzugekommen, eine Sauna, eine Kegelbahn und andere mehr. So soweit der Internetauftritt andeutet, werden auch Gruppen dort erwartet. In der Heizungsperiode könne jedoch das große Haus nicht gewärmt werden.

Gerne hätten wir den Sonnenplatz noch länger genossen und uns über Jagdagenturen und Jäger unterhalten, doch wir mussten weiter. Auf einem zauberhaften Forstweg fuhren wir bei Sonnenschein Richtung Remetea, um dort wieder auf die Hauptroute Richtung Bicaz-Klamm zu kommen.

Das war meine Stippvisite in Lăpuşna!

Hildesheim, im Oktober 2020
Helga Stein